21世纪高等学校规划教材 | 计算机科学与技术

Java程序设计基础与实践

孙宪丽　主编
关颖 李波 衣云龙 朱克敌　副主编

清华大学出版社
北京

内容简介

本书结合实例，由浅入深地讲解理论知识，易于读者理论联系实践。书中知识全面，涵盖了所有Java SE的常用知识点。

本书主要包括Java程序的构成、Java基本语法要素、类与对象、包、继承、接口、异常处理、输入输出流、图形界面设计、多线程、网络编程、数据库操作、集合、Applet等内容；最后给出两个综合实例，帮助读者进一步巩固所学的知识，提高综合实践能力；每章最后提供思考与练习，供读者更好地了解和掌握Java SE核心内容以及应用Java开发应用程序的方法。

本书结构清晰，从易到难，案例丰富，合理地安排了各个章节的有机衔接，无论是对教师、学生，还是对软件设计开发人员，都是一本值得学习和参考的书籍。

图书在版编目(CIP)数据

Java程序设计基础与实践/孙宪丽主编. --北京：清华大学出版社，2015（2023.8重印）
21世纪高等学校规划教材·计算机科学与技术
ISBN 978-7-302-41905-1

Ⅰ.①J… Ⅱ.①孙… Ⅲ.①JAVA语言－程序设计－高等学校－教材 Ⅳ.①TP312

中国版本图书馆CIP数据核字(2015)第259925号

责任编辑：付弘宇　薛　阳
封面设计：傅瑞学
责任校对：焦丽丽
责任印制：杨　艳

出版发行：清华大学出版社
　　网　　址：http://www.tup.com.cn，http://www.wqbook.com
　　地　　址：北京清华大学学研大厦A座　　**邮　　编**：100084
　　社 总 机：010-83470000　　**邮　　购**：010-62786544
　　投稿与读者服务：010-62776969，c-service@tup.tsinghua.edu.cn
　　质量反馈：010-62772015，zhiliang@tup.tsinghua.edu.cn
　　课件下载：http://www.tup.com.cn，010-83470236
印 装 者：天津鑫丰华印务有限公司
经　　销：全国新华书店
开　　本：185mm×260mm　　**印　　张**：20.5　　**字　　数**：498千字
版　　次：2015年12月第1版　　**印　　次**：2023年8月第8次印刷
印　　数：4301～4500
定　　价：59.80元

产品编号：067292-02

出版说明

随着我国改革开放的进一步深化，高等教育也得到了快速发展，各地高校紧密结合地方经济建设发展需要，科学运用市场调节机制，加大了使用信息科学等现代科学技术提升、改造传统学科专业的投入力度，通过教育改革合理调整和配置了教育资源，优化了传统学科专业，积极为地方经济建设输送人才，为我国经济社会的快速、健康和可持续发展以及高等教育自身的改革发展做出了巨大贡献。但是，高等教育质量还需要进一步提高以适应经济社会发展的需要，不少高校的专业设置和结构不尽合理，教师队伍整体素质亟待提高，人才培养模式、教学内容和方法需要进一步转变，学生的实践能力和创新精神亟待加强。

教育部一直十分重视高等教育质量工作。2007 年 1 月，教育部下发了《关于实施高等学校本科教学质量与教学改革工程的意见》，计划实施“高等学校本科教学质量与教学改革工程”（简称“质量工程”），通过专业结构调整、课程教材建设、实践教学改革、教学团队建设等多项内容，进一步深化高等学校教学改革，提高人才培养的能力和水平，更好地满足经济社会发展对高素质人才的需要。在贯彻和落实教育部“质量工程”的过程中，各地高校发挥师资力量强、办学经验丰富、教学资源充裕等优势，对其特色专业及特色课程（群）加以规划、整理和总结，更新教学内容、改革课程体系，建设了一大批内容新、体系新、方法新、手段新的特色课程。在此基础上，经教育部相关教学指导委员会专家的指导和建议，清华大学出版社在多个领域精选各高校的特色课程，分别规划出版系列教材，以配合“质量工程”的实施，满足各高校教学质量和教学改革的需要。

为了深入贯彻落实教育部《关于加强高等学校本科教学工作，提高教学质量的若干意见》精神，紧密配合教育部已经启动的“高等学校教学质量与教学改革工程精品课程建设工作”，在有关专家、教授的倡议和有关部门的大力支持下，我们组织并成立了“清华大学出版社教材编审委员会”（以下简称“编委会”），旨在配合教育部制定精品课程教材的出版规划，讨论并实施精品课程教材的编写与出版工作。“编委会”成员皆来自全国各类高等学校教学与科研第一线的骨干教师，其中许多教师为各校相关院、系主管教学的院长或系主任。

按照教育部的要求，“编委会”一致认为，精品课程的建设工作从开始就要坚持高标准、严要求，处于一个比较高的起点上。精品课程教材应该能够反映各高校教学改革与课程建设的需要，要有特色风格、有创新性（新体系、新内容、新手段、新思路，教材的内容体系有较高的科学创新、技术创新和理念创新的含量）、先进性（对原有的学科体系有实质性的改革和发展，顺应并符合 21 世纪教学发展的规律，代表并引领课程发展的趋势和方向）、示范性（教材所体现的课程体系具有较广泛的辐射性和示范性）和一定的前瞻性。教材由个人申报或各校推荐（通过所在高校的“编委会”成员推荐），经“编委会”认真评审，最后由清华大学出版社审定出版。

目前，针对计算机类和电子信息类相关专业成立了两个“编委会”，即“清华大学出版社计算机教材编审委员会”和“清华大学出版社电子信息教材编审委员会”。推出的特色精品教材包括：

（1）21世纪高等学校规划教材·计算机应用——高等学校各类专业，特别是非计算机专业的计算机应用类教材。

（2）21世纪高等学校规划教材·计算机科学与技术——高等学校计算机相关专业的教材。

（3）21世纪高等学校规划教材·电子信息——高等学校电子信息相关专业的教材。

（4）21世纪高等学校规划教材·软件工程——高等学校软件工程相关专业的教材。

（5）21世纪高等学校规划教材·信息管理与信息系统。

（6）21世纪高等学校规划教材·财经管理与应用。

（7）21世纪高等学校规划教材·电子商务。

（8）21世纪高等学校规划教材·物联网。

清华大学出版社经过三十多年的努力，在教材尤其是计算机和电子信息类专业教材出版方面树立了权威品牌，为我国的高等教育事业做出了重要贡献。清华版教材形成了技术准确、内容严谨的独特风格，这种风格将延续并反映在特色精品教材的建设中。

清华大学出版社教材编审委员会

联系人：魏江江

E-mail：weijj@tup.tsinghua.edu.cn

前 言

Java自20世纪90年代初由Sun公司推出，如今已备受瞩目，这主要源于Java的优良特性。正如Sun公司对Java的描述，“Java是简单的、面向对象的、分布式的、解释的、健壮的、安全的、结构中立的、轻便的、高性能的、多线程的动态语言”。目前，Java应用领域极为广泛。本书结合作者多年Java教学经验而成，通俗易懂、由浅入深、循序渐进，详细叙述了Java SE的核心内容。

本书共分为12章，各章具体内容如下。

第1章Java语言概述，主要介绍Java运行环境的安装、配置与使用；Java应用程序的构成；Java应用程序的开发过程。

第2章Java语言基础，主要介绍Java基本语法要素，包括关键字、标识符、常量、变量、表达式、运算符、数组、字符串、程序流程控制语句以及编程风格等。

第3章面向对象程序设计基础，主要介绍面向对象程序设计基础知识，包括类、对象、包、继承、内部类以及接口等。

第4章异常处理，主要介绍Java异常处理的方法，包括异常处理架构、异常处理方法及自定义异常。

第5章输入与输出，叙述了Java I/O操作方法，包括File类、流、随机读写以及标准输入输出等。

第6章图形用户界面，讲述了Java图形用户界面的设计与开发，包括Swing架构、窗口、菜单、布局、面板、事件处理以及对话框等。

第7章多线程机制，主要叙述多线程的实现方法，包括线程的创建、控制方法以及同步机制。

第8章网络编程，主要介绍Java网络编程的思想和实现方法，包括URL类、InetAddress类以及基于TCP和UDP的网络编程。

第9章数据库操作，主要叙述Java实现数据库访问的方法和步骤。

第10章集合操作，主要叙述List、Set以及Map等集合类。

第11章Applet程序设计，主要介绍Java小程序的开发方法，包括Applet类、Applet开发过程以及Applet标签、图像处理和音频控制等。

第12章综合实例，包括两个实例的开发过程和代码，目的是快速提高读者的综合应用能力。

本书内容涵盖了Java SE所有常用的知识点。另外，书中内容按照软件设计开发的过程以及各知识点的先后顺序进行叙述，层次清晰，衔接紧密。

书中内容结合经典实例进行讲解，理论讲述清晰，技术讲解细致，案例丰富，注重操作，图文并茂。详细的讲解配合图示，清晰易懂，一目了然。书中不仅应用大量实例对重点、难点进行了深入的剖析，还融入了作者多年的软件设计开发经验和教学经验，能够帮助读者更好地掌握Java核心内容以及应用Java进行程序设计的方法。

本书结构设计综合考虑了教学和自学两个方面，不仅适合教师教学，同时也适合学生自学参考，可以作为高等学校计算机科学与技术以及软件工程等计算机相关专业"面向对象程序设计"课程的教材，也可以作为培训机构的Java培训教程，或者供Java软件设计开发人员参考。

本书的编写由孙宪丽、关颖、李波、衣云龙、朱克敌共同完成，由杨弘平完成了对本书的审阅工作。

由于编者水平有限，书中难免有疏漏之处，敬请读者谅解。

编　者

2015年11月

目录

第1章 Java语言概述

本章导读

Java既是一种高级编程语言，也是一个软件平台。作为一种语言，Java具有许多优异的特性，如跨平台、分布式、安全、健壮等；作为一个软件平台，为Java程序开发与运行提供环境。本章介绍Java的发展历程、特点、开发环境、程序结构、开发过程以及常用开发工具的使用方法。

本章要点

- Java语言的发展历程、特点。
- Java语言运行环境安装与配置的方法。
- Java语言程序结构。
- Java语言编写、编译及运行方法。
- 常用Java语言开发工具。

1.1 Java简介

每一种语言都有其诞生的背景，而背景成就了该语言的主要特性，Java于1995年5月23日诞生，由于其优异的特性，至今已广泛应用于多种领域，开发各级应用软件。探索Java的历史，了解Java特性，对于学习Java语言、应用Java技术具有重要的意义。

1.1.1 Java的发展历程

1. Java诞生的背景

Java起源于Sun公司的Green项目，该项目始于1990年12月，目标是开发嵌入电器消费产品的分布式软件系统，使其能够在各种消费性电子产品上运行。由于Green项目组成员具有丰富的C++开发经验，因此，首先选择C++语言完成Green项目，但在开发过程中发现了一些问题，于是项目组成员James Gosling研发了一种新的语言，并将其命名为Oak。Oak即Java的前身，这个名称源于Gosling办公室窗外的一棵橡树。Oak具有简单、紧凑、易于移植的特性，是一款小型优秀的计算机语言。Oak在注册时发现，名字已经被占用，不得不改名，于是更名为Java。Java一词源于印度尼西亚一个盛产咖啡的岛屿即爪哇(Java)，其寓意是为世人盛上一杯热咖啡。

2. Java 的发展

Java 起初用于嵌入式设备应用程序的开发，而其迅速发展的原因是 Internet 的发展以及 Web 的广泛应用。1994 年，Gosling 带领 Green 项目组成员开发了一个新的 Web 浏览器 HotJava，它不依赖于任何硬件平台和软件平台，是一种实用性高、可靠、安全、动态的浏览器。HotJava 于 1995 年 5 月 23 日发布，在业界引起了巨大轰动，Java 的地位也随之确定。1996 年 1 月，Java 1.0 版正式发布，从此 Java 在 Internet 中逐渐风行，并不断发展完善，应用领域也越来越广泛。Java 各版本发表日期如表 1.1 所示。

表 1.1　Java 各版本发表日期

版　本　号	发 布 日 期
JDK Alpha and Beta	1995
JDK 1.0	1996-01-23
JDK 1.1	1997-02-19
J2SE 1.2	1998-12-08
J2SE 1.3	2000-05-08
J2SE 1.4.0	2002-02-06
J2SE 5.0 (1.5.0)	2004-09-30
Java SE 6	2006-12-11
Java SE 7	2011-07-28
Java SE 8	2014-03-18

1.1.2 Java 的三个平台

Sun 公司在 1999 年 6 月发布了新的 Java 体系架构，该架构将 Java 开发平台分为三种：J2SE、J2EE 和 J2ME。Java SE 6 以后将这三种平台的名称分别更改为 Java SE、Java EE 和 Java ME。

1. Java SE

Java SE(Java Standard Edition)称为 Java 标准版或 Java 标准平台，提供了庞大的基础类库，可用于开发 Java 桌面应用程序以及 Java Applet 程序等。Java SE 版本在不断更新，本书以 Java SE 8 展开叙述。

2. Java EE

Java EE(Java Enterprise Edition)称为 Java 企业版或 Java 企业平台，Java EE 以 Java SE 为基础，附加了一系列的服务、API、协议等，用于开发分布式、多层次的企业级应用程序。

3. Java ME

Java ME(Java Micro Edition)称为 Java 微型版或微型平台，用于开发和部署小型数字设备应用程序，如用于手机、PDA、股票机等。

1.1.3 Java语言的特点

如今Java已备受瞩目，应用领域极为广泛，这主要源于Java的优良特性。Java继承了C++的所有优良特性，同时去掉了C++语言中复杂的、容易引起错误的特性，如指针和多重继承机制等。正如Sun公司对Java的描述"Java是简单的、面向对象的、分布式的、解释的、健壮的、安全的、结构中立的、轻便的、高性能的、多线程的动态语言"。下面具体介绍Java语言的特性。

1. 简单

Java语言与C++的语法规则相似，但Java比C++简单，因此C++程序员可以很快学习和掌握Java语言。例如，Java语言取消了指针，用接口取代了多重继承，通过自动垃圾回收机制简化内存管理等。

2. 面向对象

Java语言是一种面向对象的程序设计语言，具备封装、继承、多态等面向对象的基本特性。Java语言代码按类组织，在类中声明对象的属性以及描述对象行为的方法。在Java语言中不允许在类的外面定义独立的数据及方法，所有元素都必须通过类和对象来访问。

3. 可移植性

Java语言的基本数据类型及其相关运算独立于软、硬件平台，因此Java语言程序应用于每种计算机系统都是一样的，这为程序的移植性提供了很大的方便。另外，Java语言源程序编译后生成一种结构中立的与软、硬件平台无关的字节码文件，字节码文件并非二进制的机器指令代码，并且不针对某一特定机器或操作系统。字节码文件在Java虚拟机(Java Virtual Machine，JVM)上运行，只要计算机系统上安装了Java虚拟机，Java语言程序就可以运行，这种跨平台的特性让Java语言程序真正实现了"一次编写，处处运行"的目标。最后，Java语言的类库也实现了针对不同平台的接口，并且Java语言的编译器以及JVM也是由Java语言实现的，这使得Java语言程序具备了很好的可移植性。

4. 分布式的

Java语言的发展与Internet密切相关，支持分布式的网络应用程序开发是Java语言的重要特性。Java语言类库(java.net包)提供了基于HTTP、FTP、TCP/IP以及UDP等协议的基础类及接口，用于访问网络对象，开发网络应用程序。

5. 健壮性

Java语言要求显式声明属性、方法及对象类型，这种强类型机制可以帮助用户发现应用程序早期错误；另外，Java语言具备完善的异常处理能力，并去掉了指针以防止对内存的非法访问。这些保证了Java语言程序的健壮性。

6. 安全性

Java 语言是一种安全的程序设计语言，主要表现在 Java 语言程序在执行前要经过多次校验以保证程序可以安全地执行，还可以保证发布在网络上的应用程序免受恶意代码的攻击；另外，Java 语言中删除了指针功能，避免指针操作中产生的安全性错误，同时限制网络应用程序访问本地资源，以保证不会对用户造成伤害，这些都保证了系统的安全性。

7. 解释型

Java 语言是一种解释型语言，Java 语言源程序编译后生成独立于机器的字节码文件，运行时，Java 虚拟机对字节码文件进行逐条解释，然后运行。解释执行过程中 Java 虚拟机将字节码翻译成具体的 CPU 机器指令。

8. 多线程的

Java 语言多线程机制能够让应用程序并行执行，并且其同步机制能够保证多线程操作共享数据的正确性；用户可以采用不同的线程完成不同的行为，使应用程序具有更好的交互性和实时性。

9. 动态的

Java 语言允许程序在运行过程中动态地装入所需要的类，这使得 Java 语言具有动态的特性。

1.2 Java 开发与运行环境

任何一种高级语言都需要相应的开发与运行平台，即编辑、编译及运行环境。JDK (Java SE Development Kit，Java 开发包)是编译及运行 Java 程序的必备工具集。下面介绍 JDK 及其下载、安装、配置的过程。

1.2.1 下载及安装 JDK

1. JDK

JDK 是 Java 开发工具集，包括 Java 语言编译器、实用工具、运行环境等，如图 1.1 所示为 Java SE 开发平台框架。

图 1.1 展示了 JDK、JRE 和 JVM 之间的关系。由图 1.1 可以看出，JDK 包括 Java 语言及实用工具，如 Javadoc、JAR 等，另外还包括 JRE(Java Runtime Environment，Java 运行环境)。各部分功能如下。

(1) Java 语言及实用工具：用于 Java 程序开发、调试、编译、归档等的实用程序。例如，Javadoc 能将 Java 语言源程序编译成为标准的 HTML 帮助文档；JAR 能将多个 Java 文件生成一个 JAR 文件——Java 归档文件；Javap 用于反编译 Java 字节码文件等。

(2) JRE：用于运行 Java 程序，包括部署技术、Java SE API 和 JVM。JRE 是运行 Java

Java Language	Java Language
Tools & Tool APIs	java, javac, javadoc, jar, javap, jdeps, Scripting
	Security, Monitoring, JConsole, VisualVM, JMC, JFR
	JPDA, JVM TI, IDL, RMI, Java DB, Deployment
	Internationalization, Web Services, Troubleshooting
Deployment	Java Web Start, Applet/Java Plug-in
User Interface Toolkits	JavaFX
	Swing, Java 2D, AWT, Accessibility
	Drag and Drop, Input Methods, Image I/O, Print Service, Sound
Integration Libraries	IDL, JDBC, JNDI, RMI, RMI-IIOP, Scripting
Other Base Libraries	Beans, Security, Serialization, Extension Mechanism
	JMX, XML JAXP, Networking, Override Mechanism
	JNI, Date and Time, Input/Output, Internationalization
lang and util Base Libraries	lang and util
	Math, Collections, Ref Objects, Regular Expressions
	Logging, Management, Instrumentation, Concerrency Utilities
	Reflection, Versioning, Preferneces API, JAR, Zip
Java Virtual Machine	Java HotSpot Client and Server VM

JDK; JRE; Compact Profiles; Java SE API

图 1.1 Java SE 开发平台框架

程序的必备环境，如果仅运行 Java 程序，只需安装 JRE。如果想开发 Java 程序则必须安装 JDK。

其中：

① Deployment：用于部署 Java 应用程序。

② Java SE API：包括常用的链接库，如 Collection、I/O 流、JDBC、AWT 和 Swing 等。可以使用这些 API 作为基础完成程序开发。

③ JVM：执行 Java 语言程序时，将字节码文件(.class)解释为特定机器能够识别的相应指令代码，然后执行。Java 字节码文件与平台无关，但不同软、硬件平台对应的 JVM 不同，JVM 将与平台无关的字节码文件解释为特定平台可识别的机器指令，从而使 Java 程序可以在该平台上运行，实现 Java 程序跨平台的特性。JVM 的功能如图 1.2 所示。

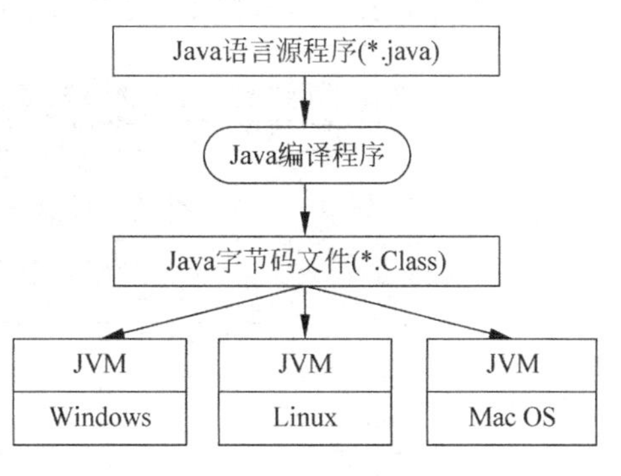

图 1.2 JVM 功能

2. 下载 JDK

JDK 可以在 Oracle 官方网站 http://www.oracle.com 中下载，具体链接地址为 http://www.oracle.com/technetwork/java/javase/downloads/index.html，本书以 Java SE 最新版本为例介绍 JDK 的下载过程，具体操作步骤如下。

(1) 在 IE 浏览器地址栏中输入上述地址，进入 Java 网站首页，如图 1.3 所示。

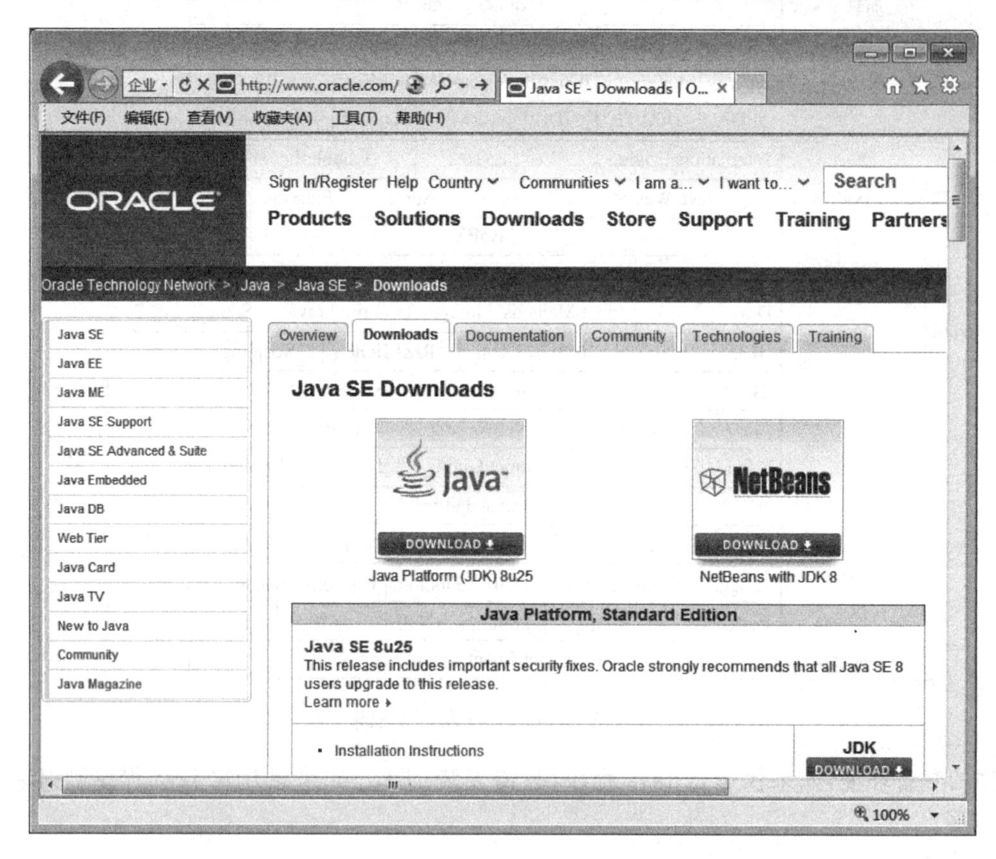

图 1.3　Java 网站首页

(2) 单击图 1.3 中的 JDK DOWNLOAD 图标，进入 JDK 的下载界面，如图 1.4 所示。

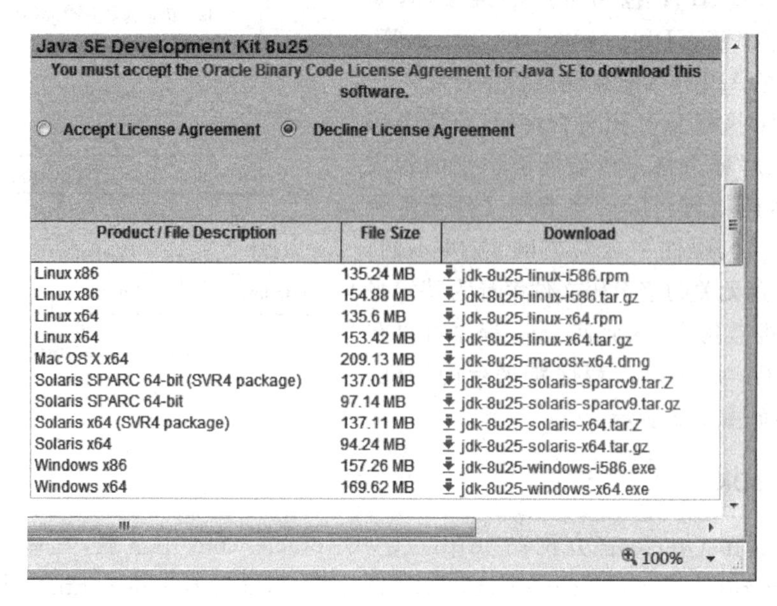

Java SE Development Kit 8u25

You must accept the Oracle Binary Code License Agreement for Java SE to download this software.

Accept License Agreement　Decline License Agreement

Product / File Description	File Size	Download
Linux x86	135.24 MB	jdk-8u25-linux-i586.rpm
Linux x86	154.88 MB	jdk-8u25-linux-i586.tar.gz
Linux x64	135.6 MB	jdk-8u25-linux-x64.rpm
Linux x64	153.42 MB	jdk-8u25-linux-x64.tar.gz
Mac OS X x64	209.13 MB	jdk-8u25-macosx-x64.dmg
Solaris SPARC 64-bit (SVR4 package)	137.01 MB	jdk-8u25-solaris-sparcv9.tar.Z
Solaris SPARC 64-bit	97.14 MB	jdk-8u25-solaris-sparcv9.tar.gz
Solaris x64 (SVR4 package)	137.11 MB	jdk-8u25-solaris-x64.tar.Z
Solaris x64	94.24 MB	jdk-8u25-solaris-x64.tar.gz
Windows x86	157.26 MB	jdk-8u25-windows-i586.exe
Windows x64	169.62 MB	jdk-8u25-windows-x64.exe

100%

图 1.4　JDK 下载界面

(3) 在图 1.4 中首先单击 Accept License Agreement 单选按钮，然后根据使用的操作系统平台选择对应的 JDK。本书选择 jdk-8u25-windows-i586.exe。单击该链接进入下载界面，完成 JDK 的下载。

3. 安装 JDK

JDK 下载后即可安装。具体安装步骤如下。

(1) 双击 jdk-8u25-windows-i586.exe 文件。开始解压安装，图 1.5 为安装程序欢迎界面。

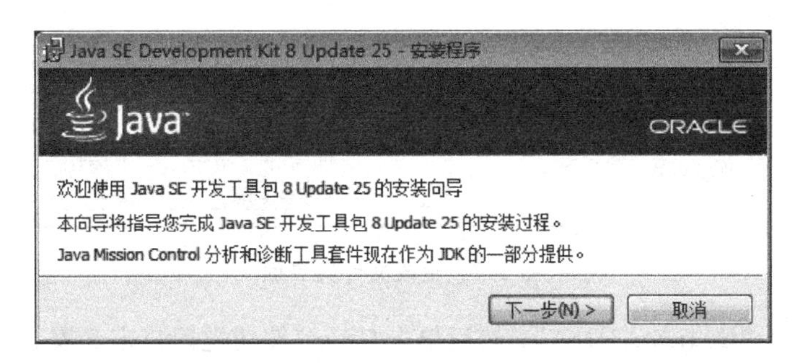

图 1.5　欢迎界面

(2) 单击欢迎界面中的“下一步”按钮，打开自定义安装界面，如图 1.6 所示。

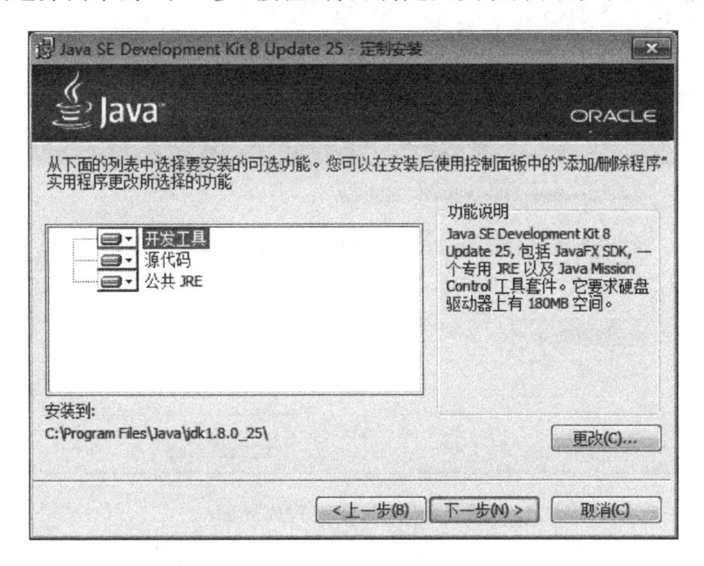

图 1.6　自定义安装界面

其中，“开发工具”是与编译程序相关的工具程序，开发 Java 程序，开发工具必须安装；“源代码”为 JRE 中 API 程序代码，用于查看 API 运行机制；“公共 JRE”也就是 Java 运行环境，如要运行 Java 程序必须安装。上述选项根据需要进行选择，对于初学者建议全部安装。

另外，在“自定义安装”界面中可以设置安装路径，如果需要重新设置，单击“更改”按钮打开更改文件夹设置界面，如图 1.7 所示。

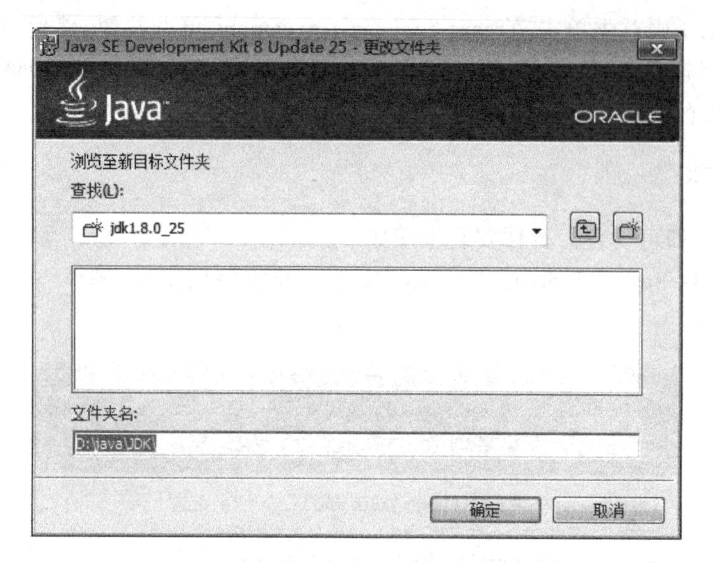

图 1.7　更改文件夹界面

安装路径改为“D:\java\JDK\”；然后单击“确定”按钮返回自定义安装界面。

(3) 自定义安装界面中的选项设置完成后，单击“下一步”按钮进行安装。安装过程中，系统会自动打开 JRE 自定义安装界面，可设置 JRE 安装路径，设置完成单击“下一步”按钮，JDK 安装完成，如图 1.8 所示。

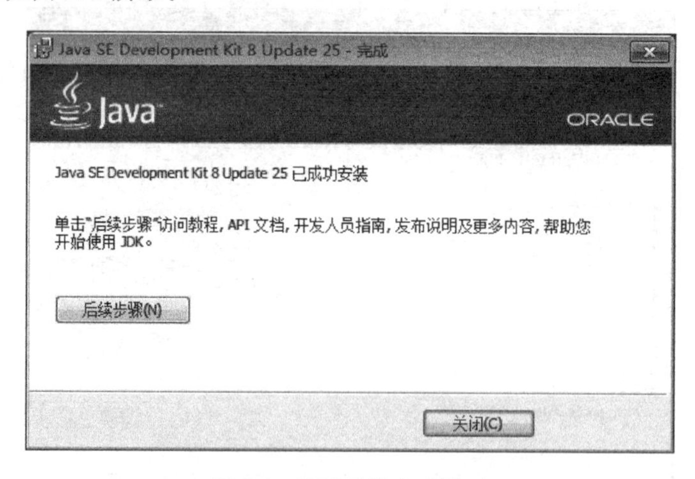

图 1.8　JDK 安装完成界面

1.2.2　环境变量配置测试

JDK 安装完成后需要配置并测试系统环境变量，具体步骤如下。

(1) 右键单击 Windows 桌面中的“计算机”，在快捷菜单中选择“属性”命令，然后单击“高级系统设置”，打开“系统属性”对话框，在“系统属性”对话框中选择“高级”选项卡，单击“环境变量”按钮，打开“环境变量”对话框，如图 1.9 所示。

(2) 在“环境变量”对话框中设置 JAVA_HOME、Path 和 ClassPath 三个环境变量，如果在系统变量中已经存在这三个变量，重新进行编辑，如果不存在则新建。

图 1.9　“环境变量”对话框

① JAVA_HOME 的设置。

在系统变量中查找 JAVA_HOME，如图 1.10 所示。如果不存在则单击“新建”按钮。

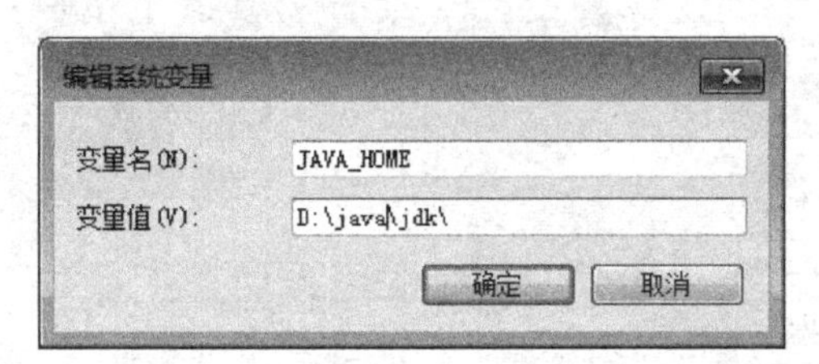

图 1.10　设置 JAVA_HOME

在“变量名”文本框中编辑系统变量名称，在“变量值”文本框中输入变量值。JAVA_HOME 值设置为 JDK 安装路径，JAVA_HOME 主要用于其他 Java 环境变量的设置。

② Path 的设置。

Path 用于设置 Java 实用程序的路径信息。在系统变量中查找 Path 然后进行编辑，如图 1.11 所示。

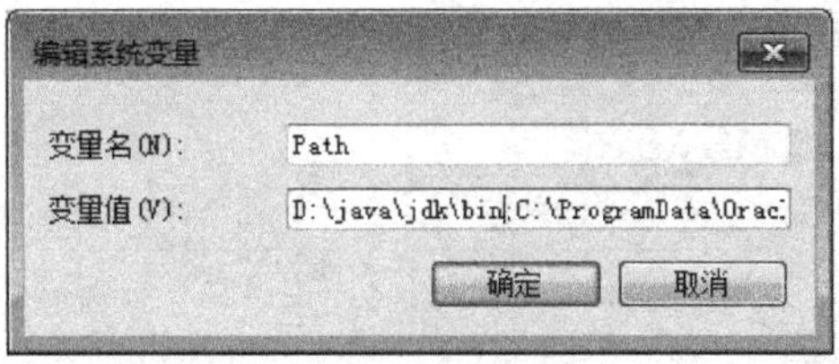

图 1.11　设置 Path

Path 的值与 JDK 安装路径相关，如果 JDK 安装路径为“D:\java\jdk\”，则 Path 的值设置为“D:\java\jdk\bin;”。如果已经设置了 JAVA_HOME，则 Path 可设置为“%JAVA_HOME%bin”。Path 设置时注意不要删除原有值，将新值添加到原有值前面，中间用“；”

间隔。

③ ClassPath 设置。

ClassPath 用于设置类文件所在路径。在系统变量中查找 ClassPath，如果不存在则新建该系统变量，否则重新编辑即可，如图 1.12 所示。

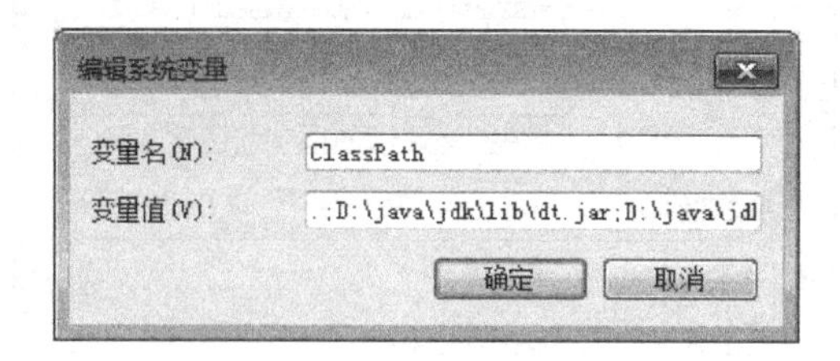

图 1.12 设置 ClassPath

根据前面 JDK 安装路径的设置，ClassPath 系统环境设置为“.;D:\java\jdk\lib\dt.jar;D:\java\jdk\lib\tools.jar”。其中，“.”表示从当前目录开始查找类文件。环境变量设置完成，需要进行测试，验证配置的正确性，在 DOS 环境命令提示符下输入“javac”系统会输出 javac 的帮助信息，如图 1.13 所示，如果没有帮助信息，需要重新配置 JDK 环境变量。

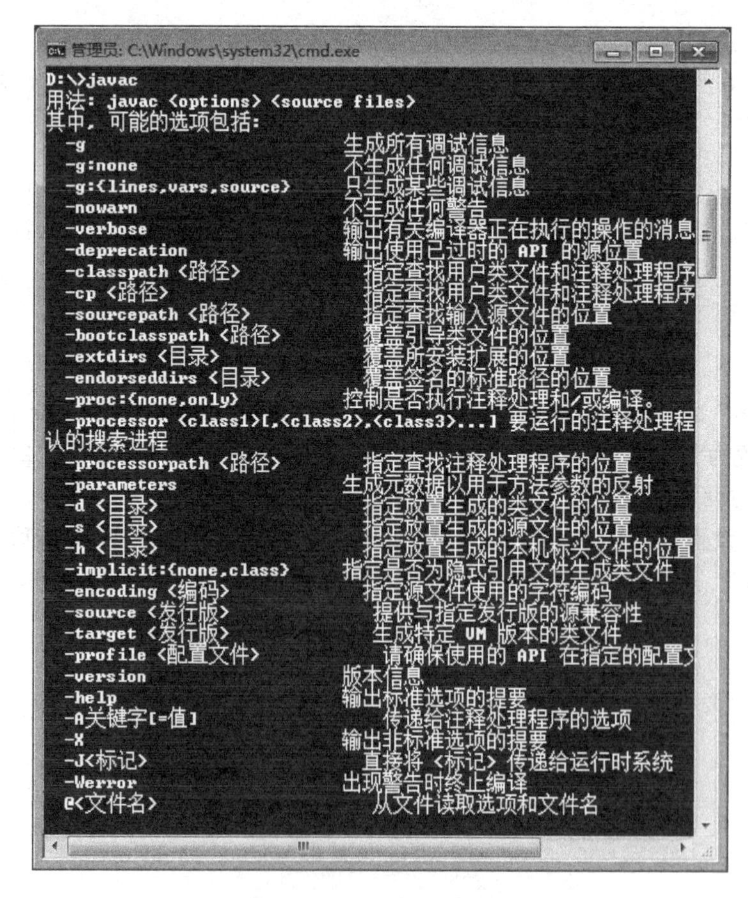

图 1.13 JDK 配置测试界面

1.3 Java 程序构成

Java 程序主要分为两类：Java 应用程序 Application 和 Java 小程序 Applet。下面通过两个简单的例子介绍 Java 程序的构成。

1.3.1 Java 应用程序

例 1-1 编写一个 Java 应用程序，在屏幕上输出字符串“Hello World!”。

源文件为 Hello. java，代码如下。

```
public class Hello
{
  public static void main(String args[ ])
  {
    System.out.println("Hello World!");
  }
}
```

例 1-1 运行结果如图 1.14 所示。

其中，命令“javac Hello. java”表示对 Java 源文件 Hello. java 进行编译，生成字节码文件。

命令“java Hello”表示运行 Java 字节码文件。

结果为：Hello World!。

图 1.14 例 1-1 运行结果

例 1-2 编写一个 Java 计算程序，并输出计算结果。

源文件为 Count. java，代码如下。

```
public class Count
{
    int a;
    int b;
    public Count(int inita, int initb)
    {
       a = inita;
       b = initb;
    }
    double additive()
   {
      return a + b;
    }
   double subtraction()
   {
      return a - b;
    }
   double multiplication()
   {
      return a * b;
```

```
    }
    double division()
    {
        return a/b;
    }

}
class OutValue
{
    public static void main (String args[])
    {
        Count c = new Count(2,3);
        System.out.println("2 + 3 = " + c.additive());
        System.out.println("2 - 3 = " + c.subtraction());
        System.out.println("2 * 3 = " + c.multiplication());
        System.out.println("2/3 = " + c.division());
    }
}
```

例 1-2 运行结果如图 1.15 所示。

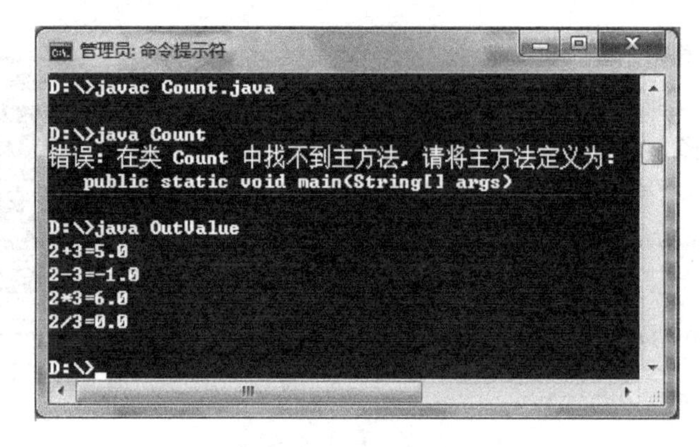

图 1.15 例 1-2 运行结果

其中,javac Count. java 表示编译源程序,生成字节码文件; java Count 和 java OutValue 表示运行字节码文件,但第一个命令出现了错误提示,表示该类中没有主方法;图 1.15 中最后几行为运行结果。

正如例 1-1 和例 1-2 所示,Java 应用程序由类构成,具体构成规定如下。

(1) 每个应用可以包括多个源文件,每个源文件(源文件扩展名为.java)可以包括包声明、类引入、类声明和接口声明几种代码。其中,包声明最多只有一个,如果一个源文件中存在包声明语句,必须写在文件开始位置;其余三种代码在一个源文件中可以存在多个,并且类引入语句必须在包声明语句后面,在类或接口声明语句前面;另外,在源文件中还可以包括若干注释语句。

例如,例 1-1 声明了一个类 Hello。由一个 Java 源文件构成:Hello.java,该文件功能是在屏幕上输出一个字符串。

例 1-2 由一个 Java 源文件构成:Count.java,该文件包括两个类的声明,Count 类和 OutValue 类。其中,Count 类用于计算,而 OutValue 类则用于输出结果。

(2) 每个应用必须有一个主类,也就是含有 main()方法的类。Java 应用程序从主类的 main()方法开始执行。例如,Hello 类和 OutValue 类都是主类,都含有 main()方法。运行例 1-1 时,从 Hello 类的 main()方法开始;运行例 1-2 时,从 OutValue 类的 main()方法开始。(注意观察例 1-1,例 1-2 运行效果图中的运行命令。)

(3) 每个 Java 源文件中最多只能有一个类或接口被声明为 public 类型,并且如果有一个类或接口被声明为 public 类型,源文件的文件名必须与该类或接口的名字相同。

如果没有 public 类型的类或接口,则文件名只要满足命名规范即可。

例如,例 1-1 的 Hello 类声明为 public 类型,所以该类所在源文件的文件名只能为 Hello.java;例 1-2 的 Count 类被声明为 public 类型,所以文件名必须为 Count.java。

1.3.2　Java 小程序

Java 小程序运行于浏览器中,由浏览器内置的 JVM 执行,因此开发 Java Applet 程序除编写 Java 源代码外,还要编写相应的 HTML 文件。

例 1-3　编写一个 Java Applet 程序在屏幕上显示"Hello world!"。

Java 源文件为 HelloApplet.java,代码如下。

```
import java.applet.Applet;
import java.awt.*;
public class HelloApplet extends Applet
{
   public void paint(Graphics g)
   {
      g.drawString ("Hello world!",100,100);
    }
}
```

HTML 文件为 HelloApplet.html,代码如下。

```
<html>
<body>
<Applet code = "HelloApplet.class" width = 200 height = 200 >
</Applet>
</body>
</html>
```

运行 Java 小程序,需要首先编译 Java 源程序,编译成功生成字节码文件,然后通过浏览器运行 HTML 文件加载 Java 程序;在程序调试阶段也可以使用 JDK 工具 AppletViewer 运行 HTML 文件,查看运行结果。上述程序运行效果如图 1.16 所示。

图 1.16　例 1-3 运行结果

与 Java 应用程序类似,Java 小程序也是由类构成的,具体规定如下。

(1) Java 源文件中除了注释语句外也可以包括包声明、类引入、类声明和接口声明语句,并且按上述顺序声明(其中,包声明语句只能有一个)。

例 1-3 中的 Java 源文件为 HelloApplet.java。其中,包括两条类引入语句 import java.applet.Applet,其功能为引入 java.applet 包中的 Applet 类; import java.awt.*,其功能为引入 java.awt 包中的全部类。另外还包括一个类 HelloApplet,功能是在浏览器窗口的(100,100)坐标处输出字符串"Hello world!"。

(2) 每个 Java 小程序必须有一个主类,该类继承于 Applet 类或 JApplet 类,并且主类声明为 public 类型,Java 小程序从主类开始运行。与 Java 应用程序不同,Java 小程序主类中没有 main()方法。Java 小程序的执行过程详见后续章节。

(3) 开发 Java 小程序需要编写相应的 HTML 文件。

1.4 Java 程序开发过程

Java 程序的开发过程主要包括:编辑、编译、运行三个阶段。下面分别加以介绍。

1. 编辑源文件

Java 源文件是一种文本文件,可以利用文本编辑器(如记事本)来编写,也可以直接在开发工具如 Eclipse 中进行编写(建议初学者采用记事本来编写,有了一定基础之后再采用其他开发工具)。采用记事本编写 Hello.java 代码如图 1.17 所示。

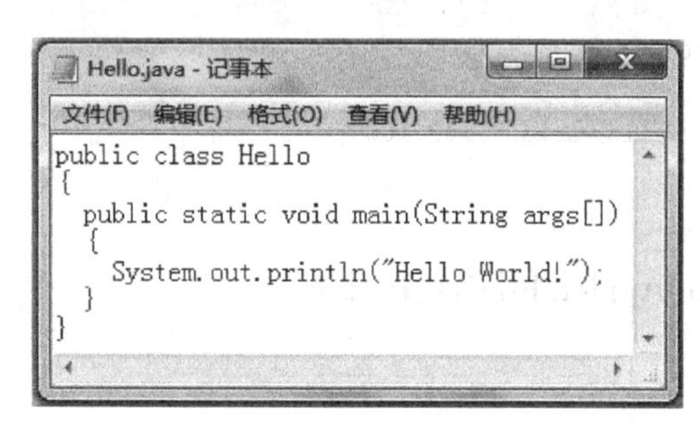

图 1.17 Hello.java 源程序代码

注意:不要采用 Word 编写源程序代码,因为有可能会包含不可视字符。

Java 源程序代码除了字符串常量外,其余符号包括大、小写英文字母、数字、标点符号以及各种括号等,都必须在英文半角状态下输入,否则编译时会报错;另外,编写源文件代码时应养成良好的编程习惯,主要包括代码缩进,各种括号配对、对齐,一行一条语句等,并保持这种风格一致,这样做有助于源代码调试。

源代码编写完成后,需要将其保存到用户指定的文件夹中,Java 源文件的扩展名为.java。

注意:

(1) Java 代码区分大小写(包括文件名)。

(2) 采用记事本编写 Java 源文件时,文件扩展名不能为.txt。

另外,如果开发 Java 小程序,还需要编辑 HTML 文件。

2. 编译

源文件编写结束后，需使用 Java 编译器(javac. exe)对源文件进行编译生成字节码文件。可以在 MS DOS 命令窗口中执行 javac 命令编译 Java 源文件，并查看编译结果，具体操作步骤如下。

(1) 启动 MS DOS，打开 DOS 命令窗口，如图 1.18 所示。然后，进入 Java 源文件所在目录。本书 Java 源文件保存在“D:\”下。

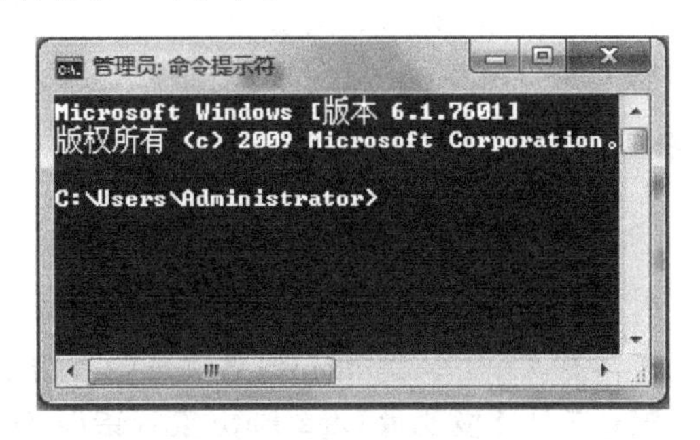

图 1.18 初始 DOS 命令窗口

(2) 编译。在 DOS 窗口提示符后输入“javac java 源文件名”，例如“D:\>javac Hello. java”，编译 Hello. java 文件。编译后，窗口中可能会出现下面的提示。

① 没有任何提示信息，只有 DOS 提示符，表示编译成功，即 Java 源程序没有错误。

② javac 不是内部或外部命令，也不是可运行的程序或批处理文件。这表示 Java 环境变量配置出现错误，需要重新配置，并重新启动 MS DOS，使配置生效，如图 1.19 所示。

图 1.19 环境变量配置错误

③ File not found。表示文件不存在。这种错误通常是因为文件名输入错误，或者当前目录非 Java 源文件所在目录，或者 Java 源文件有隐藏的扩展名. txt。

编译时以文件为单位，可以一次编译一个 Java 源文件，也可以一次编译多个 Java 源文件，例如：

```
D:\> javac Hello. java
D:\> javac C * . java
D:\> javac  * . java
```

源文件编译后生成字节码文件，字节码文件的扩展名为. class。字节码文件的个数由源文件中类和接口的个数决定，因为编译时编译器将 Java 源文件中每个类和接口生成一个独立的字节码文件；字节码文件名称与 Java 源文件中类和接口的名称相同。如果 Java 源文件修改，需要重新编译被修改的源文件，修改才能生效。

3. 运行

采用解释器 java.exe 运行 Java 程序，运行时从主类对应的字节码文件开始，具体操作方法为：在 MS DOS 窗口中，在 DOS 提示符下，输入"Java 主类名"。

例如：

```
D:\> java Hello
```

运行时系统可能会出现下面的提示：

```
错误：找不到或无法加载主类……
```

或者

```
Exception in thread"main"…
```

出现这种错误的原因通常有两个：一是 main()方法声明有错误，需要仔细检查声明中各词汇大小写以及参数设置；二是环境变量 ClassPath 设置错误，需要重新设置。

另外，如果运行 Java 小程序，需要在浏览器中运行 HTML 文件；或者使用 JDK 工具 AppletViewer 运行 HTML 文件，查看运行结果。

注意：本章讲述的编译和运行的方法仅针对初次开发 Java 程序的读者，后续章节中还会进一步讲解。

1.5 开发工具 Eclipse

Eclipse 是一款优秀的 Java 开发工具，Eclipse 基于插件构建开发环境，为编程人员提供了一流的 IDE。插件是 Eclipse 最具特色的区别于其他开发工具的特征之一，通过安装插件扩展 Eclipse 功能，可以实现 Java Web 开发、J2ME 开发，也可以支持其他编程语言开发，如 C/C++、PHP 等。另外，Eclipse 还提供了插件开发环境。

1.5.1 Eclipse 的安装与配置

1. 下载 Eclipse

Eclipse 是开源的 Java 开发工具，可以进入其官方网站进行下载，网址为 http://eclipse.org/。Eclipse 版本很多，开发人员可以根据学习和开发的需要进行选择，本书选择 Eclipse IDE for Java Developers，它主要用于 Java SE 开发，包括 Java IDE，CVS 客户端，Git 客户端，XML 编辑器，Mylyn 和 Maven 集成环境。如果进行 Java Web 开发则下载 IDE for Java EE Developers，不需要自己再安装插件即可进行 Java Web 开发。Eclipse IDE for Java Developers 下载界面如图 1.20 所示。在图 1.20 中进行下载即可，本书下载的是目前最新版本 4.4.1。

2. 安装 Eclipse

Eclipse 的安装比较简单，只要将下载的 Eclipse 压缩包解压到指定的文件夹即可，本书

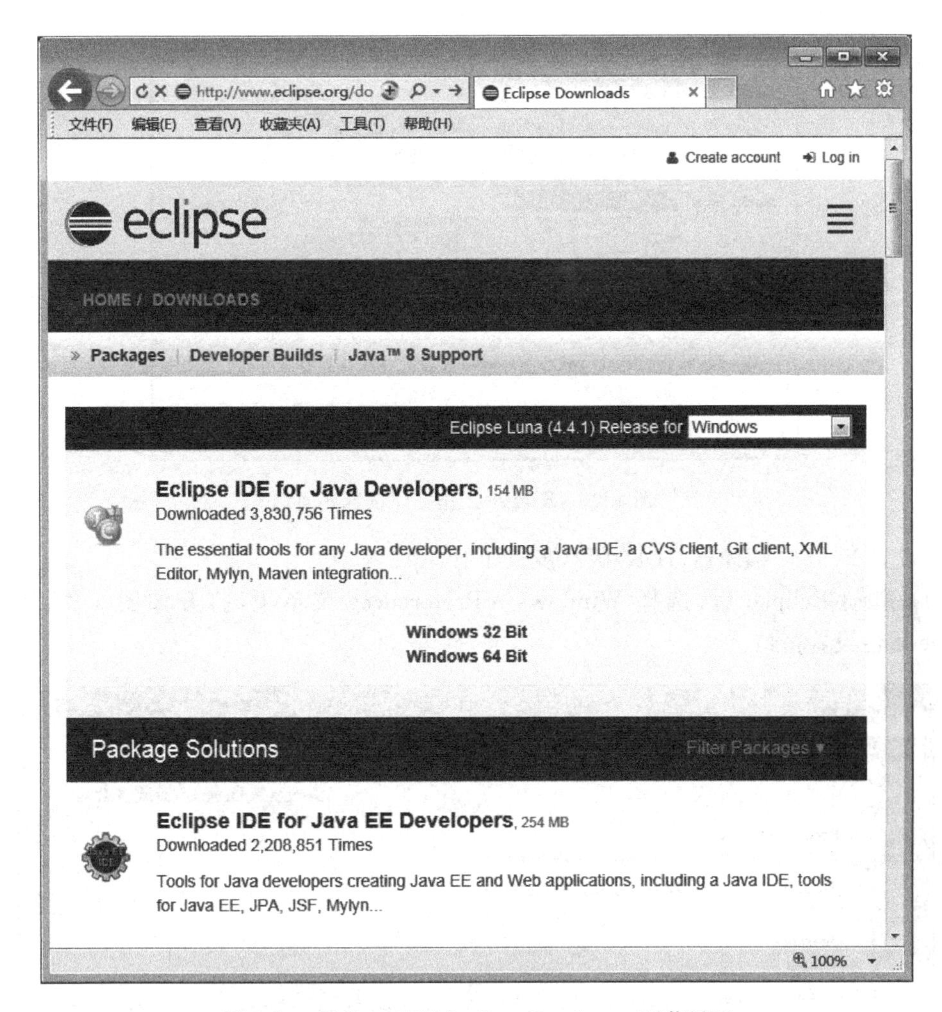

图 1.20　Eclipse IDE for Java Developers 下载界面

将 Eclipse 解压到 D 盘的根目录下。解压后运行 Eclipse.exe 文件即可启动 Eclipse。

注意：使用 Eclipse 需要首先安装并配置 JDK。

3. 配置 Eclipse

直接解压的 Eclipse 为英文界面，如果希望使用中文界面的 Eclipse，可以在 Eclipse 官方网站免费下载多国语言包，解压后设置中文语言包的安装路径，启动 Eclipse 则为中文界面。注意下载的多国语言包必须和 Eclipse 版本一致。

1) 配置 Eclipse 工作空间

初次启动 Eclipse 需要设置 Eclipse 工作空间。运行 Eclipse.exe 文件启动 Eclipse，如图 1.21 所示。在 Workspace 处设置 Eclipse 工作空间路径，如果勾选 Use this as the default and do not ask again 复选框，再次启动 Eclipse 将不再出现工作空间设置界面。配置 Eclipse 工作空间路径后，单击 OK 按钮启动 Eclipse。

2) 配置 JDK 版本

Eclipse 默认情况下使用的 JDK 版本可能与系统安装的最新 JDK 版本不同，需要进行

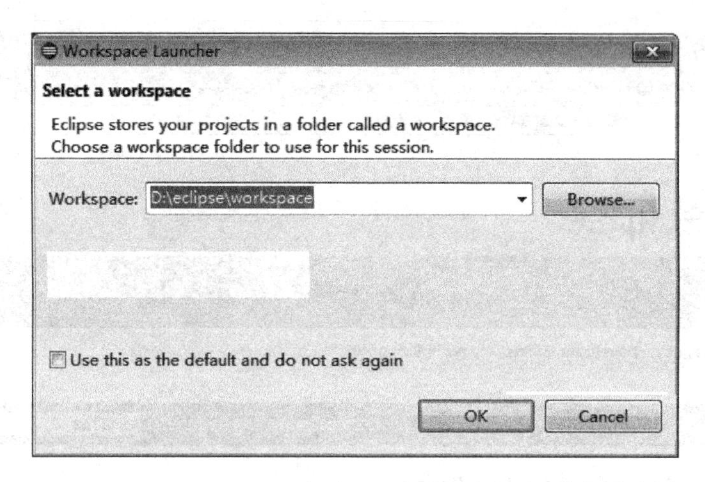

图 1.21　Eclipse 工作空间设置界面

设置。设置 Eclipse 编译器(JDK)版本步骤如下。

(1) 启动 Eclipse 后,选择 Windows→Preferences 菜单项,打开如图 1.22 所示的 Eclipse 属性设置窗口。

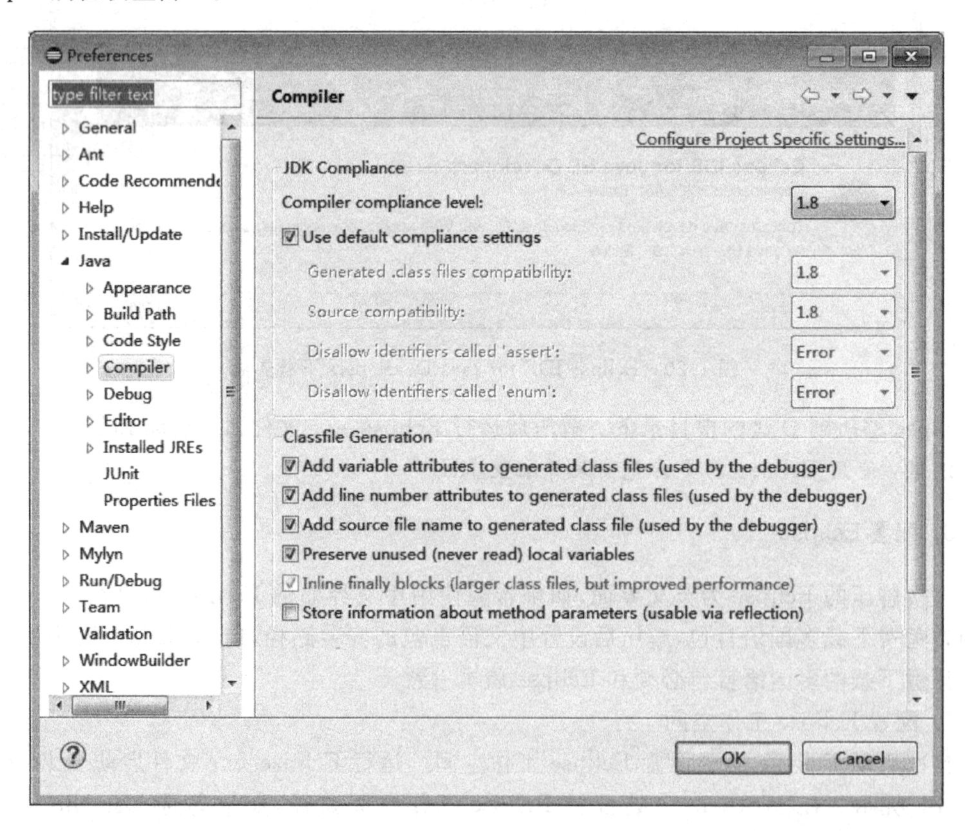

图 1.22　Eclipse 属性设置窗口

(2) 在图 1.22 中选择 Java→Compiler 节点后,在右侧 JDK Compliance 下的 Compiler compliance level 中选择 JDK 版本,然后单击 OK 按钮。

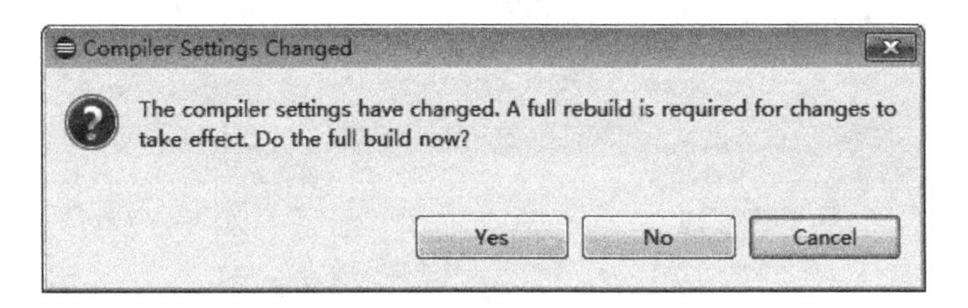

图 1.23 Eclipse 编译器版本设置确认窗口

(3) 在图 1.22 中单击 OK 按钮后，出现如图 1.23 所示的版本设置确认窗口，单击 Yes 按钮完成 Eclipse 编译器版本设置。

1.5.2 使用 Eclipse 开发 Java 程序

启动 Eclipse 后，首先显示欢迎窗口，如图 1.24 所示，关闭欢迎窗口之后进入主窗口，如图 1.25 所示。

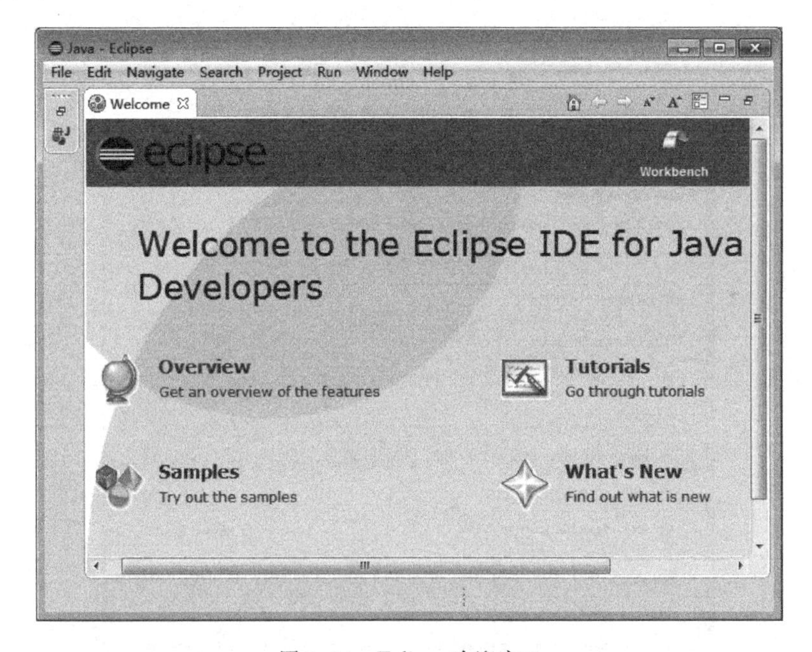

图 1.24 Eclipse 欢迎窗口

在 Eclipse 主窗口中进行程序开发，具体步骤如下。

1. 新建 Java 项目

(1) 在 Eclipse 菜单中选择 File→New→Java Project 菜单项，打开 New Java Project 窗口，如图 1.26 所示。

(2) 在图 1.26 中输入新建 Java 项目名称，本书设置为 FirstProject，然后可以单击 Next 按钮，进入 Java 项目构建窗口，设置 Java 构建路径，也可以直接单击 Finish 按钮，完成 Java 项目的创建工作。

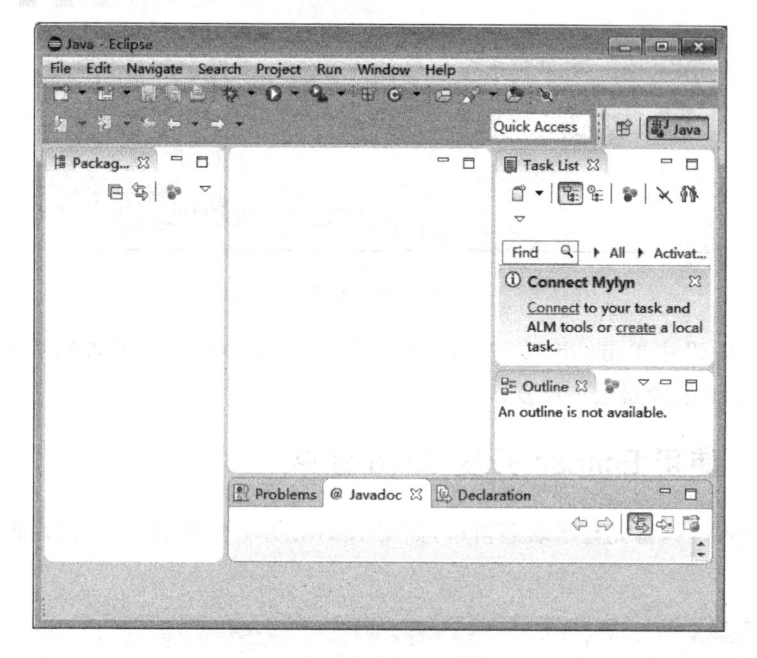

图 1.25 Eclipse 主窗口

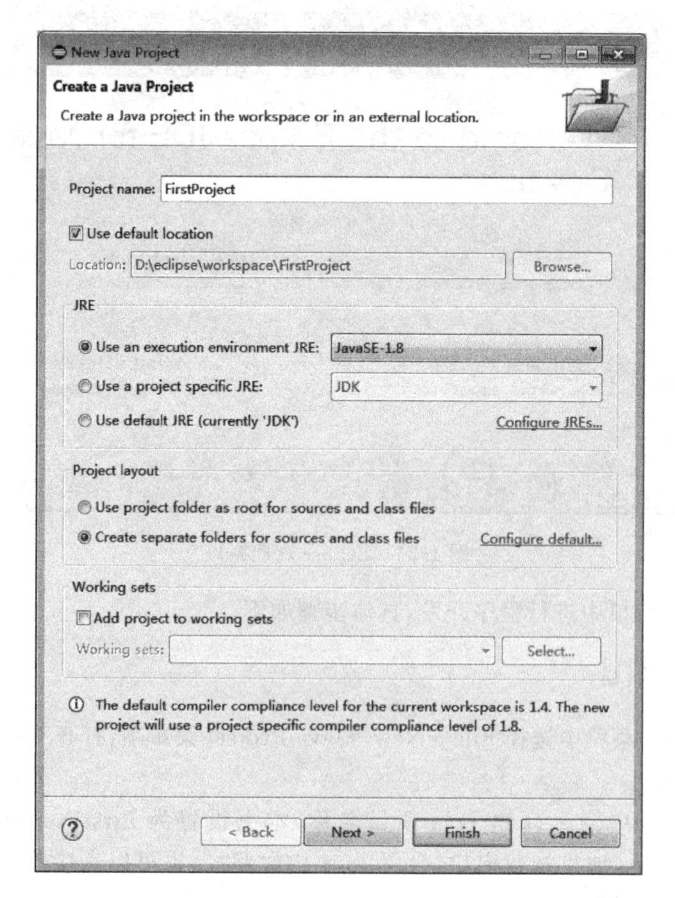

图 1.26 New Java Project 窗口

2. 新建 Java 类

在新建的 Java 项目中创建 Java 类的步骤如下。

(1) 选择 File→New→Class 菜单项，或者鼠标右键单击新建 Java 项目，在快捷菜单中选择 New→Class 命令，打开新建 Java 类窗口，如图 1.27 所示。

图 1.27 新建 Java 类窗口

(2) 在新建 Java 类窗口中设置包的名称，这里设置为 c，通常包名称都为小写字母；设置类名称，这里设置为 Calculator，通常类名称各单词首字母大写，其余字母小写。如果希望在新类中添加 main 方法，则选择 public static void main(String[] args)复选框；如果希望使用父类的构造方法，则选择 Constructors from superclass；如果希望继承抽象方法，则选择 Inherited abstract methods；如果希望在代码中添加适当的注释，则选择 Generate comments 复选框。

(3) 单击 Finish 按钮，完成 Java 类的创建，如图 1.28 所示，接下来就可以编写 Java 代码了。

3. 编辑 Java 代码

在图 1.28 中代码处编写所需代码，如图 1.29 所示。

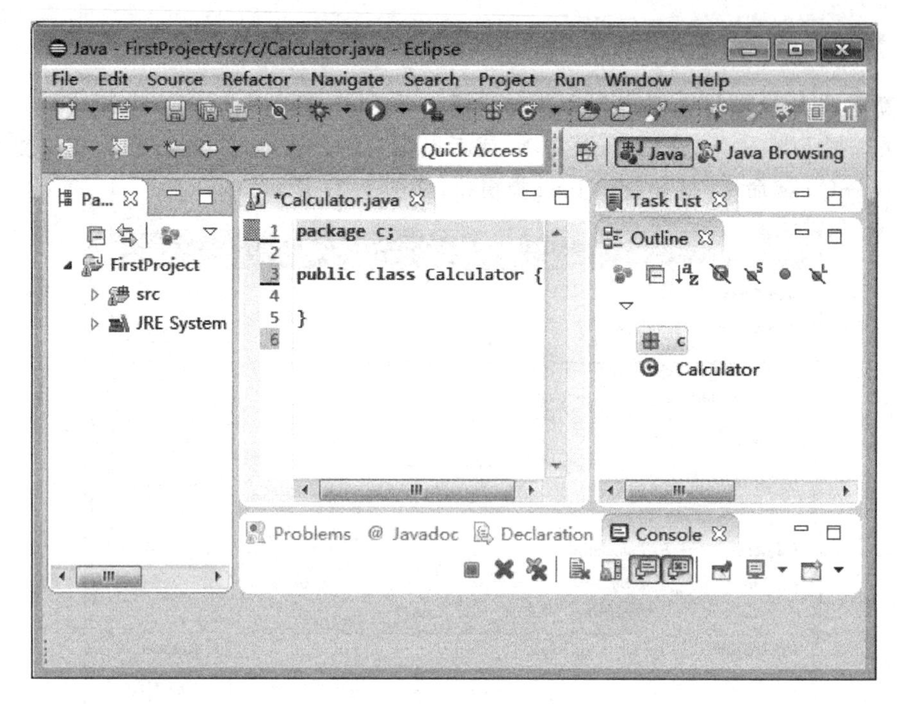

图 1.28 新建 Java 类

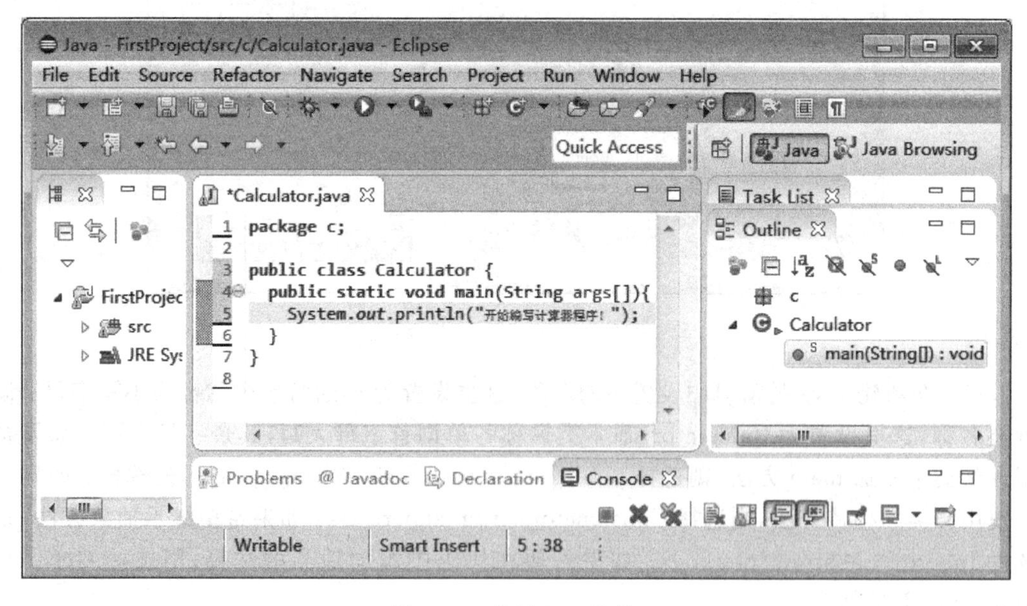

图 1.29 编写 Java 代码

4. 运行程序

选择 Run→Run 菜单项或者单击工具栏中的 图标，打开如图 1.30 所示的窗口，选择需要运行的程序，然后单击 OK 按钮，运行程序。程序运行结果将输出在控制台中，如图 1.31 所示。

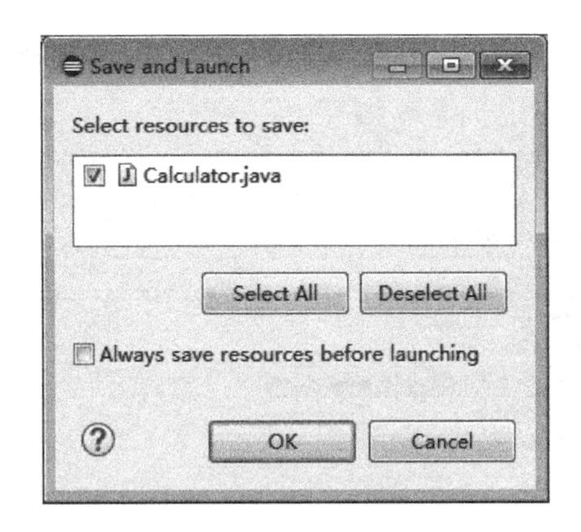

图 1.30 选择运行程序窗口

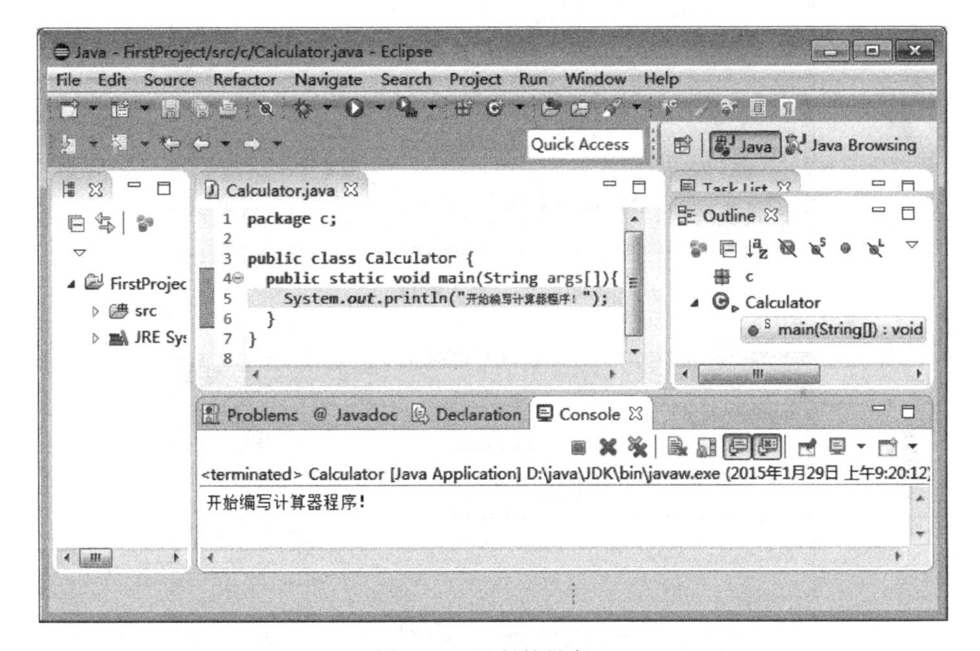

图 1.31 运行结果窗口

5. 导入程序

可以使用 Eclipse 导入程序功能，导入已经存在的项目或者 Java 类文件，具体方法如下。

1) 导入 Java 项目

导入 Java 项目具体步骤如下。

(1) 选择 File→Import 菜单项，打开如图 1.32 所示导入窗口，选择 General 节点，然后双击 Existing Projects into Workspace 子节点，打开 Java 项目导入设置窗口，如图 1.33 所示。

(2) 在图 1.33 中，选择 Select root directory，单击 Browse 按钮，选择 Java 项目所在目录。该目录下全部 Java 项目将显示在 Projects 下的列表框中，用户从中选择所需 Java 项目。

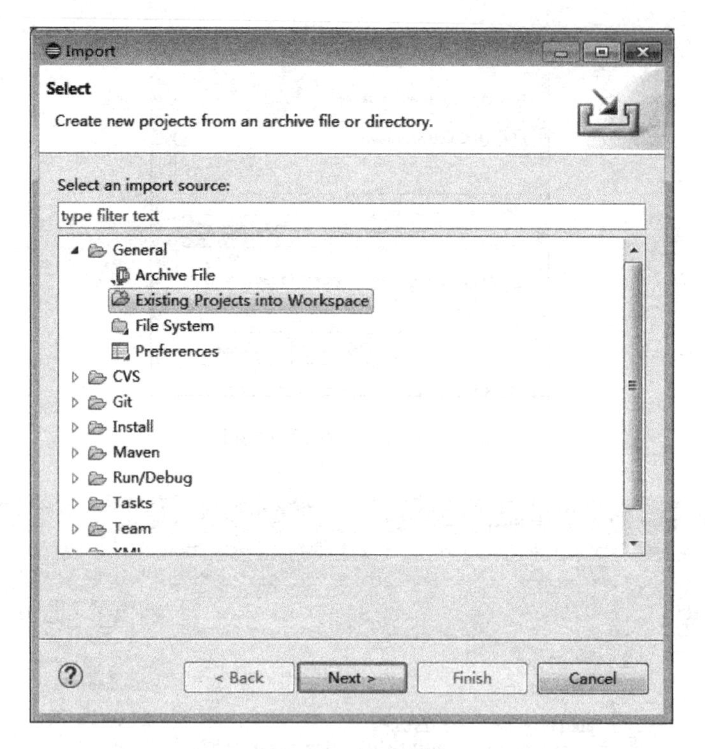

图 1.32 导入窗口

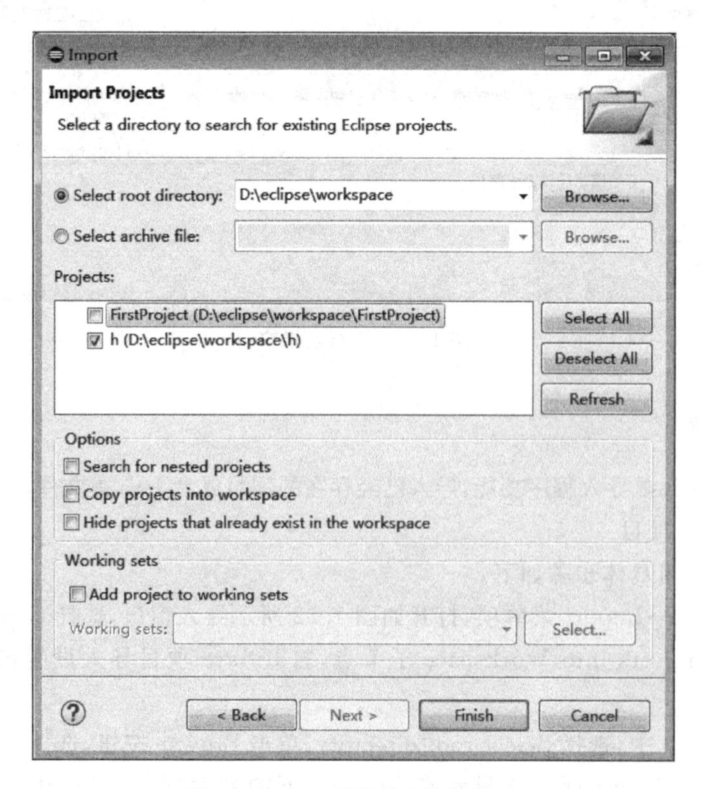

图 1.33 Java 项目导入设置窗口

(3) 选定 Java 项目后，单击 Finish 按钮，完成导入工作，结果如图 1.34 所示。

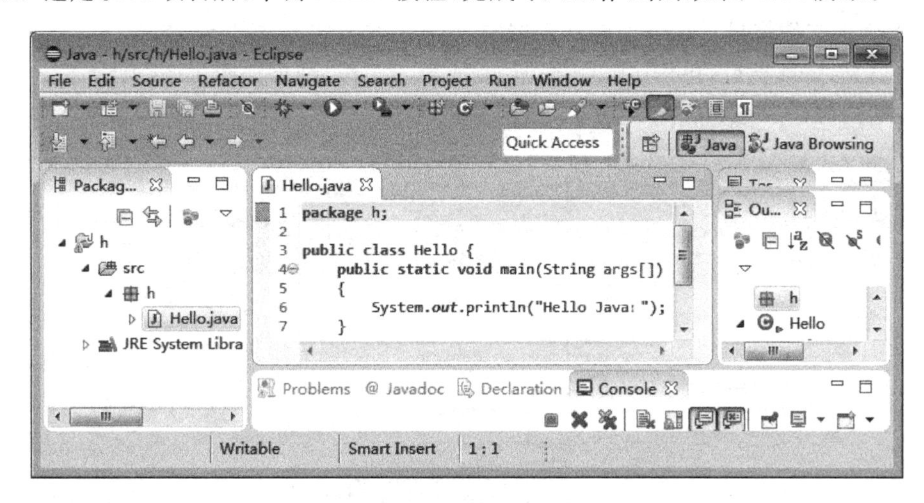

图 1.34　Java 项目导入结果

2) 导入 Java 类

Eclipse 不仅可以整体导入已经存在的 Java 项目，也可以在某项目中导入已经存在的 Java 类文件，具体步骤如下。

(1) 右击包名称，在快捷菜单中选择 Import 菜单项，打开如图 1.32 所示的导入窗口，选择 General 节点，然后双击 File System 子节点，打开 Java 代码导入设置窗口，如图 1.35 所示。

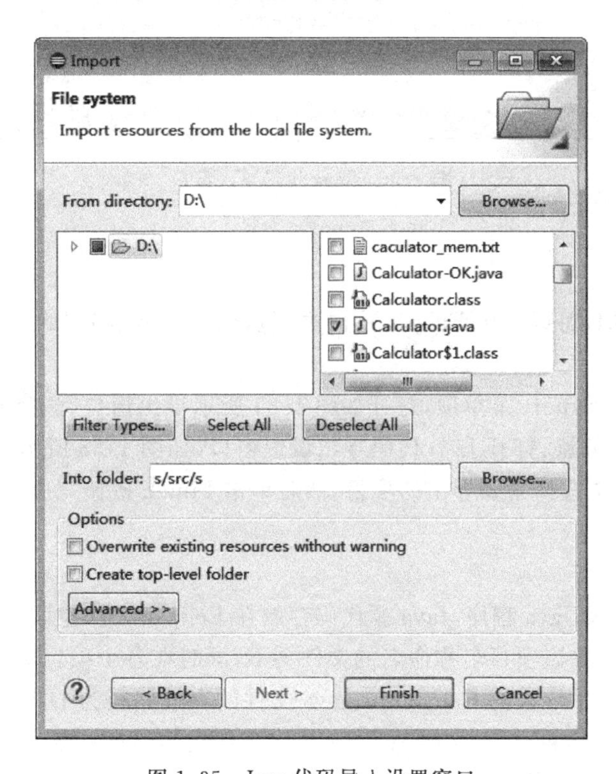

图 1.35　Java 代码导入设置窗口

(2) 在图 1.35 中,选择 From directory,单击 Browse 按钮,选择 Java 代码所在目录。该目录下全部文件将显示在下面的列表框中,用户从中选择所需 Java 类。

(3) 选定 Java 类后,单击 Finish 按钮,完成导入工作,结果如图 1.36 所示。

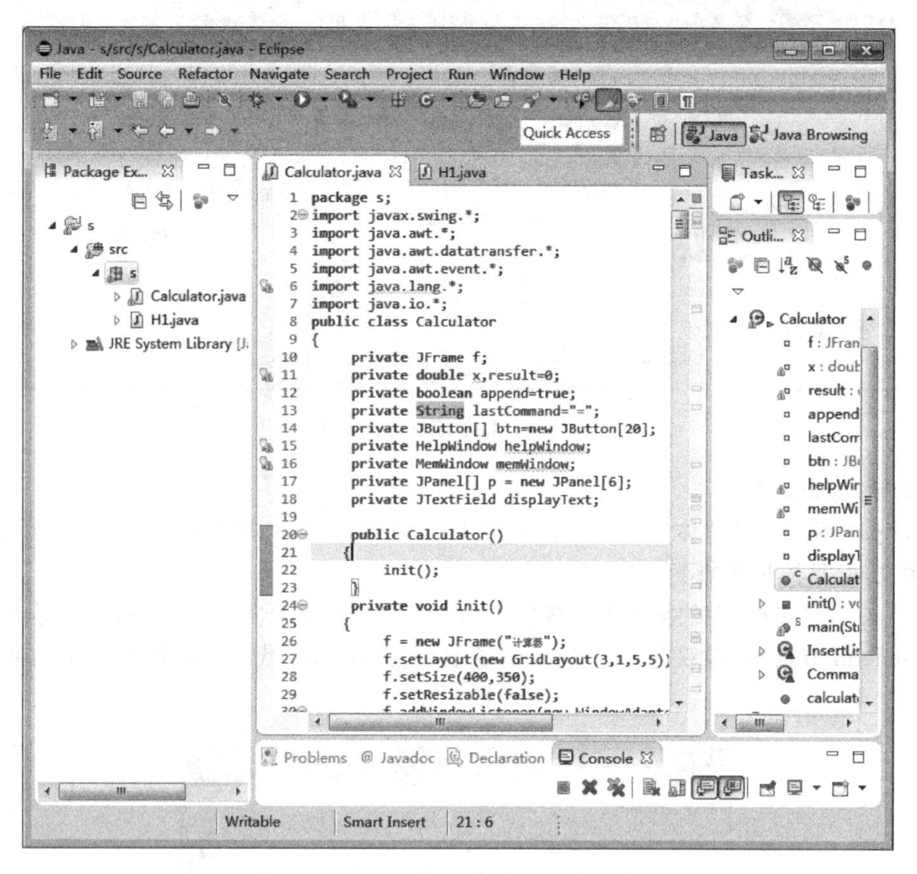

图 1.36　Java 代码导入窗口

6. 导出程序

导出与导入类似,可以导出 Eclipse 中的类、包,也可以是整个 Java 项目,具体操作步骤如下。

(1) 选择 File→Export 菜单项,打开如图 1.37 所示导出窗口,选择 General 节点,然后双击 File System 子节点,打开 Java 代码导出设置窗口,如图 1.38 所示。

(2) 在图 1.38 中选择需要导出的项目,然后单击 Finish 按钮完成导出工作。

7. 查看源代码

使用 Eclipse 开发 Java 程序,Java 源代码存放在 Eclipse 工作空间下,并且每个 Java 项目的全部文件存放在以该项目名称命名的文件夹下,同时在各个项目文件夹下,文件被分类存放。例如,图 1.36 中导入的 Calculator.java 文件的存放路径为 D:\eclipse\workspace\s\src\s\。其中,D:\eclipse\workspace\为 Eclipse 工作空间路径;第一个 s 为项目名称;src 为项目源代码存放路径;第二个 s 为包名称。

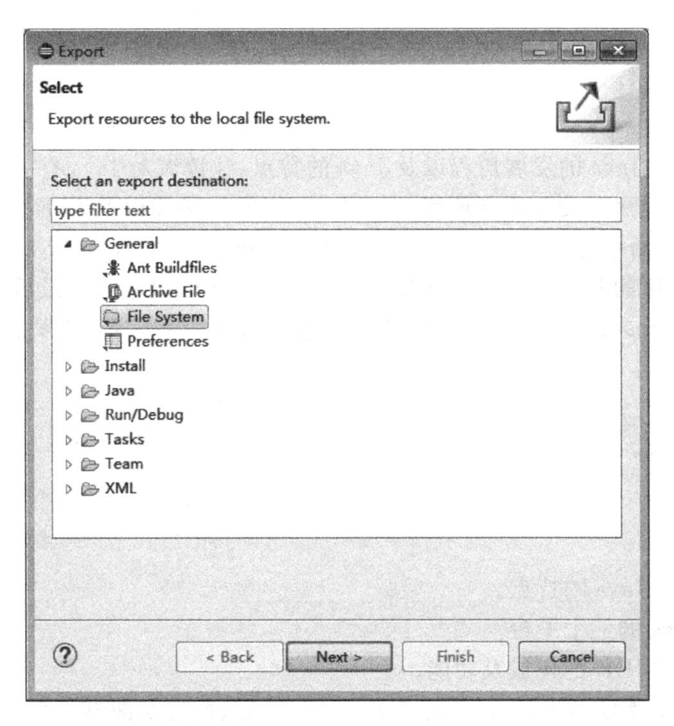

图 1.37 导出窗口

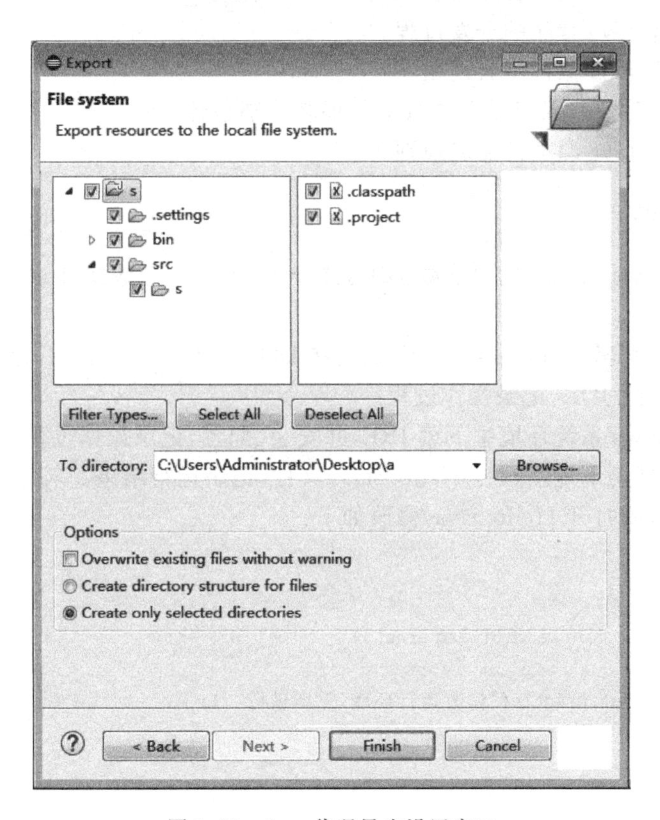

图 1.38 Java代码导出设置窗口

小结

本章首先介绍Java的发展历程以及Java的特点，让读者对Java有一个概括性的认识；然后叙述了Java程序开发及运行环境，主要包括JDK的构成以及JDK的下载、安装、配置和测试的步骤；接着叙述了Java程序的构成，包括Java应用程序和Java小程序的构成；同时介绍了Java程序的开发过程，包括编辑、编译和运行方法及步骤；最后介绍了Java程序常用开发工具Eclipse；包括Eclipse的安装、配置以及使用Eclipse开发Java程序过程。

思考练习

1. 思考题

(1) 简要叙述Java的特点。
(2) 说明Java的三个平台。
(3) 简要叙述JDK的构成及功能。
(4) 简要叙述针对Windows系统，JDK下载、安装、配置及测试过程。
(5) 简要叙述Java应用程序及Java小程序的构成。
(6) 简要叙述Java程序的开发过程。
(7) 什么是Java虚拟机？有何用途？
(8) Java源程序文件及字节码文件的扩展名分别是什么？
(9) 简要叙述Java源文件命名规则。

2. 拓展训练题

(1) 在Windows系统环境中下载JDK，并安装、配置。记录操作过程中出现的问题及解决方法。
(2) 用记事本编辑Hello.java程序，然后在DOS环境下编译运行，记录运行结果。
(3) 卸载并删除JDK，记录操作过程。
(4) 在Windows系统环境中下载JRE，并安装、配置，记录操作过程并与JDK比较。
(5) 在DOS环境下重新运行Hello.class文件，记录运行结果。
(6) 在记事本中打开Hello.java，修改如下：

```
public class Hello
{
    public static void main(String args[])
    {
        System.out.println("修改运行环境,重新运行。");
    }
}
```

修改结束，保存文件。
(7) 在DOS环境下重新编译并运行，记录结果，并说明出现问题的原因及解决方法。

第2章 Java语言基础

本章导读

软件开发应采用统一规范，大型软件系统开发统一规范尤为重要。采用统一规范(例如，统一的标识符命名规范，程序编写风格规范，注释规范，程序调试规范等)有助于程序员之间的沟通，使程序易读、易用、易修改，从而加快软件开发进程。本章将详细介绍 Java 语言基本语法要素。

本章要点

- Java 关键字与标识符命名规范。
- Java 数据类型分类。
- Java 常用运算符及使用方法。
- Java 流程控制语句语法格式及使用方法。
- Java 数组的声明、初始化及使用方法。
- Java 字符串的声明、初始化及使用方法。

2.1 标识符与关键字

2.1.1 Java 标识符

在 Java 语言程序中，用于标识类名、变量名、方法名、类型名的字符序列统称为标识符。每一种程序设计语言都有标识符，但命名规则略有不同。Java 语言标识符命名规则如下。

(1) 标识符可由字母、下划线(_)、美元符号($)和数字构成。

(2) 标识符的第一个字符不能是数字。

(3) 标识符不能是 Java 关键字，也不可以是 true、false 和 null。

(4) 标识符中英文字母区分大小写。

以上是 Java 程序必须遵循的标识符命名规则，否则程序将无法通过编译。另外，为了提高程序的可读性，Java 程序标识符命名一般都遵循如下规范。

(1) 见名知意。

(2) 标识符中多个单词中间用下划线(_)连接。

(3) 类名中每个单词的首字母大写，其余字母小写。

(4) 方法名和变量名除第一个单词首字母小写外，其他单词的首字母大写，其余字母小写。

(5) 常量名中每个单词的每个字母都大写。

(6) 包名中每个单词的每个字母都小写。

例如，JButton、JFrame、Calculator、MyListener 为类名；setLayout、addWindowListener、actionPerformed、init、result、str 为方法名和变量名；swing、awt、lang、javax、calculator 为包名；MAX_VALUE 为常量名等。

2.1.2 Java 关键字

在 Java 语言中将已经赋予特定意义的一些专有词汇统称为关键字，在 Java 语言程序中关键字不可以用作标识符。下面列出 Java 语言的所有关键字：

abstract、assert、boolean、break、byte、case、catch、char、class、const、continue、default、do、double、else、enum、extends、final、finally、float、for、goto、if、implements、import、instanceof、int、interface、long、native、new、package、private、protected、public、return、short、static、strictfp、super、switch、synchronized、this、throw、throws、transient、try、void、volatile、while。

2.2 数据类型

Java 语言中的数据类型可分为两大类：基本数据类型和引用数据类型，下面分别加以介绍。

2.2.1 Java 基本数据类型

基本数据类型主要分为以下几种。

(1) 整数类型：byte、short、int、long。

(2) 浮点类型：float、double。

(3) 字符类型：char。

(4) 布尔类型：boolean。

各类型说明如表 2.1 所示。

表 2.1 Java 语言基本数据类型

关键字	描述	长度/B	范围	默认值
byte	字节型	1	$-2^7 \sim 2^7-1$	0
short	短整型	2	$-2^{15} \sim 2^{15}-1$	0
int	整型	4	$-2^{31} \sim 2^{31}-1$	0
long	长整型	8	$-2^{63} \sim 2^{63}-1$	0
float	单精度	4	1.4E−45～3.4E38	0.0
double	双精度	8	4.9E−324～1.79769E308	0.0
char	字符型	2	$0 \sim 2^{16}-1$	null
boolean	布尔型	1	true/false	false

2.2.2 Java 引用数据类型

引用数据类型包括类的引用和接口的引用。引用数据类型和基本数据类型不同，基本数据类型用于表示具体数据，如整型、浮点型、字符型或布尔型，这些数据类型的常量或变量在内存中存放的是数据本身；引用类型则用于表示引用数据在内存中的存放位置（地址），也就是引用类型的变量或常量在内存中存放的是被引用数据在内存中的地址。

例如：

```
Count c = new Count();
int a = 2;
int b = 3;                        //见例 1-2 中的定义
```

其中，c 为引用数据类型变量，a 和 b 为基本数据类型变量，其内存情况如图 2.1 所示。

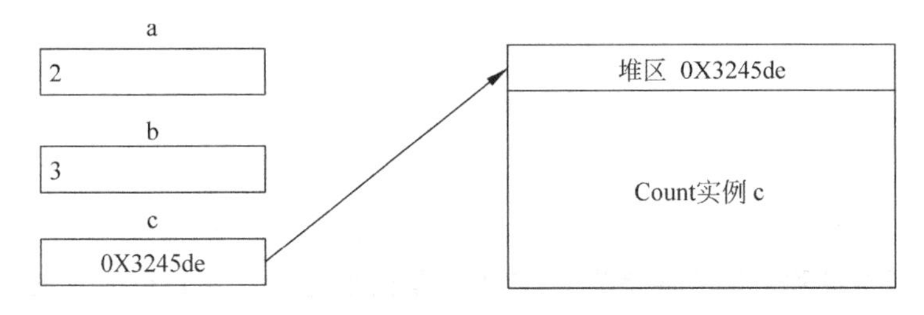

图 2.1 基本数据类型以及引用数据类型初始化后内存情况

2.3 Java 常量与变量

常量与变量都用于存储程序中处理的数据，其中常量值不允许改变，而变量值可以改变；常量名和变量名必须是合法的标识符。Java 是“强类型”编程语言，因此在程序中使用的常量和变量必须先声明再使用。下面详细介绍不同数据类型常量与变量的声明和使用方法。

1. 常量和变量的声明

声明常量与变量的基本格式如下：

```
[final]数据类型 标识符
```

说明：

(1) 有 final 关键字表示声明常量，否则表示声明变量。

例如：

```
final int AGE;                    //声明一个整型常量 AGE
float grade;                      //声明一个浮点型变量 grade
```

(2) 可以在一条声明语句中同时声明多个同类型的常量或变量。

例如：

```
int a,b,c;
final char C_1,C_2;
```

2. 常量和变量的赋值

常量和变量可以在声明时赋值，也可以在以后需要时赋值；常量仅允许赋值一次，变量可以多次赋值。

例如：

```
final int AGE = 18;
```

等价于：

```
final int AGE;
AGE = 18;
```

另外，

```
char sign = 'A';
```

等价于：

```
char sign;
sign = 'A';
```

赋值时注意常量和变量的存储范围，如果所赋的值超过了常量或变量的存储范围则产生溢出。

3. 不同数据类型常量和变量的使用要点

1）整型常量与变量

整数类型的常量和变量能够存储整型数据，整型数据可以采用十进制、八进制和十六进制三种方式表示，如123（十进制），023（八进制），0X3C（十六进制）。另外，整数类型分为byte、short、int和long 4种，不同类型整型数据在内存中占用的字节数不同，相应类型常量和变量存储数据范围不同。在给整型常量和变量赋值时，可以采用十进制、八进制、十六进制三种方式，并且所赋值不应超出常量或变量的数据存储范围；另外，在Java中规定在给long型常量或变量赋值时如果超出int型范围时，必须在数据的最后加L或l。

例如：

```
short s = 123456;                //错误,赋值数据超出 short 存储范围
int i = 123456;                  //正确
long k1 = 123456L;               //正确
long k2 = 123456;                //正确
long k3 = 321213210;             //错误,超过 int 型范围,数据最后必须加 L 或 l
long k4 = 3213213210L;           //正确
```

2）浮点型常量和变量

浮点型分为float（单精度）和double（双精度）两种，其常量和变量用于存储小数；赋值时小数可用十进制表示，如123.5，也可以用科学记数法表示，如1.235e2。float类型数据保留8位有效数字，double类型数据保留16位有效数字。Java中小数默认为double类型，因此在给float类型常量或变量赋值时，数据后面加f或F，当赋值为整数并且未超出int范

围时可以省略 f 或 F。

例如：

```
float f1 = 3.2f;              //正确
float f2 = 321;               //正确
float f3 = 321f;              //正确
float f4 = 3213213210f;       //正确
float f5 = 3213213210;        //错误,超出 int 型范围,必须加 f 或 F
```

当给 double 类型常量或变量赋值时，数据后面可以加 D 或 d，当赋值数据为整型并且超出 int 型范围，必须加 D 或 d；其余情况可以省略 D 或 d。

例如：

```
double d1 = 3.2;              //正确
double d2 = 3.2d;             //正确
double d3 = 3213213210d;      //正确
double d1 = 3213213210;       //错误,超出 int 型范围,必须加 D 或 d
```

3）字符型常量或变量

Java 中字符型数据是指用单引号括起来的单个字符，如'a'，'？'，'3'等。每个字符型数据占两个字节，因此，字符型常量或变量存储数据的取值范围为 0～65 535，其值为字符在 Unicode 字符集中的编码。给字符常量或变量赋值时，可以赋字符型数据，也可以赋整型数据(0～65 535)。

例如：

```
char c = 'a';
```

等价于：

```
char c = 97;                          //字符型变量 C 在内存中存储字符'a'的 Unicode 编码 97
```

注意：*Java 中可以使用 System.setProperty()方法和 System.getProperty()方法设置和获取默认字符集，例如：*

```
System.setProperty("file.encoding","UTF - 8");   //设置默认字符集为 UTF - 8
System.getProperty("file.encoding");             //获取系统默认字符集
```

另外，在 Java 中，还提供了若干转义字符。所谓转义字符是转变字符原用法或含义。转义字符以'\'开头，例如，'\r'表示回车；'\''表示引号，而不用于字符数据。转义字符及其含义见表 2.2。

表 2.2 转义字符

转义字符	含义	转义字符	含义
\\	反斜杠\	\f	换页
\'	单引号'	\n	换行
\"	双引号"	\r	回车
\uxxxx	以十六进制数指定字符输出	\b	退格
\xxx	以八进制数指定字符输出	\t	跳格

4）布尔型常量或变量

布尔型常量或变量用于存储逻辑值，逻辑值有 true 和 false 两种，分别表示真和假。给布尔型常量或变量赋值时可以赋逻辑值也可以是能够得到逻辑值的表达式，例如：

```
boolean  b1 = true;
boolean  b2 = 6 > 8;
```

5）引用类型常量和变量

引用类型常量和变量的使用方法与基本数据类型常量和变量的使用略有不同，将在第3章中详细介绍，本章只介绍两类特殊的类引用即数组和字符串引用。

4. 类型转换

所谓数据类型转换，是指将数据从当前数据类型转换为兼容的其他数据类型。在 Java 中类型转换有两种方式，一种是自动类型转换，另一种是强制类型转换。Java 基本数据类型和引用数据类型都可以进行类型转换，本节介绍 Java 基本数据类型的转换。

1）自动类型转换

当需要将数据从低级类型向高级类型转换时，Java 将自动完成类型转换。自动类型转换通常发生在给变量赋值或混合运算中。在 Java 基本数据类型中，可相互转换的数据类型从低到高的排列顺序为：byte→short→char→int→long→float→double。

例如，在给变量赋值时，可以直接将低级类型数据赋值给高级别的变量。

```
int a = 'A';
float b;
b = a;                                          //  b的值为65.0
```

另外，在进行混合运算时，需首先将不同类型数据转换为同一类型，然后再进行计算，转换规则如下。

(1) 在混合运算表达式中如果不存在 long、float、double 类型数据时，运算过程中首先将数据转换为 int 类型，然后计算，结果为 int 类型。

(2) 在混合运算表达式中，如果存在 long、float 或 double 类型数据，则首先将全部数据转换为表达式中最高级别数据类型，然后计算，结果为表达式中最高级别数据类型。

例如：

```
byte b = 65;
short s = 97;
char c = 'A';
int i = 1;
long l = 123l;
float f = 3.2f;
double d = 2.1;
```

则表达式 b+s 的结果为 int 类型，b+s+c 的结果为 int 类型，b+c+i 的结果为 int 类型，b+c+i+l 的结果为 long 类型，b+c+i+l+f 的结果为 float 类型，b+c+i+l+f+d 的结果为 double 类型。

上述表达式计算时首先将数据进行类型转换，例如，表达式 b+s，计算时首先将 b 和 s 转换为 int 类型，然后再进行计算，并且计算结果只能赋值给数据类型级别不低于表达式结果数据类型的变量。

例如：

```
int result = b + s;
```

或：

```
float result = b + s;
```

但不能赋值给低级别的变量。

例如：

```
short results = b + s;                        //错误
```

2）强制类型转换

当需要把数据从高级别类型向低级别类型转换时，则需要强制类型转换。

例如：

```
float f = (float)2.5                          //2.5 默认为 double 类型
byte b = (byte)12345
int i = (int)97.2
```

注意：在强制类型转换时，由于取值范围及精度的变化，可能导致数据溢出或精度降低。

2.4　运算符

Java 语言中的运算符与 C 语言相似，可以分为以下几种。

(1) 赋值运算符。

(2) 算术运算符。

(3) 关系运算符。

(4) 逻辑运算符。

(5) 位运算符。

(6) 对象运算符。

下面分别加以介绍。

2.4.1　赋值运算符及算术运算符

1. 赋值运算符

赋值运算符用于为常量或变量赋值，包括基本赋值运算符和扩展赋值运算符。其中，基本赋值运算符符号为=，如 x=5；扩展赋值运算符包括+=、-=、*=、/=、%=、&=、|=、^=、>>>=、<<=、>>=，如 a+=b；x&=y。另外，在 Java 中，如果两个变量的值相同，可以连续赋值，如 x=y=0。

2. 算术运算符

算术运算符用于整数和浮点数的运算，包括+、-、*、/、%。算术运算符的优先级别为

“先乘除后加减”,结合性为“从左到右”。

在表达式中没有浮点数仅包含整数时,如果含有 long 类型数据,则运算结果为 long 类型,否则为 int 类型。如果结果超过该类型的取值范围,则按该类型最大值取模。另外,整数除法运算,结果直接去掉小数;在表达式中含有浮点数时,如果含有 double 类型数据则运算结果为 double 类型,否则为 float 类型。另外,浮点数运算时,由于需要将浮点数转换为二进制数进行运算,受精度限制,结果会产生误差;而且一些非常规运算有特殊规定。

例 2-1 使用算术运算符。

源文件为 Sample 2_1.java,代码如下。

```
public class Sample 2_1
{
  public static void main(String args[ ])
    {
        System.out.println("算术运算实例");
        System.out.println(8/3);
        System.out.println(10.1/3);
        System.out.println(8 - 2.1f);
        System.out.println(8.0 - 2.1f);
        System.out.println(2.1/0);
        System.out.println( - 2.1/0);
        System.out.println( - 2.1 % 0);
    }
}
```

运行结果如图 2.2 所示。

图 2.2 例 2-1 运行结果

其中,如果被除数为浮点型数据,0 可以作为除数。如果是除法运算,当被除数为正数,结果为 Infinity,表示正无穷;当被除数为负数时,结果为－Infinity,表示负无穷;如果是求余运算,无论被除数是正或负,结果都为 NaN,表示非数字。

2.4.2 关系运算符及逻辑运算符

1. 关系运算符

关系运算符用于比较两个值的大小关系,运行结果为 boolean 类型。值为 true 或 false。关系运算符包括＞,＜,＞=,＜=,==,!= 6 种,其中前 4 种优先级高于后两种,结合性为从左向右。例如，6＞5 的值为 true。关系运算符常用作流程控制语句的判断条件。

2. 逻辑运算符

逻辑运算符用于完成逻辑运算，操作数及结果为 boolean 类型，逻辑运算符包括！(非 NOT)、&&(与 AND)、||(或 OR)。运算规则如表 2.3 所示。

表 2.3 逻辑运算符运算规则

&&	||	!
true && true=true	true || true=true	!true=false
true && false=false	true || false=true	!false=true
false && true=false	false || true=true	
false && false=false	false ||false=false	

例如，逻辑运算表达式 6＞5&&6＜7 的结果为 true。逻辑运算符的优先级顺序为：!、&&、||。结合性为从左向右。另外，逻辑运算符 && 和||是简捷运算符(Short-Circuit Evaluation)。从表 2.3 可以看出，&& 运算符两端操作数只要有一个为 false 结果就为 false，所以 Java 规定只要 && 左端操作数为 false 则直接返回 false，不再计算右端操作数；而||运算符两端只要有一个为 true，结果为 true，所以 Java 规定，只要||左端为 true，则直接返回 true，不再计算右端操作数。

例 2-2 使用关系运算符及逻辑运算符。

源文件为 Sample 2_2.java，代码如下。

```
public class Sample2_2
{
      public static void main(String[ ] args)
     {
          int a = 1;
          if ((a>0)||(++a>0))
        System.out.println("a = " + a);
     }
}
```

运算结果为：

```
a = 1
```

2.4.3 位运算符

位运算是对操作数以二进制为单位进行的运算，位运算符则用于位运算。位运算符包括 &(按位与)、|(按位或)、^(按位异或)、～(按位取反)、＞＞(右移)、＜＜(左移)、＞＞＞(右移)。位运算符操作数可以为整型或字符型，结果为整型。位运算的优先级顺序为：～、＞＞、＜＜、＞＞＞、&、^、|。结合性为从左向右结合。位运算符运算规则如表 2.4 所示。

表 2.4 位运算符运算规则

~	&	|	^	<<	>>	>>>
~1=0	0&0=0	0|0=0	0^0=0	左移,低位补0	右移,高位补符号位	右移,高位补0
~0=1	0&1=0	0|1=1	0^1=1			
	1&0=0	1|0=1	1^0=1			
	1&1=1	1|1=1	1^1=1			

例 2-3 使用位运算符。

源文件为 Sample 2_3.java,代码如下。

```
public class Sample 2_3
{
    public static void main(String[ ] args)
    {
        int a = 5,b = 7,c = 0;
        c = - a;
        System.out.print("~a = ");System.out.println(~a);
        System.out.print("a&b = ");System.out.println(a&b);
        System.out.print("a|b = ");System.out.println(a|b);
        System.out.print("a^b = ");System.out.println(a^b);
       System.out.print("a << 3");System.out.println(a << 3);
       System.out.print("a >> 3");System.out.println(a >> 3);
       System.out.print("a >>> 3");System.out.println(a >>> 3);
     }
}
```

运行结果如图 2.3 所示。

图 2.3 例 2-3 运行结果

2.4.4 其他运算符

1. 对象运算符

对象运算符(instanceof)用于判断对象所属类,运行结果为 boolean 类型数据,如果被判断的对象属于指定类,结果返回 true,否则返回 false。

例如:

```
Date data = new Date();                         //使用 Date 类声明并实例化对象 date
```

```
System.out.println(date instanceof Date);        //结果为 true
System.out.println(date instanceof Frame);       //结果为 false
```

2. 自增、自减运算符

自增运算符(++)用于自动将变量值加1,如 i++；自减运算符(--)用于自动将变量值减去1,如 i--。自增、自减运算符可放在变量前也可以放在变量后,其作用略有不同。例如,++i 或--i 表示先使 i 的值加1或减1,然后再返回 i 的值；而 i++或 i--表示先返回 i 值,然后使 i 加1或减1。

3. 三元运算符

三元运算符(?:)也称条件运算符。使用方式如下：

```
条件表达式?返回值 1: 返回值 2
```

三元运算符的运算规则为：若条件表达式的值为 true,则整个表达式的值为返回值1；否则为返回值2。

例如：

```
a = (5 > 6)?1:0                                  //5 > 6 结果为 false,因此 a 的值为 0
```

4. 分隔符

除上述运算符外,Java 还包括5种分隔符：[]、()、.、,和;。

(1) []用于表示数组元素,例如：a[5]。

(2) ()用于强制运算的优先级别,即先做括号内的操作,后做括号外的操作；或者用于强制类型装换。例如：(3+5) * 2,b=(int)(a)。

(3) .用于连接类和成员、对象和成员、包和成员。例如：System.out,str.length(),java.sql。

(4) ,用于分隔并列的参数,例如 int a,b,c。

(5) ;用于分隔语句,作为 Java 语句结束标记。

2.4.5 运算符综述

程序的一个重要功能是用于运算,运算是通过表达式实现的。Java 程序中的表达式由 Java 运算符和操作数组成。一个表达式可以包括多种运算符,并根据运算符优先级别以及结合性决定执行顺序。Java 语言运算符优先级如表2.5所示。

表2.5 Java 语言运算符优先级

优先级	运算符
1	. [] ()
2	++ -- ! ~ instanceof
3	* / %
4	+ -

续表

优 先 级	运 算 符
5	<< >> >>>
6	< > <= >=
7	== !=
8	&
9	^
10	|
11	&&
12	||
13	?:
14	= += -= *= /= %= &= |= ^= >>= <<= >>>=

2.5 程序流程控制语句

Java 程序流程控制语句用于控制程序执行的顺序。程序运行时总体上由上向下执行，运行过程中根据不同情况可能选择不同的语句执行。这种选择功能则由流程控制语句完成。Java 语言流程控制语句包括分支语句、循环语句和跳转语句三种。

2.5.1 分支语句

分支语句能够对语句中的条件进行判断，并根据判断值决定执行不同语句。Java 语言的分支语句有两种：if 语句和 switch 语句。

1. if 语句

(1) if 语句的语法格式为：

```
if(表达式)
{
    语句序列 1
}
[else
{
    语句序列 2
}]
```

(2) 参数说明：

① 表达式返回值为 boolean 类型。

② 语句序列可由 0 或多条 Java 语句构成，当没有语句或只有一条语句时，大括号可以省略。但为了提高程序的可读性，建议不省略。

(3) if 语句执行过程：首先计算表达式的值，如果返回 true，则执行语句序列 1；否则，若存在 else 语句则执行语句序列 2，若不存在 else 语句则不进行任何操作。语句序列 1 或语句序列 2 执行结束后，执行 if 语句后续语句。if 语句执行过程如图 2.4 所示。

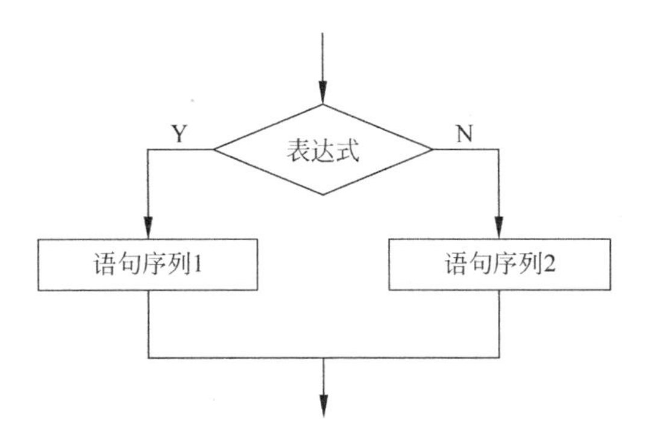

图 2.4 if 语句执行流程图

例 2-4 判断某一年是否为闰年。

源文件为 Sample 2_4.java，代码如下。

```
public class Sample 2_4
{
    public static void main (String[ ] args)
    {
        int year = 2014;
        if (year % 4 == 0 && year % 100!= 0||year % 400 == 0)
        {
            System.out.println(year + "是闰年。");
        }
        else
        {
            System.out.println(year + "不是闰年。");
        }
    }
}
```

运行结果为：

```
2014 不是闰年
```

(4) if 语句的嵌套。

if 语句的嵌套是指在 if 语句中又包含一个或多个 if 语句，内嵌的 if 语句可以包含在语句序列 1 中，也可以包含在语句序列 2 中。if 语句的嵌套通常用于多重条件判断。

例 2-5 求三个数中最大值。

源文件为 Sample2_5.java，代码如下。

```
public class Sample2_5
{
    public static void main(String[ ] args)
    {
        int a = 5,b = 6,c = 2;
        int maxv;
        if (a > b)
        {
```

```
                if (a>c)
                {
                    maxv = a;
                }
                else
                {
                    maxv = c;
                }
            }
            else
            {
                if (b>c)
                {
                    maxv = b;
                }
                else
                {
                    maxv = c;
                }
            }
            System.out.println("max value is:" + maxv);
        }
    }
```

2. switch 语句

(1) switch 是多条件分支语句,语法格式如下:

```
switch(表达式)
{
case 常量 1: 语句序列 1
             [break;]
case 常量 2: 语句序列 2
             [break;]
      …
case 常量 n: 语句序列 n
             [break;]
[default: 语句序列 n+1
             [break;]
]
}
```

(2) 参数说明:

① 表达式必须为 int、short、byte 或 char 类型。

② 常量 1~n 的类型必须与表达式兼容,可以为 int、short、byte 或 char 类型。

③ 语句序列中可包含 0 条或多条语句。

④ break 为可选参数,用于跳出 switch 语句。

⑤ default 为可选参数,当所有常量的值与表达式都不匹配时执行 default 后面的语句序列 n+1。

(3) switch 语句执行过程：首先计算表达式的值，然后将表达式的值与 case 后的常量值进行比较，如果和某个 case 后面的常量值相等，就执行 case 后面的语句序列，直到 break 语句为止。如果表达式的值不与后面任何 case 后面的常量相等，若存在 defalut 参数，则执行 default 后面的语句序列，直到结束，或遇到 break 语句为止；若没有 defalut 语句则不做任何操作。

注意：如果某个 case 后面没有使用 break 语句，当表达式的值与该 case 后面的常量值相等时，程序不但执行该 case 后面的语句序列，而且还执行后续的 case 中的语句序列，直至 switch 结束或遇到 break 语句为止。

switch 语句执行过程如图 2.5 所示。

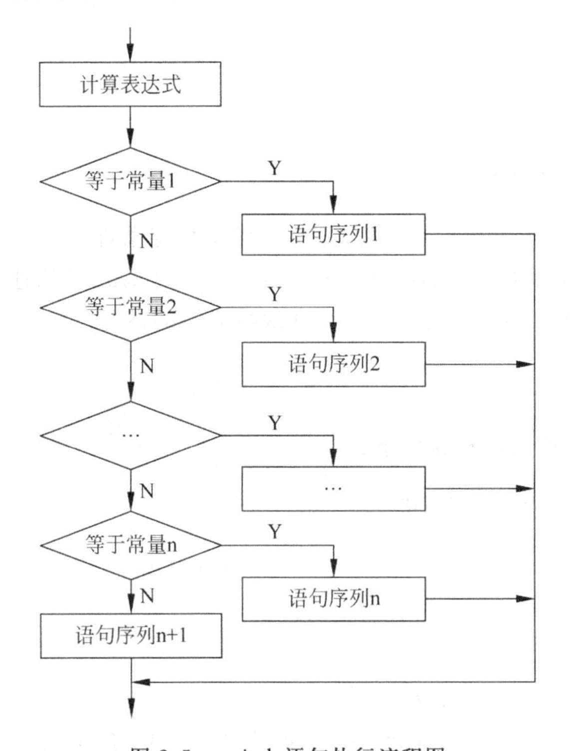

图 2.5 switch 语句执行流程图

例 2-6 用 switch 语句判断某月属于哪一个季节。

源文件为 Sample2_6.java，代码如下。

```
public class Sample2_6
{
     public static void main (String[ ] args)
    {
          int month = 12;
          switch (month)
         {
                case 1:
                case 2:
                case 12:System.out.println("冬季");break;
                case 3:
```

```
                case 4:
                case 5:System.out.println("春季");break;
                case 6:
                case 7:
                case 8:System.out.println("夏季");break;
                case 9:
                case 10:
                case 11:System.out.println("秋季");break;
            }
        }
}
```

运行结果为：

```
冬季
```

2.5.2 循环语句

循环语句用于控制重复执行某段程序，直到满足特定条件为止。Java 语言循环语句有 for 循环语句，while 循环语句和 do-while 循环语句。其中，for 语句通常用于循环次数已知的情况下，而 while 和 do-while 语句用于循环次数未知的情况。

1. for 循环语句

(1) for 循环语句的语法格式如下：

```
for(初始化语句; 循环条件; 迭代语句)
{
语句序列                                    //循环体
}
```

(2) 参数说明：

① 初始化语句一般用于为循环变量赋初值。

② 循环条件是一个返回 boolean 类型值的表达式，用于控制循环体是否被执行。

③ 迭代语句一般用于改变循环变量的值。初始化语句、循环条件和迭代语句共同控制循环次数。

④ 语句序列全体通常称为循环体。当循环体语句不多于一条时，两端大括号可以省略。

⑤ 初始化语句和迭代语句可以为逗号表达式，可以同时控制多个循环变量的值，例如：for(i=1,j=5;i<5&&j<100;i++,j+=5)。

⑥ 初始化语句、循环条件和迭代语句都可以省略，但"；"不能省略，即 for(；；)形式，此时构成一个无限循环。

(3) for 循环语句执行过程如下。

① 执行初始化语句。

② 判断循环条件，若条件为 true 则执行③否则执行⑤。

③ 执行循环体。

④ 执行迭代语句，执行②。

⑤ 执行 for 循环后继语句。

for 循环语句执行过程如图 2.6 所示。

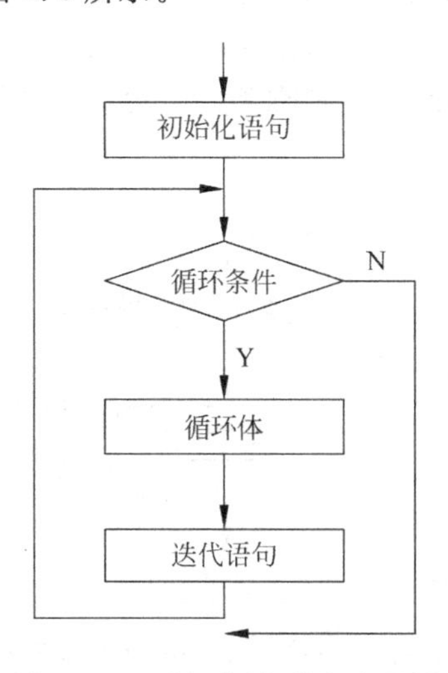

图 2.6　for 循环语句执行流程图

例 2-7　用 for 循环语句计算 1＋2＋…＋100 的值，并输出结果。

源文件为 Sample2_7.java，代码如下。

```
public class Sample2_7
{
      public static void main (String[] args)
     {
           int i,sum100 = 0;
           for(i = 1;i <= 100;i++)
           {
                  sum100 = sum100 + i;
            }
           System.out.println(sum100);
        }
}
```

运行结果为：

```
5050
```

2. while 循环语句

（1）while 循环语句的语法格式如下：

```
while(循环条件)
{
语句序列                                        //循环体
}
```

（2）参数说明：

① 循环条件是返回 boolean 类型值的表达式。

② 当循环体中不多于一条语句时大括号可以省略。

（3）while 循环执行过程：首先判断循环条件，当条件为 true 时，执行循环体一次，否则退出循环；然后重新判断循环条件，并根据条件决定执行循环体语句还是终止循环。while 循环语句执行过程如图 2.7 所示。

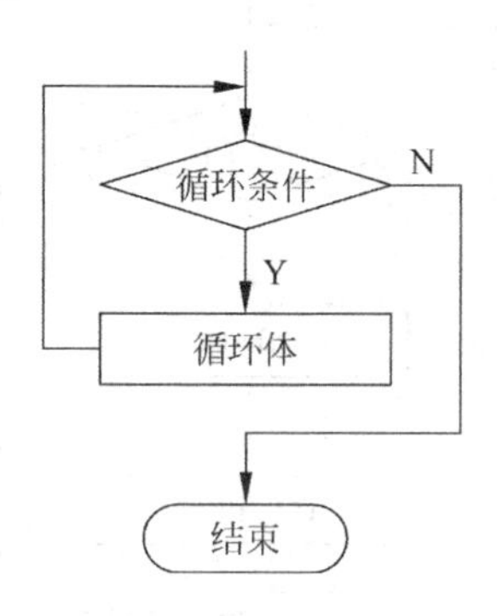

图 2.7　while 循环语句执行流程图

例 2-8　用 while 语句计算 5!，并输出结果。

源文件为 Sample2_8.java，代码如下。

```
public class Sample2_8
{
    public static void main (String[ ] args)
    {
        int i = 1, fac = 1;
        while(i <= 5)
        {
            fac = fac * i;
            i = i + 1;
        }
        System.out.println(fac);
    }
}
```

运行结果为：

```
120
```

3. do…while 循环语句

（1）do…while 循环语句语法格式如下：

```
do
{
语句序列                                    //循环体
}while(循环条件);
```

(2) do…while 循环语句执行过程：do…while 循环语句先执行一次循环体，再判断循环条件，如果条件为真则再次执行循环体，直到条件为假，终止循环。do…while 循环至少执行一次循环体，而 while 循环和 for 循环因为先判断循环条件，所以循环体有可能一次都不执行。

do…while 循环语句执行过程如图 2.8 所示。

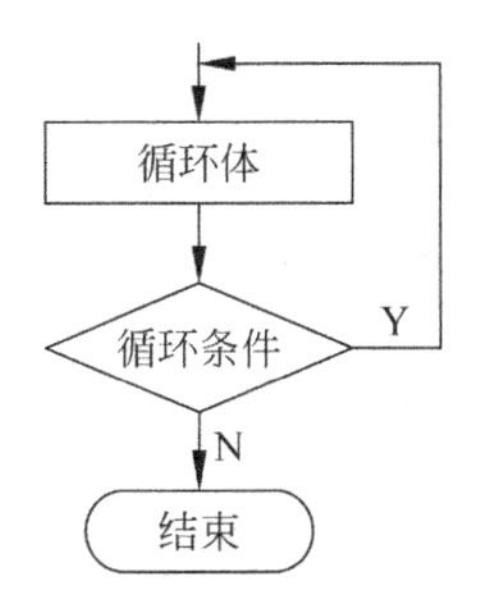

图 2.8　do…while 循环语句执行流程图

例 2-9　利用 do…while 循环判断 13 是否为素数，并输出结果。

源文件为 Sample2_9.java，代码如下。

```
public class Sample2_9
{
    public static void main (String[ ] args)
    {
        int i = 2,pri = 13,flag = 0;
        do
        {
            if(pri % i == 0)
            {
                flag = 1;
            }
            i = i + 1;
        } while(i > pri/2);
        if(flag == 0)
        {
            System.out.println(pri + "是素数");
        }
        else
        {
            System.out.println(pri + "不是素数");
        }
    }
}
```

运行结果为：

```
13 是素数
```

注意：while 和 do…while 循环必须在循环体中改变循环条件，否则会出现无限循环。

4. 循环语句嵌套

循环语句可以嵌套使用，既在一个循环体内又包含一个完整的循环语句，并且可以多层嵌套。for 语句、while 语句和 do…while 语句都可以嵌套使用，并且它们之间可以相互嵌套。

例 2-10 打印乘法九九表。

源文件为 Sample2_10.java，代码如下。

```
public class Sample2_10
{
     public static void main (String[ ] args)
    {
         for(int i = 1;i <= 9;i++)
         {
               for(int j = 1;j <= i;j++)
               {
                     System.out.print(i + " * " + j + " = " + i * j + "\t");
                }
               System.out.print("\r\n");
          }
      }
}
```

运行结果如图 2.9 所示。

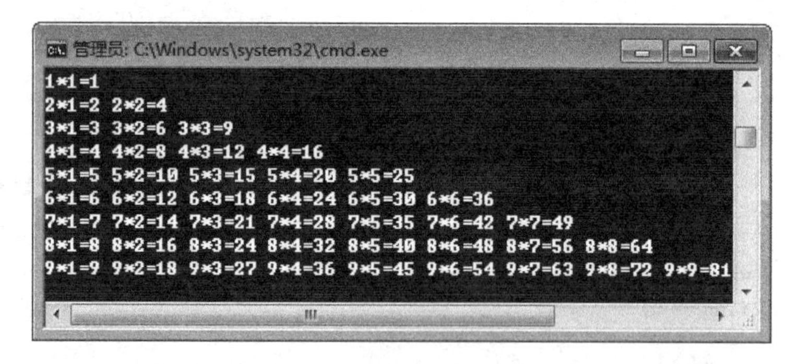

图 2.9 例 2-10 运行结果

例 2-11 打印如下图形：

```
    *
   ***
  *****
 *******
*********
```

源文件为 Sample2_11.java，代码如下。

```
public class Sample2_11
{
```

```
    public static void main (String[ ] args)
    {
        int j;
        for(int i = 1;i <= 5;i++)
        {
            j = 1;
            while(j <= 10 - i)
            {
                System.out.print(" ");
                j++;
            }
            j = 1;
            while(j <= 2 * i - 1)
            {
                System.out.print(" * ");
                j++;
            }
            System.out.print("\r\n");
        }
    }
}
```

运行结果如图 2.10 所示。

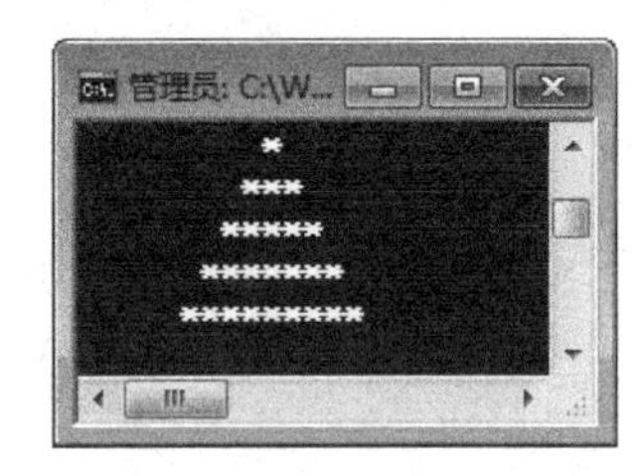

图 2.10 例 2-11 运行结果

2.5.3 跳转语句

Java 语言中跳转语句包括 break、continue 和 return 语句。其中,break 和 continue 通常用于分支和循环语句中,辅助分支或循环语句控制程序流程;return 语句则用于结束方法调用。

1. break 语句

break 语句可以用于 switch 多分支语句中,也可以用于 for、while 和 do-while 循环中,用于终止分支或循环程序(break 语句在 switch 多分支语句中的应用见例 2-6)。

例 2-12 输出 10 以内全部素数。

源文件为 Sample2_12.java,代码如下。

```
public class Sample2_12
{
    public static void main (String[ ] args)
```

```
    {
        int i,j;
        for(i = 2;i <= 10;i++)
        {
            for(j = 2;j <= i/2;j++)
            {
                if(i % j == 0)break;
            }
            if(j > i/2) System.out.println(i);
        }
    }
}
```

运行结果如图 2.11 所示。

图 2.11　例 2-12 运行结果

2. continue 语句

continue 语句用在循环语句中，用于终止一次循环。循环过程中，如果某次循环中执行了 continue 语句，则本次循环结束，不再执行循环体中 continue 语句后面的语句，进行下一次循环。

例 2-13　输出 10 以内不能被 3 整除的数的和。

源文件为 Sample2_13.java，代码如下。

```
public class Sample2_13
{
    public static void main (String[ ] args)
    {
        int i,sum = 0;
        for(i = 1;i <= 10;i++)
        {
            if(i % 3 == 0) continue;
            sum = sum + i;
        }
        System.out.println(sum);
    }
}
```

运行结果为：

```
37
```

3. return 语句

return 语句通常放在方法最后，用于结束当前方法，并可以返回一个值。语法格式为：

```
return [表达式];
```

其中，表达式值的类型必须与方法声明中返回值类型一致。

例如：

```
public int get (int a)
{
return a * a;
}
```

如果方法声明为 void 类型可以省略 return 语句。

2.6 数组

数组用于存储具有相同数据类型的多个数据，其中的每个单元称为一个数组元素，通过数组名和下标(数组元素编号)访问数组中的元素。Java 中数组属于引用类型。

2.6.1 Java 数组简介

1. 数组的声明

1) 一维数组的声明

语法格式如下：

```
数组元素类型  数组名[];
```

或

```
数组元素类型[] 数组名;
```

例如：

```
char[] operator;
float result[];
```

其中，operator 数组中每个元素用来存放一个字符，而 result 数组中每个元素用于存放一个单精度浮点数。

2) 二维数组的声明

语法格式如下：

```
数组元素类型[][] 数组名;
```

或

```
数组元素类型 数组名[][];
```

例如：

```
int age[][];                  //每一个元素存放一个整型数据
Button[][] btn;               //Button为已声明的按钮类,btn中每一个元素存放一个Button类对象。
```

3）说明

（1）数组元素类型可以是Java任何数据类型，包括基本数据类型和引用数据类型。

（2）数组名需要满足Java标识符命名规定。

（3）声明数组时不能在[]中指明元素个数。

2. 数组的创建及初始化

声明数组仅指定了数组名、元素的数据类型及数组维数，接下来要创建数组，数组创建之后才能使用。创建数组实际上就是为数组分配内存，内存大小则由数组元素类型及数组元素个数决定。

1）一维数组的创建

创建一维数组通常采用如下方式：

```
数组名 = new 数组元素类型[元素个数]。
```

例如：

```
operator = new char[4];        //创建字符型数组operator,包含4个元素
result = new float[2];         //创建float类型数组result,包括两个元素
```

创建数组后就在内存中为数组分配了相应的存储单元用于存放数据。存储单元的首地址存放在数组名中，并且该地址称为数组的引用。使用数组中的每一个元素则通过数组名和下标实现（Java中数组下标从0开始）。数组的声明和创建通常可以一起完成，例如：

```
char operator [];
operator = new char[4];
```

等价于：

```
char operator [] = new char[4];
```

使用new创建数组后，系统会给每一个元素一个默认的值，该值由数组元素数据类型决定，例如int型为0。不同数据类型默认值参考表2.2。

除采用new关键字创建数组外，还可以通过为数组赋初值（初始化）的方式创建数组。例如：

```
int column[] = {1,2,3,4};
```

声明并创建整型数组column，包含4个元素，每个元素初始值分别为1,2,3,4。

2）二维数组的创建

二维数组也可以采用new关键字或赋初值的方式创建，例如：

```
age = new int[3][4];
btn = new Button [2][5];
```

```
int p[][] = {{1,2,3}{4,5,6}}; //声明并创建一个 2 行 3 列 6 个元素的整型数组 P,
                              //并为每个元素赋予初始值,元素值分别为:
p[0][0] = 1;p[0][1] = 2;p[0][2] = 3;p[1][0] = 4;p[1][1] = 5;p[1][2] = 6;
```

Java 中的多维数组由多个同数据类型低维数组构成。一个二维数组就是由多个一维数组构成的。例如：int a[][]=new int[3][4];,则二维数组 a 由三个元素构成,每个元素是一个一维数组。三个一维数组的名称分别为 a[0]、a[1]、a[2],三个一维数组长度都是 4。另外,Java 中允许构成多维数组的多个低维数组长度不同。例如：

```
int m[][] = new int [3][];
m[0] = new int [2];
m[1] = new int [4];
m[2] = new int [3];
```

其中,第一条语句声明并实例化(创建)了一个整型二维数组 m,该数组由三个元素构成,每个元素为一个一维数组,但一维数组还没有创建,后续语句创建了三个一维数组,长度分别为 2、4、3。上述 4 条语句完整地创建了一个二维数组 m。

2.6.2 数组应用

1. 使用数组元素

数组创建后即可使用。通过数组名及下标(元素编号)使用数组中的每一个元素。Java 中元素编号从 0 开始。例如,char 型一维数组 operator,可以使用的元素有 operator[0]、operator[1]、operator[2]、operator[3]共 4 个元素。int 类型不规则二维数组 m 可以使用的元素包括：m[0][0]、m[0][1]、m[1][0]、m[1][1]、m[1][2]、m[1][3]、m[2][0]、m[2][1]、m[2][2]共 9 个元素。使用数组元素时,注意下标不要超出范围,否则会引发 ArrayIndexOutofBoundsException 异常。

2. 获取数组长度

Java 中数组是引用类型,可通过数组对象的 length 属性获取数组长度,也就是元素的个数。

例 2-14 获取数组长度。

源文件为 Sample2_14.java,代码如下。

```
public class Sample2_14
{
    public static void main(String[] args)
    {
        int m[][] = new int [2][];
        m[0] = new int [3];
        m[1] = new int [5];
        m[1][2] = 3;
        System.out.println(m.length);            //输出二维数组 m 的长度
        System.out.println(m[0].length);         //输出一维数组 m[0]的长度
```

```
        System.out.println(m[1].length);        //输出一维数组 m[1]的长度
        System.out.println(m[1][2]);            //输出数组元素 m[1][2]的值
    }
}
```

运行结果如图 2.12 所示。

图 2.12　例 2-14 运行结果

3. 遍历数组

遍历数组可以采用传统的循环语句,也可以采用增强式 for 循环完成。一维数组采用单循环遍历,二维数组采用双层循环遍历,增强式 for 循环语法格式如下:

```
for(循环变量声明: 数组名)
{
循环体
}
```

其中,循环变量数据类型必须与数组元素数据类型一致,并且该循环变量不可以使用前面已经声明的变量,同时,循环变量的作用域仅为 for 语句。增强式 for 循环执行过程:首先取得数组第一个元素,赋值给循环变量,然后执行循环体,循环体执行结束后取数组第二个元素赋值给循环变量,再次执行循环体,直到数组中全部元素都取出为止。

例 2-15　遍历数组。

源文件为 Sample2_15.java,代码如下。

```
public class Sample2_15
{
    public static void main(String[] args)
    {
        int i,j;
        int a[][] = {{1,2,3},{4,5,6}};
        char b[] = {'a','b','c'};
        for (i = 0;i < b.length;i++)
        {
            System.out.print(b[i] + "      ");
        }
        System.out.println();
        for(char ch:b)
        {
```

```
                System.out.print(ch + "     ");
            }
            System.out.println();
            for(i = 0;i < a.length;i++)
           {
                for (j = 0;j < a[i].length;j++)
               {
                      System.out.printf(" % 5d",a[i][j]);
                }
                System.out.println();
            }
            System.out.println();
            for(int row[ ]:a)
           {
                 for(int value:row)
                {
                      System.out.printf(" % 5d",value);
                 }
                System.out.println();
            }
        }
}
```

运行结果如图 2.13 所示。

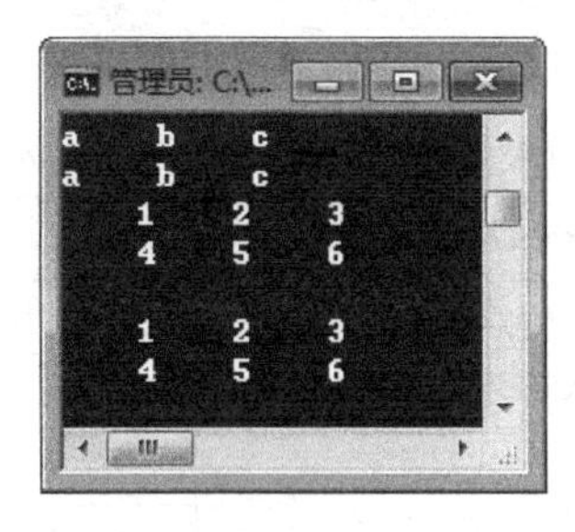

图 2.13 例 2-15 运行结果

4. 复制数组

数组复制是指将数组中的全部数据复制到另一个数组中,Java 中可以采用循环方式遍历数组然后复制数组元素,还可以采用 Java API 中的方法。

例 2-16 复制数组。

源文件为 Sample2_16.java,代码如下。

```
public class Sample2_16
{
     public static void main(String[ ] args)
    {
```

```
            int arr1[] = {1,2,3,4,5};
            int arr2[] = new int [5];
            for(int i = 0;i < arr1.length;i++)
           {
                arr2[i] = arr1[i];
            }
        }
}
```

上述程序内存模型如图 2.14 所示。

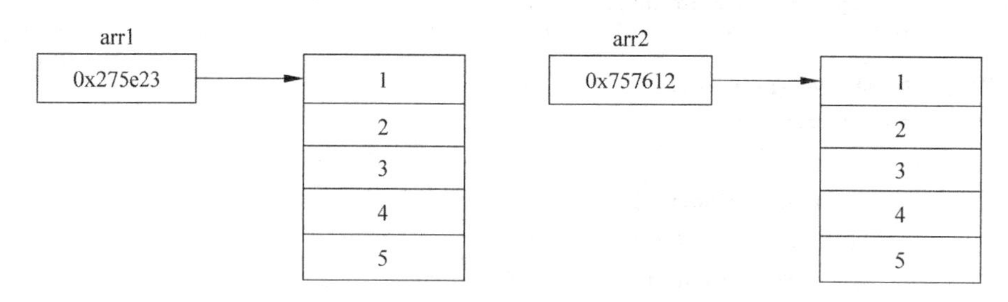

图 2.14 数组 arr1 和数组 arr2 的内存模型

了解了数组对象的复制,接下来看下面两条语句。

```
int array1[] = {1,2,3,4,5};
int array2[] = array1;
```

上述两条语句并没有真正实现数组复制,实际上两个数组名表示的是同一个数组,其内存模型如图 2.15 所示。

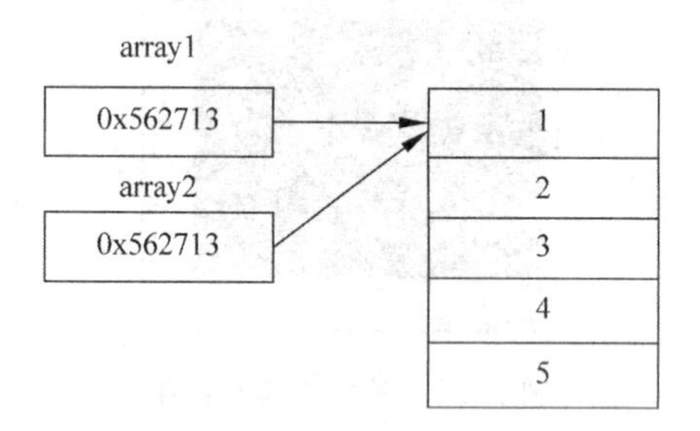

图 2.15 数组 array1 和 array2 的内存模型

Java 中数组是一种引用,Java API 中提供了一些关于数组的方法,以方便使用数组,例如 system. arraycopy()或 Arrays. copyof()等方法实现数组复制,这些方法请读者查阅 Java API,参见 3.7 节。

2.7 字符串

字符串是指用双引号括起来的字符序列,在 Java 中字符串是一种引用类型,Java 程序中可以使用 API 中提供的 String 类对字符串进行处理。

2.7.1　声明及初始化字符串变量

1. 声明字符串变量

采用 String 类声明字符串变量格式如下：

```
String 标识符;
```

例如：

```
String strOne;                          //声明一个字符串变量 strOne
```

2. 初始化字符串变量

字符串变量声明后需要初始化才可以使用，与数组相似，字符串变量的初始化可以采用如下两种方式。

1) 采用 new 关键字初始化字符串变量

语法格式为：

```
newString([参数]);
```

参数说明：

(1) 参数为空时表示字符串变量初始化为空值。

(2) 参数可以为一个字符串、常量或已经初始化的字符串变量。

(3) 参数可以为一个字符数组，并可以指定数组开始位置和截取字符个数。

例如：

```
String s = new String();                //s 初始化为空值
strOne = new String("Mystring");        //初始化字符串变量 strOne
String strTwo = new String(strOne);     //利用 strOne 初始化 strTwo
char charArr[] = {'H','e','l','l','o'};
String strThree  = new String(charArr);
String strFour = new String (charArr,2,2);
```

2) 采用赋值方式初始化字符串变量

例如：

```
String strFive = "Mystring";
String strSix = strFive;
String strSeven = "Mystring";
String strEight = strFour;
```

3. 字符串的引用

字符串是一种引用类型，因此每个字符串变量中存放的不是字符串值，而是字符串的引用(地址)。初始化字符串变量时，采用 new 关键字将创建一个新字符串，并将该字符串的引用赋值给字符串变量；采用赋值方式初始化时则将已经存在的字符串引用赋值给字符串变量，二者略有不同，前面声明并初始化的字符串变量 s、strOne、strTwo、strThree、 strFour、strFive、strSix、strSeven、strEight 的内存模型如图 2.16 所示。

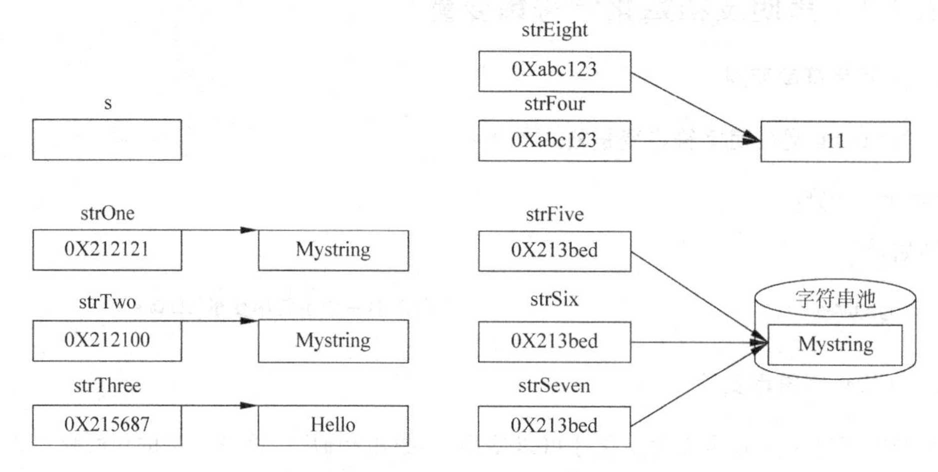

图 2.16 字符串变量内存模型

注意：Java 中字符串常量存放在字符串池，内容相同的字符串只保留一个实例。

2.7.2 字符串操作处理

字符串操作包括连接、查找、比较、替换、截取、转换等，下面介绍常用字符串操作的实现方法。

1. 连接字符串

连接字符串使用+运算符实现。+可以将多个字符串连接在一起成为一个新的字符串。+不仅可以将字符串连接到一起，还可以将字符串和 Java 其他数据类型数据进行连接。

例 2-17 连接字符串。

源文件为 Sample2_17.java，代码如下。

```
public class Sample2_17
{
    public static void main(String[ ] args)
    {
        System.out.println("abc" + "def");
        System.out.println("abc" + "123");
        System.out.println("abc" + 123);
        System.out.println("123" + "2");
        System.out.println("123" + "123");
        System.out.println("123" + 123);
        System.out.println("123" + 1 + "2");
        System.out.println("123" + "2" + 1);
        System.out.println("123" + "a" + 1);
        System.out.println("123" + true);
        System.out.println("\0" + 7.5);
    }
}
```

运行结果如图 2.17 所示。

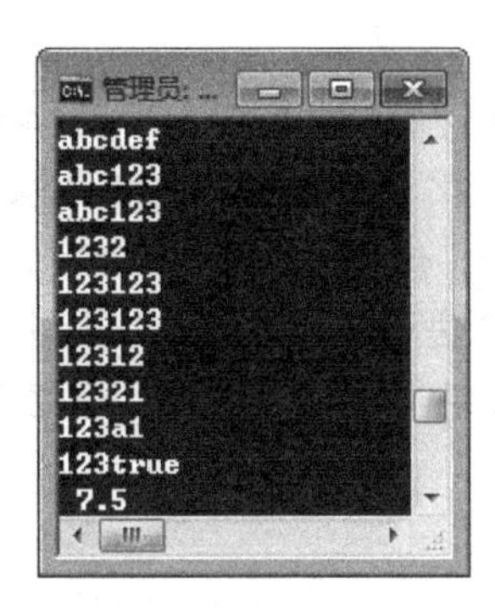

图 2.17 例 2-17 运行结果

2. 采用 String 类常用方法实现字符串操作

String 类中提供了许多方法用于处理字符串，调用这些方法的基本语法格式为：

```
字符串.方法名([参数]);
```

其中，字符串可以为常量也可以为变量；方法名即被调用方法的名称，如 length();，不同方法参数个数及类型不同。

常用方法介绍如下。

1) 获取字符串长度

length()方法用于获取字符串长度信息，例如：

```
System.out.println("abc".length());                //值为 3
String str = "123456" ;
System.out.println(str.length());                  //值为 6
```

2) 大小写转换

String 类的 toLowerCase()方法可以将字符串中的所有大写字母转换成小写字母。toUpperCase()方法可以将字符串中所有小写字母转换成大写字母。

例如：

```
System.out.println("AbDe".toLowerCase());          //打印出来"abde"
System.out.println("AbDe".toUpperCase());          //打印出来"ABDE"
```

3) 删除字符串首尾空格

trim()方法用于删除字符串首尾空格，例如：

```
System.out.println("     A B     ".trim().length()); //值为 3。
```

4) 字符串比较

(1) equals(String str)方法用于比较两个字符串是否相等，相等返回 true，否则返回 false。

例如：

```
String strOne = new String("word");
String strTwo = new String("word");
```

```
System.out.println(strOne.equals(strTwo));                  //结果为 ture
System.out.println(strOne == strTwo);                       //结果为 false
```

因为字符串为引用类型,因此变量中存放的是字符串的引用,而 strOne 和 strTwo 存储的是两个不同的引用。此外,在比较字符串时如果忽略大小写等问题,则可以采用 equalsIgnoreCase(String str)方法。例如,"A".equalsIgnoreCase("a")的值为 true。

(2) compareTo(String str)方法用于比较两个字符串大小。按照两个字符串相应位置字符的字符编码大小进行比较,如果当前字符串大于参数指定的字符串,该方法返回正值,如果等于返回 0;否则返回负值。

例如:

```
"abc".compareTo("Abc")                                      //值为正
"a123".compareTo("a321")                                    //值为负
```

(3) startsWith(String str)和 endsWith(String str)方法用于判断当前字符串中开始和结尾是否为指定字符串,是返回 true,否则返回 false。

例如:

```
"Hello Linda!".startsWith("Hello")                          //值为 true
"Hello Linda!".endsWith("Hello")                            //值为 false
```

另外,startsWith()还可以指定开始比较字符的位置。

例如:

```
"Hello Linda!".startsWith("llo",2)      //值为 true,即从当前字符串"Hello Linda!"的第 2 个
                                        //字符'l'处开始的三个字符是否为"llo"
```

5) 字符串查找

(1) contains(String str)方法用于判断当前字符串中是否包含参数指定字符串。包含返回 true,否则返回 false。

例如:

```
"System.out.println".contains("out")  //结果为 true
```

(2) indexOf(String str)方法用于查找参数指定字符串在当前字符串中首次出现的索引位置;lastIndexOf(String str)返回最后出现的索引位置。如果当前字符串中不包含指定字符串返回-1。字符串索引从 0 开始。例如:

```
"I am a teacher".indexOf("a")           //值为 2
```

"I am a teacher".lastIndexOf("a")的值为 9。

"I am a teacher".indexOf("stu")的值为-1。

6) 截取字符串

substring(int startIndex[,int endIndex])方法用于截取子字符串,并通过参数指定子字符串开始位置和结束位置(结果不包括结束位置字符)。例如:

```
"ABCDEFG".substring(3)          //值为 "DEFG",从当前字符串索引为 3 的位置开始截取后面的字符
"今天天气很好!".substring(2,4)          //值为"天气"
```

```
"ABCDEFG".substring(3,5)                    //值为 "DE"
```

7）替换子字符串

replace()方法用于替换原字符串中的字符或字符串。例如：

```
"AKBAKCD".replace('A','M')                  //值为"MKBMKCD"
"AKBAKCD".replace("AK", "N")                //值为"NBNCD"
```

8）字符串与基本数据类型的转化

(1) 字符串转换为基本数据类型数据

在 Java 中可以通过基本数据类型包装类提供的方法将数字字符串转换成基本数据类型数据。例如，Integer 类的 parseInt(String str)可以将字符串转换成整数。

```
int a = Integer.parseInt("123");            //执行后 a 的值为 123
```

转换时如果字符串包含非法字符，则程序会抛出异常。另外，Byte 类的 parseByte()、Short 类的 parseShort()、Long 类的 parseLong()、Float 类的 parseFloat()以及 Double 类的 parseDouble()方法也可以完成将数字字符串转换成不同基本数据类型数据的功能。

(2) 基本数据类型数据转换为字符串

String 类的 valueOf()方法可以将基本数据类型数据转换为字符串。

例如：

```
String str = String.valueOf(123);           //将整型数据 123 转换为字符串赋值给 str
```

valueOf()方法可以转换字节型、短整型、整型、长整型、单精度、双精度数据。

(3) 将字符串存储到字符数组中

String 类的 toCharArray()方法和 getChars()方法用于将字符串存储到字符数组中。toCharArray()方法能够返回一个字符数组，该数组的长度与字符串的长度相同；getChars(int startIndex,int endIndex,char c[],int offset)。其中，int startIndex 标识截取字符串的开始位置，int endIndex 表示截取字符串的结束位置，char c[]表示待存放数据的字符数组，int offset 表示从数组的 offset 位置开始存储数据。getChars()方法可将字符串的全部或部分字符复制到字符数组中。

例如：

```
char c[] = new char [20];
"Hello world!".getChars(6,11,c,0);          //字符数组 c 从第 0 个元素开始存放字符串"world"
c = "Hello World!".toCharArray();
```

Java 中提供了众多对字符串进行处理的方法，本书介绍了常用方法的基本用法，其余方法请读者查看 Java API。

2.8 输入与输出

应用程序调试过程中经常需要从键盘上输入一些测试数据，然后把中间或最终结果显示在屏幕上供程序设计人员检测。Java 提供了多种数据输入与输出方法。为调试程序方便，本节简单介绍Java基本数据类型数据的输入与输出，输入与输出更深层次的介绍见第5章。

2.8.1 Java输入数据与输出数据简介

1. 输入数据

Java中的Scanner类可用于输入数据，使用方法如下。

(1) 创建Scanner类对象：

```
Scanner 标识符 = new Scanner(System.in);
```

其中，标识符代表Scanner类对象名称，System.in代表标准输入设备(键盘)。

例如：

```
Scanner readData = new Scanner(System.in);
```

(2) 调用Scanner类的方法读取数据。方法包括：nextInt()、nextByte()、nextShort()、nextLong()、nextFloat()、nextDouble()、nextBoolean()、nextLine()等。调用上述方法程序将等待用户从键盘上输入相应类型数据，输入结束程序继续运行。

例如：

```
int sumData;
sumData  = readData.nextInt();              //等待用户从键盘输入整型数据
```

2. 输出数据

输出数据可以采用System.out.println()、System.out.print()或System.out.printf()方法完成。其中前两者输出时无格式控制。第一个输出结果换行，第二个输出结果不换行，二者都用于输出一个表达式的值，表达式可由一个常量、变量或多个用连接运算符"+"进行连接的常量或变量构成。

例如：

```
System.out.print("Hello world! ");
System.out.println("sum is:" + sumData);
```

System.out.printf()方法输出数据时可以控制数据输出格式，使用方法如下：

```
System.out.printf("格式控制字符串",表达式 1, … );
```

其中，格式控制字符串包括格式控制符和普通字符，格式控制符用于控制表达式输出格式，普通字符原样输出。常用格式控制符包括：%d、%md，用于输出整型数据，m表示数据占的列数；%c，用于输出字符型数据；%s，用于输出字符串；%f、%m.nf，用于输出浮点数据，m表示数据占的列数，n表示保留小数位数。

例如：

```
System.out.printf(" %s %d","sum is:",sumData);
```

2.8.2 输入与输出

例 2-18 输入输出数据。

源文件为 Sample2_18.java,代码如下。

```
import java.util.Scanner;                              //引入 Scanner 类
public class Sample2_18
{
     public static void main(String[] args)
    {
          Scanner readData = new Scanner(System.in);   //创建 Scanner 类对象 readData
          String dataOne;
          int dataTwo;
          System.out.println("please input one string: ");
          dataOne = readData.nextLine();               //输入一个字符串
          System.out.println("please input one integer data: ");
          dataTwo = readData.nextInt();                //输入一个整型数据
     }
}
```

2.9 编程风格

程序的编写风格非常重要,虽然编程风格不影响程序的正确性、有效性,但编程风格是程序可读性与可维护性的重要影响因素。本节将简要介绍两种 Java 程序编写风格以及 Java 程序注释方法。

2.9.1 程序编写风格

程序编写风格主要用于规范程序中代码块的书写格式,常用的风格包括"独行"风格和"行尾"风格两种。

其中,"独行"风格是指代码块前后的大括号各自独占一行,例如:

```
public class Sample
{
    public static void main(String[] args)
    {
        …
        for( … )
        {
            …
        }
    }
}
```

"行尾"风格是指代码块前面的左大括号在上一行代码的结尾,而右大括号独占一行。例如:

```
public  class  Sample {
    public static void main (String[] args){
        for ( … ){
            …
        }
    }
}
```

当程序代码较少时适合使用“独行”风格，否则使用“行尾”风格。

2.9.2 注释

Java 程序注释分为两种，即单行注释和多行注释。单行注释使用“//”作为注释的开始，注释内容包括“//”后到本行结束全部字符。例如：

```
System.out.println("hello");                    //输出 hello!
```

多行注释使用“/ * ”作为注释开始，以“ * /”作为注释的结束，中间多行字符为注释内容。例如：

```
…
/ * 以下代码用于测试中间结果,测试时使用
System.out.println("中间结果" + result);
* /
…
```

小结

本章详细讲述了 Java 语言的基础知识，首先介绍了 Java 标识符命名规范及关键字；接着叙述了 Java 中的数据类型，包括基本数据类型和引用数据类型；然后介绍了常量和变量的含义、声明方法、赋值方法以及各种类型变量使用要点，并讲述了基本数据类型转换的问题；接下来叙述了 Java 中使用的运算符，包括赋值运算符、算术运算符、关系运算符、逻辑运算符、位运算符以及其他运算符；另外还介绍了 Java 流程控制语句，包括分支语句、循环语句和跳转语句；最后简单介绍了 Java 程序编写风格。

思考练习

1. 思考题

(1) 什么是标识符？简述标识符的命名规则及习惯。
(2) 什么是关键字？
(3) 简述 Java 数据类型分类。
(4) 如何声明常量和变量？
(5) 按由低到高的顺序列出 Java 可相互转换的基本数据类型。

(6) 简述 Java 中常用运算符及其含义。

(7) 简述 Java 中运算符优先级顺序。

(8) 简述 Java 程序的编程风格。

2. 拓展训练题

(1) 编程输出各基本数据类型默认值。

(2) 编程输出全部三位数的阿姆斯特朗数,所谓阿姆斯特朗数是指三位数中各位数字立方之和等于原三位数,例如 153=1^3+5^3+3^3。

(3) 编程测试 break 语句和 continue 语句在循环语句中使用时的不同。

(4) 编程测试 switch 语句中使用 break 语句与不使用 break 语句的区别。

(5) 编程测试下列运算 && 与 &,||与|,>>与>>>,每组中两个运算符的区别。

(6) 编程采用异或运算实现两个变量值互换(不允许使用第三个变量)。

(7) 编程采用移位运算符计算 2^5(不允许使用乘法运算符)。

(8) 根据运行结果画出变量内存模型。

```
public class Sample
{
    public static void main(String[ ] args)
    {
        String sOne = "hello world! ";
        String sTwo = "hello world! ";
        String sThree = new String("hello world! ");
        String sFour = new String("hello world! ");
        System.out.println(sOne == sTwo);
        System.out.println(sOne == sThree);
        System.out.println(sThree == sFour);
        System.out.println(sOne.equals(sTwo));
        System.out.println(sOne.equals(sThree));
        System.out.println(sThree.equals(sFour));
    }
}
```

(9) 编程区分基本数据类型和引用数据类型的区别,以整型和数组或字符串为例进行比较。

(10) 创建一个不规则二维数组,采用传统的 for 循环给数组每个元素赋值,采用加强 for 循环输出数组中的每一个元素。

(11) 编程测试 String 类常用方法的含义及使用方法。

(12) 编程采用 Scanner 类从键盘上读入数据,并采用 System.out.printf()输出数据。

(13) 编程对数组中的数据进行排序。

第3章 面向对象程序设计基础

本章导读

面向对象程序设计(Object Oriented Programming,OOP)是一种程序开发模式,与面向过程的程序设计相比较,更接近于人的自然思维。面向对象程序设计模拟客观世界中事物的特点和规律,采用抽象的方法将软件系统中待解决的问题抽象为人们熟知的对象模型,然后通过模型创建实体(对象),再通过对这些对象状态和行为的描述,来实现软件系统的整体功能。采用面向对象程序设计方法开发的软件系统具有更稳定的软件结构,易于维护、修改、扩充,并可较好地支持代码复用。本章将详细介绍面向对象程序设计基本思想和方法。

本章要点

- 面向对象程序设计的特点。
- 面向对象程序设计基本概念及使用方法,包括类、对象、属性、方法等。
- 继承的作用、原则、使用方法。
- 多态的含义及实现方法。
- 包的概念、作用及使用方法。
- 接口的含义、作用及使用方法。
- Java 常用类的作用及使用方法。
- Java API 使用方法。

3.1 面向对象程序设计特点

面向对象程序设计方法以客观世界存在的事物为基础,采用人类自然思维模式,对问题(软件系统)进行抽象,从而构造软件系统。例如,要设计计算器,首先要确定计算器的设计图,包括计算器面板样式,也就是按键数量、各个按键的位置、大小、颜色等,另外还包括计算器功能设计。然后,根据设计图制作出实际的计算器。现在要使用面向对象程序设计语言 Java 实现计算器软件,将计算器抽象为一个类,声明如下:

```
class Calculator
{
      private JFrame f;                              //计算器面板窗口
      private double result;                         //存储计算器运算结果的变量
      private JButton[ ] btn;                        //按键
      private HelpWindow helpWindow;                 //帮助窗口
      private MemWindow memWindow;                   //记忆窗口
```

```
    private JPanel[] p;                          //子面板
    private JTextField displayText;              //显示运算结果的文本框
  …
  }
```

类相当于计算器的设计图，有了设计图后，根据设计图制作实际的计算器，抽象出计算器类后，使用 new 关键字创建计算器对象，创建计算器对象时，如果采用相同的属性值，则产生相同的计算器；如果使用不同的属性值，例如不同的按键大小、颜色、排列等，则可以制作出不同的计算器。

面向对象程序设计的主要特点包括封装、继承和多态。

1．封装

封装是指将数据和对数据的操作处理放在一起，是面向对象程序设计的核心思想之一。其优势在于：一是信息的隐藏。将数据和对数据的操作封装在一起，也就是将描述对象的属性和行为封装在一起，封装之后外部只能通过对象提供的接口访问对象内部数据，从而保护内部数据不受外部干扰，达到隐藏对象实现细节的目的；二是提高程序的可维护性，当一个对象的源代码独立编写，其内部结构发生改变时，只要对象的访问接口不变，其余代码就可以不变，从而提高程序的可维护性。

2．继承

继承是根据已有类(对象模型)创建新类的一种方法，也是面向对象程序设计体现代码复用的关键特性。继承时已有类称为父类(或超类)，新创建的类称为子类(或派生类)，子类可以继承父类的属性和行为，子类也可以在继承后添加自己特有的属性和行为。继承避免了具有相同属性和行为的类的重复定义。

3．多态性

多态性是指使用相同接口完成不同操作或操作不同类型数据，它是面向对象程序设计的另一个重要特征。Java 有两种多态，一是重载，即同一接口可接收不同信息完成不同操作；二是重写和覆盖，也就是继承于同一父类的不同子类，改写了父类中的同一属性或行为，从而体现出各自的特征或表现出不同的行为。

注意：本章前面的叙述中提到的接口和方法为广义的概念，与后面将要讲述的 Java 中的接口和方法略有不同。

3.2　类与对象

类和对象是面向对象程序设计最重要的两个概念。类是一种数据类型，每个类都有一个特定的数据结构，用于描述一类事物(对象)共有的属性和行为。面向对象程序是由类构成的，面向对象编程的实质就是类设计的过程。对象是类的一个特定实例，类是创建对象的模型。对象的属性通过类中的成员变量来描述，对象的行为通过类中的成员方法来描述，通过成员方法对变量的操作实现软件系统功能，接下来详细介绍类和对象。

3.2.1 类的结构

在 Java 语言中,类由声明和类体两部分构成。

1. 类的声明部分

类声明的格式如下:

```
[修饰符] class <类名>[extends 父类名][implements 接口列表]
```

参数说明如下:

(1) 修饰符用于说明类的访问权限或类型。可选参数为 public、abstract、final。其中,public 描述类的访问权限,为公共类,具有公共访问权限,没有 public 修饰符则仅允许在同一个包中的类访问; abstract 表示该类为抽象类; final 表示该类为最终类,不允许被继承。

(2) 类名:指定类的名称,其命名必须满足 Java 标识符命名规范。

(3) extends 父类名:表示该类继承于 extends 后面指定的父类,Java 为单继承,因此 extends 后面有且仅有一个父类名。

(4) implements 接口列表:表明该类实现了哪些接口,一个类可以实现多个接口。

例如:

```
public class Hello                              //声明一个公共类 Hello
class MyFrame extends JFrame                    //声明类 MyFrame 继承 JFrame 类
class MyThread implements Runnable              //声明类 MyThread 实现 Runnable 接口
```

2. 类体

在类声明之后,一对大括号括起来的部分称为类体。类体中通常包括两部分内容,一是变量的声明;二是方法的定义。其中,类中声明的变量又称为成员变量或域变量,用于描述该类对象的属性;类中定义的方法称为成员方法,成员方法用于描述该类对象的行为。

例如,例 1-2 声明了 Count 类,类体中声明了 a 和 b 两个成员变量,并定义了 additive 和 subtraction 等方法。其中,变量用于存储参与运算的值,方法则用于完成运算。

另外,还可以在类中定义内部类,详见 3.5 节。

3.2.2 成员变量

类中声明的变量称为成员变量,成员变量声明的一般语法格式如下:

```
[修饰符] <变量类型> <变量名>;
```

参数说明如下:

(1) 修饰符用于定义成员变量的访问权限或类型。可选参数有:public、protected、private、static、final。其中,public、protected 和 private 用于描述成员变量的访问权限。public 表示公共成员变量,protected 表示受保护的成员变量,private 表示私有的成员变量。static 表示该成员变量为静态变量,也称为类变量,否则称为实例变量。静态变量可以通过类名访问,也可以通过对象名访问,实例变量只能通过对象名访问; final 用于声明常量。访问权限修饰符与 static 和 final 可联合使用。

(2) 变量类型可以为 Java 任意数据类型。

(3) 变量名需满足 Java 标识符命名规范。

例 3-1　使用成员变量。

源文件为 Sample 3_1.java，代码如下。

```
public class Sample 3_1
{
    public int age;                                          //声明了公共整型变量
    protected String name;                                   //声明了受保护的字符串变量
    float weight;                                            //声明了友好的浮点类型变量
    private boolean marry;                                   //声明了私有的布尔类型变量
    public static String address;                            //声明了公共的静态字符串变量
    protected final char SEX = 'w';                          //声明了受保护的字符常量
    private static final String STATE = "中国";              //声明了私有的静态字符串常量
}
```

成员变量通常声明在类的开始部分，也可以在类的其余部分声明，成员变量在整个类内有效，并且与声明位置无关。

3.2.3　成员方法

成员方法是类体的另一个重要组成部分。简单地讲，方法是能够完成一定功能的程序片段。Java 中成员方法包括方法声明和方法体两部分。

1. 方法的声明

成员方法声明的一般格式如下：

```
[修饰符]<方法返回值类型><方法名>([参数列表])
```

参数说明如下：

(1) 修饰符用于定义成员方法的访问权限和类型，可选参数有：public、protected、private、static、final、abstract。其中，public、protected、private 这三个参数用于定义访问权限。static 表示成员方法为静态方法，即类方法，与静态成员变量类似，静态方法也可以通过类名引用；没有 static 修饰的成员方法称为实例方法，实例方法只能用对象名引用；final 用于声明最终方法，最终方法可以被子类继承但不允许被覆盖；abstract 用于声明抽象方法，抽象方法没有方法体，必须在子类中实现后才可以使用。

(2) 方法返回值类型可以是任何 Java 数据类型，用于指定方法返回值类型。如果方法没有返回值，则采用 void 进行说明。

(3) 方法名需满足 Java 标识符命名规范。

(4) 参数列表用于指明该方法所需参数。可以有多个参数，参数中间用逗号分隔，可以使用任何 Java 数据类型。方法也可以没有参数，没有参数时，“()”不可以省略。

例如：

```
public static int count()                    //声明了公共的类方法，返回值为整型，没有参数
```

```
void maxValue((int numberOne, int numberTwo) //声明了友好的无返回值的方法,有两个整型参数
```

2. 方法体

方法声明之后,用一对大括号"{}"括起来的部分是方法体,用于完成指定的功能。方法体中包括若干合法的Java语句,可以是常量或变量声明的语句,也可以是对常量或变量进行操作处理的语句。在方法体内既可以对方法体内声明的常量或变量进行处理,也可以对方法体外在类中声明的成员变量进行处理。另外,在方法体内还可以声明内部类。

需要读者注意的问题是,在方法体内声明的变量称为局部变量,其声明和使用与成员变量有一定的区别。

1) 局部变量的声明

```
[final]<变量类型><变量名>;
```

其中,final用于声明常量。

例如:

```
final float PI = 3.14f;                    //声明一个局部常量 PI
int partOne;                               //声明一个局部变量 partOne
```

2) 使用范围

局部变量可以声明在方法体内的任何位置,其有效范围与声明位置相关,从声明之后到该方法结束范围内有效。如果局部变量声明在方法体内的复合语句中,则其有效范围为该复合语句块;如果局部变量声明在循环语句内,则其有效范围为该循环语句(包括循环体)。除了在方法内声明的变量,方法的参数也是局部变量,其有效范围为整个方法。

由于方法既可以操作成员变量也可以操作局部变量,在同一范围内,当局部变量与成员变量同名时,成员变量被隐藏(屏蔽),如果想操作成员变量必须使用this关键字。

例3-2 使用局部变量。

源文件为Sample 3_2.java,代码如下。

```
public class Sample3_2
{
    public int vOne = 100;             //vOne成员变量在整个类有效
    public void test (int pOne)        //参数pOne在整个方法内有效
   {
        int vOne  = 200;               //局部变量vOne在整个方法内有效,成员变量vOne被隐藏
        pOne = 300;                    //参数赋值
        System.out.println("vOne = " + vOne);   //vOne = 200
        for(int i = 0;i < 10;i++)               //复合语句块中定义的局部变量i
       {
            System.out.print(i + " ");
        }
        //System.out.print(i); 局部变量i仅在for语句块内有效
        if (pOne > 0)
       {
           //int vOne = 500; vOne已经在方法test中声明,此处不可再声明
            System.out.println("vOne = " + vOne);    //vOne = 200,成员变量被屏蔽
```

```
            }
        }
}
```

3.2.4 构造方法

构造方法是一种特殊的方法，通常用于成员变量初始化，在创建对象时被调用执行。构造方法的名称必须与其所在类的类名称相同，没有返回值，也不使用 void 关键字。在一个类中允许定义多个构造方法，多个构造方法名称相同，但参数个数或类型不同，如果没有定义构造方法，系统会创建一个默认的构造方法，默认的构造方法没有参数，也不包括任何语句。如果用户定义了构造方法，则系统不再创建默认的构造方法。另外，构造方法前不可以使用 static、final、abstract 修饰符。

例 3-3 使用构造方法。

源文件为 Sample3_3.java，代码如下。

```
public class Sample3_3
{
    float price;
    int numOne;
    public Sample3_3()                    //无参数且不进行任何操作的构造方法，通常在继承中使用
    {
    }
    public Sample3_3(float p, int n)  //有参数的构造方法
    {
        price  = p;
        numOne = n;
    }
}
class Area                                //无构造方法
{
    int countArea (int length )
    {
        return length * length;
    }
}
```

Sample3_3 类中声明了两个构造方法，调用时通过参数确定调用哪个构造方法。

3.2.5 对象

类声明之后，就可以使用类声明对象，然后调用构造方法创建对象，也称实例化对象，由类创建的对象也称实例。对象创建后才能使用，通过对象完成各种功能。对象的声明、创建、使用方法如下。

1. 声明对象

声明对象的一般格式如下：

```
类名　对象名;
```

其中,类名必须是已经定义的类,可以是系统标准 API 中的类,也可以是用户定义的类;对象名要符合标识符命名规则。

例如:

```
Sample3_3 sOne;
Area  aOne;
```

2. 创建对象

类是一种引用类型,采用类声明的对象则为引用类型变量,在 Java 语言中采用 new 关键字创建(实例化)对象。

创建对象的一般格式如下:

```
对象名 = new 构造方法名([参数列表]);
```

实例化对象时需调用类中编写的构造方法,完成初始化工作。如果类中没有构造方法,则调用默认的无参构造方法完成实例化对象工作。

例 3-4 创建对象。

源文件为 Sample3_4.java,代码如下。

```
class SampleOne
{
    int var;
    SampleOne(int pVar)
   {
        var = pVar;
   }
    void printSample()
   {
        System.out.println("测试成员方法的调用情况!");
    }
}
class SampleTwo
{
     int var = 5;
}
public class Sample3_4
{
     public static void main(String args[])
   {
         SampleOne  sOne = new SampleOne(5);              //声明并实例化对象
         SampleOne  sTwo = new SampleOne(10);
         SampleTwo  s1 = new SampleTwo();
         SampleTwo  s2 = new SampleTwo();
         System.out.println("sOne.var = " + sOne.var);    //输出成员变量 var 的值
         sOne.printSample();                              //调用成员方法
         System.out.println("sTwo.var = " + sTwo.var);
```

```
        System.out.println("s1.var = " + s1.var);
        System.out.println("s2.var = " + s2.var);
    }
}
```

运行结果如图 3.1 所示。

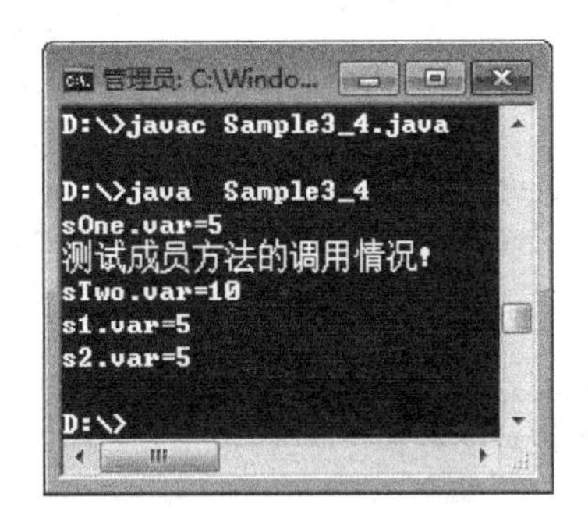

图 3.1 例 3-4 运行结果

3. 使用对象

对象创建后,可以使用"."运算符调用成员变量和成员方法,例如:sOne.var、sOne.printSample()。通过调用成员变量获得对象属性特征,调用成员方法完成一定功能。

3.2.6 static 成员

在类中使用关键字 static 声明的变量称为类变量或者静态变量,使用 static 关键字声明的方法称为类方法或静态方法;没有 static 声明的变量则称为实例变量,没有 static 声明的方法则称为实例方法。static 成员属于类,而非 static 成员属于对象。Java 语言中,static 成员与非 static 成员的使用方法不同。

1. 类变量与实例变量

类变量为该类所有对象共享,而每个对象独自拥有各自的实例变量。类变量可以通过类名访问,也可以通过对象名访问;而实例变量只能通过对象名引用;类变量在加载字节码文件时分配内存,而实例变量在创建对象时分配内存。

例 3-5 使用类变量与实例变量。

源文件为 Sample3_5.java,代码如下。

```
public class Sample3_5
{
   static final int vOne = 11;                        //类常量
   static int vTwo;                                   //类变量
   final int vThree;                                  //实例常量
   int vFour;                                         //实例变量
   Sample3_5(int parameter)
  {
     vThree = parameter;
```

```
    }
    public static void main (String args[])
    {
        Sample3_5 sOne = new Sample3_5(31);
        Sample3_5 sTwo = new Sample3_5(32);
        System.out.println(Sample3_5.vOne);                  //类常量可以直接用类名访问
        Sample3_5.vTwo = 21;                                 //类变量可以直接用类名访问
        sOne.vFour = 41;                                     //实例变量只能用对象名访问
        sTwo.vFour = 42;
        System.out.println(sOne.vOne + " " + sOne.vTwo + " " + sOne.vThree + " " + sOne.vFour);
        System.out.println(sTwo.vOne + " " + sTwo.vTwo + " " + sTwo.vThree + " " + sTwo.vFour);
        sOne.vTwo = 201;                                     //可以用对象名访问类变量
        sTwo.vTwo = 202;
        System.out.println(Sample3_5.vTwo + " " + sOne.vTwo + " " + sTwo.vTwo);
        //三个值相同,类变量为该对象共享
        }
}
```

运行结果如图 3.2 所示。

图 3.2 例 3-5 运行结果

类中为各对象共享的常量或变量可声明为 static 类型,能够节省存储空间,并且可以在不创建对象的情况下访问。

2. 类方法与实例方法

类方法可以用类名和对象名两种方法调用,而实例方法只能用对象名调用。实例方法可以调用实例方法和变量,也可以调用类方法和类变量;而类方法中不可以使用非 static 成员。

例 3-6 使用类方法与实例方法。

源文件为 Sample3_6.java,代码如下。

```
public class Sample3_6
{
    static int a;
    int b;
    static int cuntone()                        //类方法
   {
        return a * a;                           //类方法只能访问类变量
```

```
    }
    int countTwo()                          //实例方法
    {
        b = a * a;                          //可以访问实例变量,也可以访问类变量
        return  b;
    }
}
```

3. static 代码块

在类中除声明成员变量、成员方法、内部类，还可以声明静态代码块，静态代码块在加载字节码文件时执行一次，静态代码块可以有多个，按声明先后执行。

例如，加载 JDBC 驱动程序代码，可形成一个静态块在加载字节码文件时执行。

```
public class JDBC
{
    …
    static
    {
        try
        {
            class.forName("com.in.crosoft.jdbc.sqlserver.SQLServer");
        }
        catch(classNotFoundException e)
        {
            e.printstackTrace();
        }
    }
    …
}
```

另外，static 还可以用于声明内部类。

3.2.7　this 关键字

this 关键字表示当前创建的对象，可以在实例方法中使用，但不能在类方法中使用。this 关键字可用于访问被同名局部变量隐藏的成员变量，也可以在构造方法中通过 this 关键字调用其余的构造方法，此时 this 关键字必须是构造方法的第一条语句。

例 3-7　使用 this 关键字。

源文件为 Sample3_7.java，代码如下。

```
public class Sample3_7
{
    int a;
    int b;
    Sample3_7 (int pa)
    {
        this();
        a = pa;
```

```
    }
    Sample3_7()
    {
        b = 20;
    }
    void test()
    {
        int a = 1,b = 2;
        System.out.println("test a = " + a + ",test b = " + b);          //调用局部变量
        System.out.println("this.a = " + this.a + ",this.b = " + this.b);
                                                                        //调用当前对象的成员变量
    }
    public static void main(String args[])
    {
        Sample3_7 sOne = new Sample3_7(10);
        System.out.println("sOne.a = " + sOne.a + ",sOne.b = " + sOne.b); //调用 sOne 成员变量
        sOne.test();                                                     //调用 sOne 成员方法
    }
}
```

运行结果如图 3.3 所示。

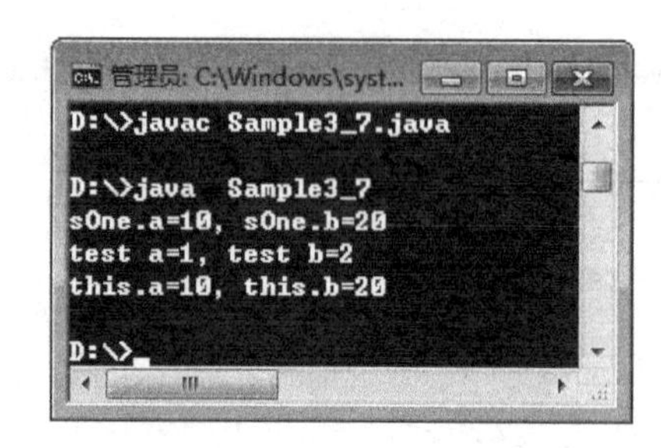

图 3.3　例 3-7 运行结果

3.2.8　参数传递

调用成员方法时，可以传递参数，参数可以是基本数据类型也可以是引用数据类型。与 C 略有不同，Java 参数传递是值传递。

例 3-8　参数传递。

源文件为 Sample3_8.java，代码如下。

```
public class Sample3_8
{
    int a;
    Sample3_8(int pa)
    {
        a = pa;
    }
}
class TestClass
{
```

```
    public static void testOne (int tOne)
    {
        System.out.println("形参 tOne 被修改前的值: " + tOne);
        tOne = 1;
        System.out.println("形参 tOne 被修改后的值: " + tOne);
    }
    public static void testTwo(Sample3_8 sOne)
    {
        System.out.println("形参 sOne.a 被修改前的值: " + sOne.a);
        sOne.a = 2;
        System.out.println("形参 sOne.a 被修改后的值: " + sOne.a);
    }
    public static void testThree (Sample3_8 sTwo)
    {
        System.out.println("形参 sTwo 被修改前的值: " + sTwo.a);
        sTwo = new Sample3_8(3);
        System.out.println("形参 sTwo 被修改后的值: " + sTwo.a);
    }
    public static void main(String args[ ])
    {
        int t1 = 10;
        Sample3_8 s1 = new Sample3_8(100);
        Sample3_8 s2 = new Sample3_8(200);
        System.out.println("实参 t1 被调用前的值: " + t1);
        TestClass .testOne(t1);
        System.out.println("实参 t1 被调用后的值: " + t1);
        System.out.println("实参 s1.a 被调用前的值: " + s1.a);
        TestClass .testTwo(s1);
        System.out.println("实参 s1.a 被调用后的值: " + s1.a);
        System.out.println("实参 s2.a 被调用前的值: " + s2.a);
        TestClass .testThree(s2);
        System.out.println("实参 s2.a 被调用后的值: " + s2.a);
    }
}
```

运行结果如图 3.4 所示。

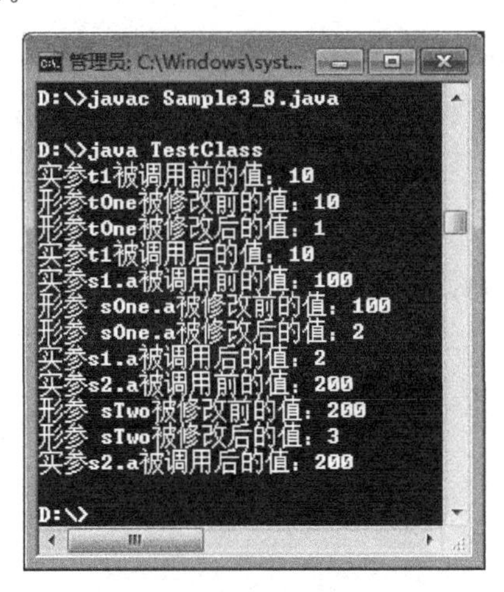

图 3.4 例 3-8 运行结果

参数传递内存模型示例如图 3.5 所示。

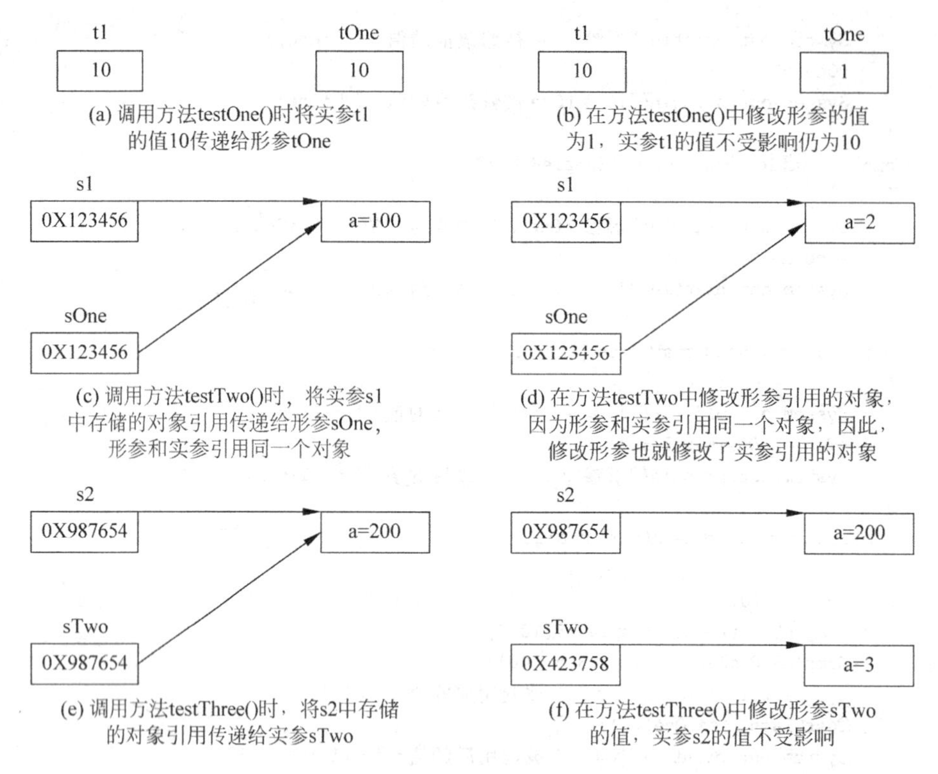

图 3.5 参数传递内存模型变化示例

3.2.9 重载

重载是指在同一个类中出现各个方法名相同，但参数不同的方法。参数不同可以是参数个数不同，也可以是参数类型不同。调用重载方法时，根据传递参数的不同决定具体执行哪个方法。

例 3-9 重载。

源文件为 Sample3_9.java，代码如下。

```
public class Sample3_9
{
    int count(String str)
    {
        return str.length();
    }
    int count(int a)
    {
        return a * a;
    }
    int count (int a, int b)
    {
        return a * b;
```

```
        }
    }
    class Test
    {
        public static void main (String args[])
        {
            Sample3_9 s = new Sample3_9();
            String str = "abcdef";
            System.out.println("调用 s.count(str)的输出结果: " + s.count(str));
            System.out.println("调用 s.count(3,5)的输出结果: " + s.count(3,5));
            System.out.println("调用 s.count(5)的输出结果: " + s.count(5));
        }
    }
```

运行结果如图 3.6 所示。

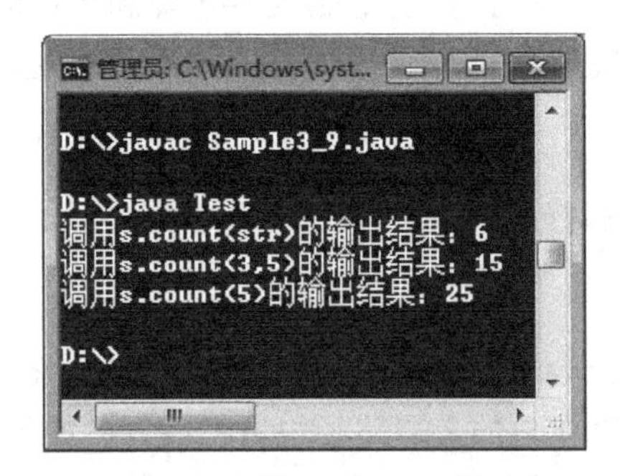

图 3.6　例 3-9 运行结果

注意：重载方法的返回值类型和参数的名称不参与比较，也就是说方法的返回值类型及参数名称是否相同不能作为判断方法是否重载的条件。

3.3 包

包是 Java 中提供的一种管理类的机制。使用包可以将相关的类放在同一包中，方便使用；另外，使用包还可以解决类名冲突问题，可以将相同名称的类分别存放在不同的包中；最后，使用包可以控制类及成员的访问范围。下面介绍包的使用方法。

3.3.1 包的声明

使用 package 语句声明包。package 语句必须作为 Java 源文件的第一条语句出现，用于指定该源文件中类和接口所在的包。如果 Java 源文件中没有 package 语句，则该源文件中的类和接口默认存储在无名包中，这样的类和接口如果在同一文件夹下，则认为在同一包中。

1. package 语句格式

package 语句的一般格式如下：

```
package 包名;
```

例如：

```
package sun;
```

包的功能与操作系统中文件夹(目录)的功能类似。包可以嵌套声明,包中还可以内嵌包,包与其内嵌的包用“.”运算符连接,例如：

```
package sun.com.sample;
```

表示 sun 包中内嵌 com 包,com 包中又内嵌着 sample 包。

包的结构与目录结构相对应,上述声明表示当前操作系统中存在这样的目录结构：\sun\com\sample\。

如果一个 Java 源文件中声明了包,则该源文件中类和接口的字节码文件中一定保存在指定的包中,否则 JVM 无法加载这样的字节码文件。Java 源文件的存储位置没有特殊要求。

2. Java 程序的编译与运行

1）编译

如果包路径已经创建,Java 源文件保存在包语句所指定的路径中,编译时可以在源文件所在的路径中编译,也可以在包的上层路径中进行编译。如果 Java 源文件保存在包的上层路径中,或包路径未创建,则需在源文件所在路径中进行编译,且需正确指定字节码文件存储的路径。

例 3-10 使用包。

源文件为 Sample3_10.java,代码如下。

```
package sun.com;
public class Sample3_10
{
    public static void main (String args[])
    {
        System.out.println("测试包语句的使用情况");
    }
}
```

如果保存 Sample3_10.java 在 d:\sun.com 中,则可以在 D:\sun\com 路经下对类进行编译,命令如下：

```
D:\sun\com>javac Sample3_10.java
```

也可以在包上层路径中进行编译,即在 D:\>路径中完成编译,命令如下：

```
D:\> javac sum\com\ Sample3_10.java
```

此时必须指明源文件所在的路径。

如果 Sample3_10.java 保存在 d:\中,则需要在 d:\中进行编译。命令如下：

```
D:\> javac -d .  Sample3_10.java
```

其中,“-d .”参数表示创建包路径并将字节码文件生成在包路径中;“.”表示当前路径;“-d .”表示在当前路径下创建包路径,也可以换成实际存在的路径名。例如:

```
D:\> javac -d d:\ Sample3_10.java
```

表示在 d:\下创建包路径。

注意:上述命令不可以写成如下形式:

```
D:\> javac Sample3_10.java
```

这样写编译不会提示错误,但字节码文件生成在当前路径(d:\)下,运行时 JVM 无法加载 Java 字节码文件。

2) 运行

运行有包语句的 Java 程序,需在包的上层路径中进行,例如,运行 sun.com 包中的 Sample3_10,使用如下命令:

```
D:\> java sun.com. Sample3_10
```

另外,Java 规定不允许使用 java 作为包名。

3.3.2 类的引入

采用 Java 进行程序开发时,可以使用已经存在的类,这样可以避免一切从头做起。Java 规定,在当前类中可以直接使用与该类在同一包中的类。如果不在同一包中,则需通过 import 语句将要使用的类引入当前源文件才可以使用。import 语句需要放在 Java 源文件 package 语句之后,类声明之前的位置;并且一个源文件可以使用多个 import 语句。import 语句不仅可以引入系统提供的类,也可以引用用户自己编写的类。如果希望引入某个包中全部的类,可以使用“*”。

例如:

```
import java.net.*;                  //引入 java.net 包中的全部类
import java.util.Scanner;           //引入 java.util 包中的 Scanner 类
import sun.com.Sample;              //引入用户自己定义的类 Sample
```

另外,如果需要使用的类在当前源文件中使用次数很少,也可以使用长名引用包中的类,而不用 import 语句引入类。

例如:

```
Sun.com.Sample s = new sun.com.Sample();
```

3.4 继承

继承是采用已有类创建新类的一种方法,是实现代码复用的关键技术。由已有类创建新类,新类称为已有类的子类或派生类,而已有类称为父类、基类或超类。子类通过继承具备了父类的特征,并可以对其进行修改和扩充,使子类具备独有的属性和行为。Java仅支持单重继承,在类的声明语句中,使用extends关键字声明继承关系。

例如:

```
class Rose extends Flower
{
…
}
```

其中,Rose为Flower的子类,Flower是Rose的父类。

Java语言规定,所有类都有父类,如果声明类时没有使用extends关键字指明继承关系,则系统默认该类的父类为Object类。

例如:

```
public class Sample
{
…
}
```

等价于

```
public class Sample extends Object
{
…
}
```

3.4.1 继承的原则

继承时,原则上除父类的构造方法外,子类可以继承父类的全部成员,但由于父类成员方法和成员变量访问权限的限制,造成父类的部分成员在子类中无法继承。具体继承原则如下。

(1) 子类可以继承父类中声明为public和protected的成员。

(2) 如果子类和父类在同一包中,则子类可以继承父类中由默认修饰符修饰的成员。

(3) 子类不可以继承父类中声明为private的成员。

(4) 子类不仅继承父类中直接声明的成员,父类继承于上一级父类的成员也可以被子类继承。

注意:在父类中子类不能继承的成员变量和方法,子类可以通过父类中公有的成员方法或内部类间接调用。

例3-11 继承的原则。

源文件为Sample3_11.java、Sample3_11_1.java和Sample3_11_2.java。

Sample3_11.java代码如下。

```
package sun.com;
public class Sample3_11
{
    public int t1 = 1;
```

```
    protected int t2 = 2;
    int t3 = 3;
    private  int t4 = 4;
    public void pOne()
    {
        System.out.println("father public method");
    }
    public void pTwo()
    {
        System.out.println("t4 = " + t4);
        pThree();
    }
    private void pThree()
    {
        System.out.println("father private method");
    }
}
```

Sample3_11_1.java 代码如下。

```
package sun.com;
public class Sample3_11_1 extends Sample3_11
{
    public static void main(String args[])
    {
        Sample3_11_1 s = new Sample3_11_1();
        System.out.println(s.t1);     //父类 public 成员
        System.out.println(s.t2);     //父类 protected 成员
        System.out.println(s.t3);
/*由默认修饰符修饰的成员,如果子类和父类在同一包中,则子类可继承,如果不在同一包中,则不
可以继承。*/
        //System.out.println(s.t4);   private 成员不可以继承
        s.pOne();
        //s.pThree();          private 成员不可以继承
        s.pTwo();             //可以通过父类的公有成员方法间接调用父类私有成员变量和方法
    }
}
```

运行结果如图 3.7 所示。

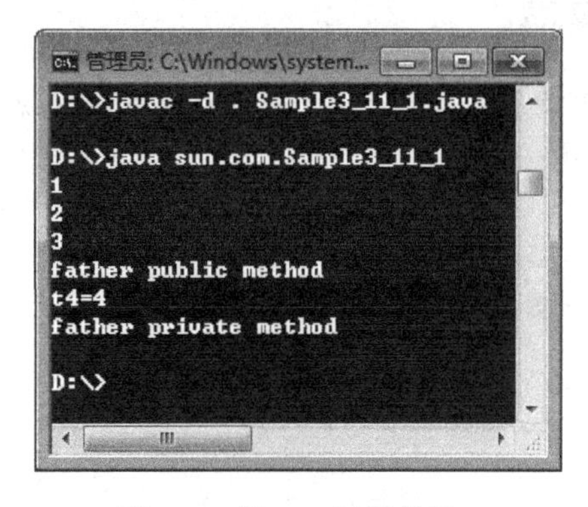

图 3.7 例 3-11 运行结果 1

Sample3_11_2.java 代码如下。

```
public class Sample3_11_2 extends Father
{
    int p3 = 1;
    public static void main(String args[])
    {
        Sample3_11_2 son = new Sample3_11_2();
        System.out.println(son.p1);
        System.out.println(son.p2);
        System.out.println(son.p3);
    }
}
class Grandpa
{
    public int p1 = 10;
}
class Father extends Grandpa
{
    public int p2 = 20;
}
```

运行结果如图 3.8 所示。

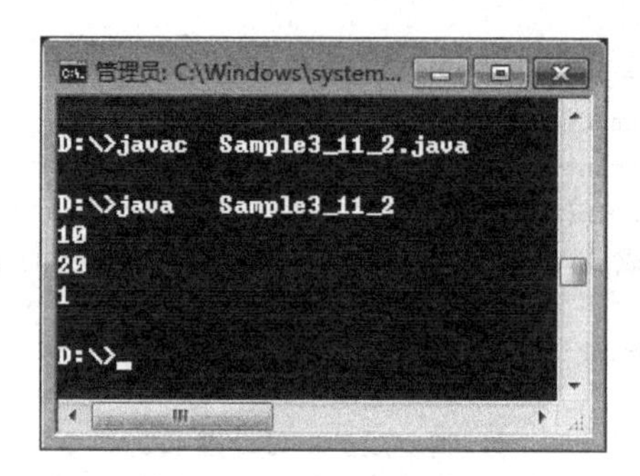

图 3.8 例 3-11 运行结果 2

父类继承于上一级父类的成员也可以被子类继承。

3.4.2 隐藏与覆盖

子类不仅可以继承父类的属性和行为,子类还可以进行改写和扩充,使其具有独自的特征和行为。

例 3-12 隐藏与覆盖。

源文件为 Sample3_12.java,代码如下。

```
package sun;
import sun.com.Sample3_11;    //不在同一个包中,Sample3_11 必须为 public 才可以使用
public class Sample3_12 extends Sample3_11
{
    public int t1 = 10;
    int s1 = 100;
```

```
    public void pOne()          //重写时访问权限不可降级
    {
        System.out.println("Son change father public method.");
    }
    public void sOne()
    {
        System.out.println("son add method");
    }
    public static void main(String args[])
    {
        Sample3_12 s = new Sample3_12();
        System.out.println(s.t1 + " " + s.s1);
        s.pOne();
        s.sOne();
    }
}
```

运行结果如图 3.9 所示。

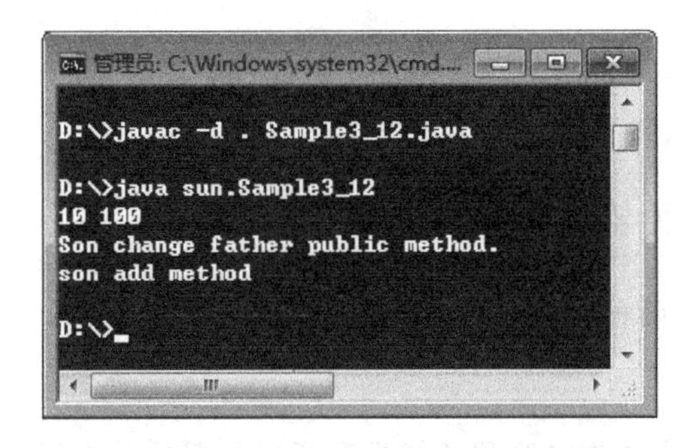

图 3.9　例 3-12 运行结果

具体原则如下。

(1) 如果子类声明了与父类成员变量同名的成员变量，则父类的成员变量被隐藏。子类成员方法中使用的是子类中声明的成员变量而不是继承于父类的同名成员变量。

(2) 如果子类声明了与父类成员方法同名的成员方法(返回值、方法名称、参数个数及类型都相同)，则父类的成员方法被覆盖；子类中调用的是在子类中声明的方法而非继承于父类的同名成员方法，覆盖通常称为重写，重写父类的方法时不允许降低父类方法的访问权限。

(3) 父类中的 final 方法不允许被重写(覆盖)。

(4) 父类中的 static(静态)方法只能被子类中同名的 static 方法覆盖；非 static 方法也只能被非 static 方法覆盖。

注意：

① 如果子类中声明的方法与父类方法比较，返回值类型不同，方法名及参数相同，则子类方法无法覆盖父类的同名方法，编译时会出错。

父类中方法：

```
public int testOne(int a)
{…}
```

子类中方法：

```
public string testOne(int a)
{…}
```

上述方法不能覆盖，编译时出错。

② 如果子类中声明的方法与父类方法比较，名称相同，参数不同（参数个数或类型不同），则子类方法重载了父类中的同名方法。

例如：

父类中方法：

```
public int testTwo(int a)
{…}
```

子类中的方法：

```
public int testTwo(int a, int b)
{…}
```

子类重载父类方法 testTwo。

(5) 子类只能隐藏或覆盖能够从父类继承的成员。

3.4.3 super 关键字

super 关键字主要有两种用途，一是操作被隐藏或覆盖的成员；二是调用父类的构造方法。具体使用方法如下。

1. 使用 super 关键字操作被隐藏的成员变量或被覆盖的成员方法

语法格式为：

```
Super.成员变量名
Super.成员方法名([参数列表])
```

例 3-13 使用 super 关键字操作被隐藏的成员变量或被覆盖的成员方法。

源文件为 Sample3_13.java，代码如下。

```
public class Sample3_13
{
    int p = 10;
    void pMethod()
   {
        System.out.println("father");
   }
}
class Test extends Sample3_13
{
    int p = 20;
    void pMethod()
   {
```

```
        System.out.println("son");
    }
    void print()
    {
        super.pMethod();                    //父类
        System.out.println(super.p);        //父类
    }
    public static void main(String args[])
    {
        Test t = new Test();
        t.pMethod();                        //子类
        System.out.println(t.p);            //子类
        t.print();
    }
}
```

运行结果如图 3.10 示。

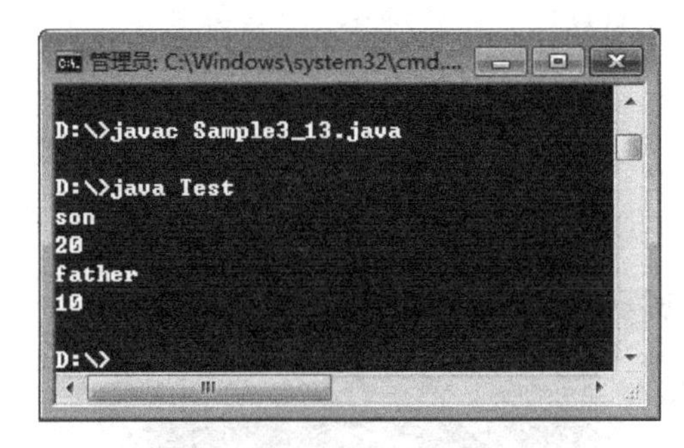

图 3.10　例 3-13 运行结果

2. 使用 super 关键字调用父类构造方法

父类的构造方法不能被子类继承，可以在子类构造方法中使用 super 关键字调用父类的构造方法；如果没有在子类构造方法中使用 super 关键字显式调用父类构造方法，系统将在子类构造方法被执行时默认首先调用父类的无参构造方法，此时如果父类中没有无参构造方法则运行时会出错。

使用 super 关键字调用父类构造方法的语法格式如下：

```
super([参数列表]);
```

例 3-14　使用 super 关键字调用父类构造方法。

源文件为 Sample3_14.java，代码如下。

```
class Sample3_14
{
    Sample3_14()
    {
        System.out.println("父类无参构造方法");
    }
    Sample3_14(int fp)
```

```
    {
        System.out.println("父类有参构造方法 fp = " + fp);
    }
}
class Test extends Sample3_14
{
    int son;
    Test()
    {
        super(5);
    }
    Test (int sp)
    {
        son = sp;
    }
    public static void main (String args[])
    {
        Test t1 = new Test();
        System.out.println(t1.son);
        Test t2 = new Test(10);
        System.out.println(t2.son);
    }
}
```

运行结果如图 3.11 所示。

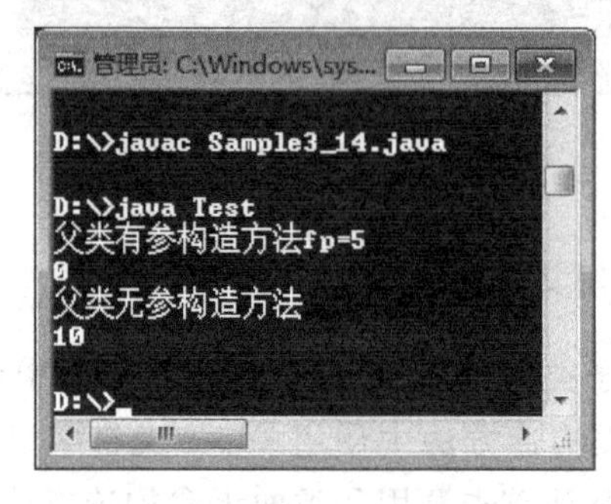

图 3.11 例 3-14 运行结果

3.4.4 final 关键字

final 关键字可用于修饰变量、方法或类。

1. final 类

final 类不允许继承,也就是 final 类没有子类。
例如:

```
final class sample                          //final 类没有子类。
{
…
}
```

2. final 方法

final 方法不允许被重写。也就是说子类不能覆盖父类中可继承的 final 方法,但可以使用。

3. 常量

由 final 修饰的变量称为常量。常量值在程序运行过程中不允许改变。常量通常在声明时赋值,但 Java 也允许对常量延迟赋值,但不同常量规定不同,其中 static 类型常量只能在声明时赋值或在静态块中赋值；非 static 类型的常量可以在声明时赋值也可以在构造方法中赋值；局部常量则在方法中赋值。在类中声明的常量与成员变量相似,static 类型常量为类所有,非 static 类型常量为对象所有,每个对象的常量值可以不同。

例 3-15 使用 final 关键字。

源文件为 Sample3_15.java,代码如下。

```
public class Sample3_15
{
    static final int a;
    final int b;
    final String s = "常量";
    static
    {
        a = 10;
    }
    Sample3_15(int p)
    {
        b = p;
    }
    static int returna()
    {
        return a;
    }
     int returnb()
     {
        return  b;
     }
     String returns()
     {
        return  s;
     }
  public static void main(String args[ ])
  {
        Sample3_15 s1 = new Sample3_15(1);
        System.out.println(s1.returna());
        System.out.println(s1.returnb());
        System.out.println(s1.returns());
        Sample3_15 s2 = new Sample3_15(2);
        System.out.println(s2.returna());
```

```
            System.out.println(s2.returnb());
            System.out.println(s2.returns());
        }
    }
```

运行结果如图 3.12 所示。

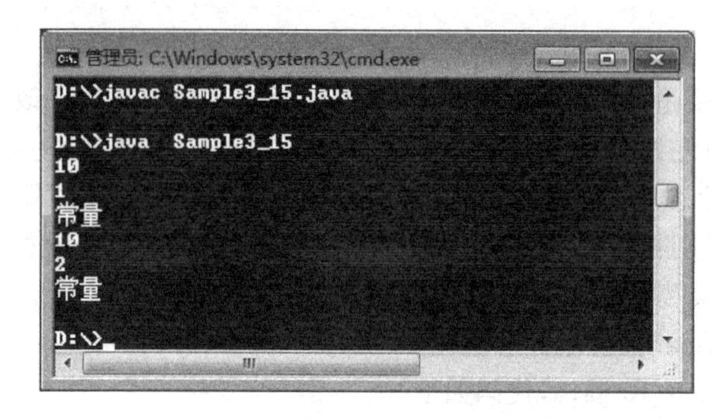

图 3.12 例 3-15 运行结果

3.4.5 abstract 关键字

abstract 关键字可用于修饰方法和类，分别称为抽象方法和抽象类。

1. 抽象方法

采用 abstract 关键字修饰的方法称为抽象方法，这种方法只有方法声明，而没有方法体，也就是没有方法的具体实现细节。

例如：

```
public abstract double getArea();              //声明一个抽象方法 getArea();
```

抽象方法只能在抽象类里定义，并且抽象方法前不可以使用 static、final、private 修饰符，也就是说 abstract 关键字不可以与 static、final 和 private 联合使用；另外，构造方法不可以声明为 abstract 方法。抽象方法必须在子类中实现(重写)后才可以使用。

2. 抽象类

采用 abstract 修饰的类称为抽象类。抽象类不允许实例化对象，但可以声明对象。

例如：

```
public abstract class countArea
{
    public final double PI = 3.14;
    public  abstract double getArea();      //抽象类中包括一个抽象方法
}
```

抽象类必须在其子类中将抽象方法全部实现后才可以用子类实例化对象，通过子类对象调用已经被实现的抽象方法；抽象类不允许声明为 final 类，因为抽象类必须被继承；抽象类中可以包括抽象方法，也可以不包括抽象方法，但如果类中包括抽象方法则该类必须声明为抽象类,并且继承于某一抽象类的子类,如果没有实现抽象类中的全部抽象方法,则该子类也必须声明为抽象类。

例 3-16 使用 abstract 关键字。

源文件为 Sample3_16.java,代码如下。

```
abstract class countArea                    //抽象类
{
    final double PI = 3.14;
    abstract double getArea();              //抽象方法
}
class Circle extends countArea              //继承于抽象类
{
    double r;
    Circle (double r)
    {
        this.r = r;
    }
    double getArea()                        //实现抽象方法,否则 Circle 必须声明为抽象类
    {
        return PI * r * r;
    }
}
class Triangle  extends countArea           //继承于抽象类
{
    int bottom, height;
    Triangle(int bottom, int height)
    {
        this.bottom = bottom;
        this.height = height;
    }
    double getArea()                        //实现抽象方法,但具体实现功能与 Circle 中的不同
    {
        return 0.5 * bottom * height;
    }
}
public class Sample3_16
{
    public static void main(String args[])
    {
        Circle  c = new Circle(5);
        Triangle t = new Triangle(5,10);
        System.out.println("圆的面积为: " + c.getArea());   //调用类中已经实现的方法
        System.out.println("三角形面积为: " + t.getArea()); //调用对象所在类实现的方法
    }
}
```

运行结果如图 3.13 所示。

抽象类一般在面向对象程序开发过程中设计阶段使用,使设计者可以集中精力于全局结构的设计而不必费心于具体的实现细节,从而设计出优化的软件结构。

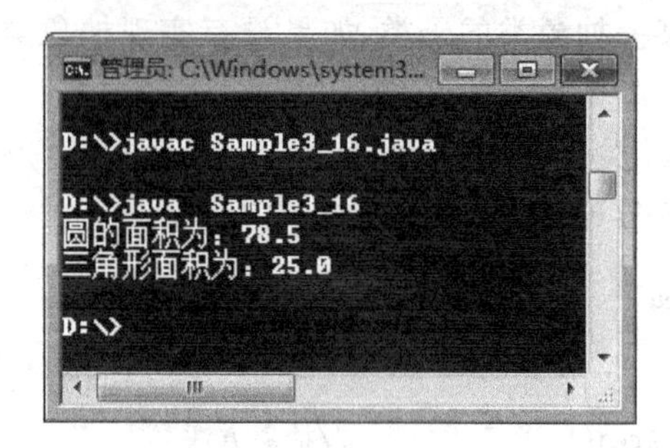

图 3.13 例 3-16 运行结果

3.4.6 上转型对象

将子类创建对象的引用赋值给父类声明的对象,则称此父类对象是该子类对象的上转型对象。

例如,假设类 A 是类 B 的父类:

```
A  a;
B  b = new B();
a = b;
```

则称 a 是 b 的上转型对象。上转型对象的使用受到一定的限制,具体使用规则如下。

(1) 上转型对象不能调用子类新增的成员变量,也不能调用新增的方法。

(2) 上转型对象可以访问子类中继承或隐藏的成员变量,也可以调用子类继承或覆盖的方法。如果子类重写的是父类的实例方法,则调用的是子类中重写的方法,否则调用的是父类中的方法。

另外,在使用上转型对象时,不要将上转型对象和父类创建的对象混淆。因为上转型对象的实体是子类创建的,而父类对象的实体是父类创建的,两种实体的结构不同;其次,由于上转型的规定,上转型对象失去了原子类对象的部分属性和功能(子类中新增的),但如果将上转型对象强制转换为子类类型,并将其引用赋值给一个子类对象,则该子类对象可以访问或调用子类中的全部成员;最后,不可将父类创建对象的引用赋值给子类对象,即不可向下转型。

例 3-17 使用上转型对象。

源文件为 Sample3_17.java,代码如下。

```
abstract class Fly
{
    abstract void flyAction();
}
class WildGoose extends Fly
{
    void flyAction()
    {
        System.out.println("The wild goose in rows……");
    }
```

```
}
class Sparrow extends Fly
{
    void flyAction()
    {
        System.out.println("The sparrow flocks…..");
    }
}
class Eagle extends Fly
{
    void flyAction()
    {
        System.out.println("The eagle circled alone… …");
    }
}
class Bird
{
    void birdFly(Fly birdfly)
    {
        birdfly.flyAction();
    }
}
public class Sample3_17
{
    public static void main(String args[])
    {
        Bird bird = new Bird();
        WildGoose   d = new WildGoose();
        Sparrow   m = new Sparrow();
        Eagle   e = new Eagle();
        bird.birdFly(d);
        bird.birdFly(m);
        bird.birdFly(e);
    }
}
```

运行结果如图 3.14 所示。

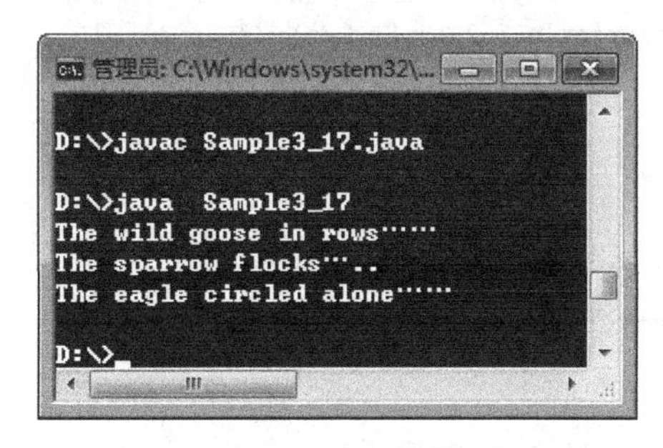

图 3.14　例 3-17 运行结果

3.5 内部类

类中可以声明成员变量、成员方法、static 块以及内部类，前三种成员前面已经介绍，本节讲述内部类。内部类是指在一个类中声明另一个类，这样的类称为内部类，而包含内部类的类相应地称为外部类。Java 规定内部类中可以使用外部类的成员，使用内部类可以方便类之间信息的交互。

根据内部类声明的位置可以将内部类分为成员内部类和局部内部类，另外还有一种特殊的内部类——匿名类。下面分别加以介绍。

3.5.1 成员内部类

声明在类中（成员方法外）的类，称为成员内部类。成员内部类与成员变量和成员方法的规定类似，也可以采用 public、protected、private、static、final、abstract 等修饰符。并且外部类可以使用成员内部类声明对象，作为外部类成员。

例 3-18 使用成员内部类。

源文件为 Sample3_18.java，代码如下。

```
class Outer
{
    innerOne in1 =  new innerOne();                    //使用成员内部类声明对象,作为外部类的成员
    innerTwo in2 = new innerTwo();
    String OutStrOne = "非静态外部类成员变量";
    static String outStrTwo = "静态外部类成员变量";
    class innerOne
    {
        String inStrOne = "非静态内部类成员变量";
        //static String  inStrTwo;不允许在非静态成员内部类中声明静态成员
        void print()
        {
            System.out.println(OutStrOne);
            System.out.println(outStrTwo);
            System.out.println(in1.inStrOne);
            System.out.println(in2.sinStrOne);
            System.out.println(in2.sinStrTwo);
        }
    }
    static class innerTwo
    {
        String sinStrOne = "静态内部类非静态成员变量";
        static String sinStrTwo = "静态内部类静态成员变量";
        void print()
        {
            System.out.println(outStrTwo);
            //System.out.println(OutStrOne); 不允许在静态成员类中使用非静态成员
            //System.out.println(in1.inStrOne);
```

```
            //System.out.println(in2.sinStrOne);
            //System.out.println(in2.sinStrTwo);
        }
    }
    void print()
    {
        System.out.println(OutStrOne);
        System.out.println(outStrTwo);
        System.out.println(in1.inStrOne);
        System.out.println(in2.sinStrOne);
        System.out.println(in2.sinStrTwo);
    }
}
public class Sample3_18
{
    public static void main(String args[])
    {
        Outer o = new Outer();
        Outer.innerOne s1 = o.new innerOne();         //使用非静态内部类声明并实例化对象
        Outer.innerTwo s2 = new  Outer.innerTwo();   //使用静态内部类声明并实例化对象
        o.print();
        s1.print();
        s2.print();
    }
}
```

3.5.2 局部内部类

在成员方法中声明的类称为局部内部类，局部内部类与局部变量类似，只在方法内有效。

例 3-19 使用局部内部类。

源文件为 Sample3_19.java，代码如下。

```
class Outer
{
    String outStrOne = "外部类成员变量";
    void outerPrint()
    {
        class Inner
        {
            String inStrOne = "局部内部类变量";
            void innerPrint()
            {
                System.out.println(outStrOne);
                System.out.println( inStrOne);
            }
        }
        Inner in1 = new Inner();
```

```
            in1.innerPrint();
        }
}
public class Sample3_19
{
    public static void main(String args[])
    {
        Outer o = new Outer();
        o.outerPrint();
    }
}
```

3.5.3 匿名类

匿名类是指没有名称的内部类，常用于事件处理程序。

例 3-20 使用匿名类。

源文件为 Sample3_20.java，代码如下。

```
class Father
{
    void print()
    {
        System.out.println("fahter");
    }
}
public class Sample3_20
{
    public static void main(String args[])
    {
        Father s = new Father()
        {
            public void print()
            {
                System.out.println("son");
            }
        };
        s.print();                                //运行结果为: son
    }
}
```

需要注意的是：在 Java 中，每个 class 和 interface 关键字定义的类和接口，编译后都会产生一个字节码文件.class。因此，每个内部类编译同样会产生一个字节码文件，但内部类产生的字节码文件的名字与通常的类略有不同。成员内部类的字节码文件名为“外部类名 $ 内部类名.class”，局部内部类的字节码文件名为“外部类名 $ 编号内部类名.class”。其中，编号表示该内部类是所在方法中定义的第几个内部类。另外，匿名类产生的字节码文件名为“外部类名 $ 编号.class”。

3.6 接口

接口与类相似,也是一种重要的引用数据类型,其作用与抽象类相似但又不同,接口主要用于描述不同类的共有行为,但不包括行为的具体实现细节。当某个类要展现这些行为只要实现该接口,并具体设计行为细节。另外,Java 语言仅支持单继承,虽然单继承简化了管理,但无法解决实际应用中必须由多继承解决的问题。而接口弥补了这一缺陷,也就是可以通过接口技术间接实现多继承。

3.6.1 定义接口

Java 语言中使用 interface 定义接口,与类相似,接口也包括接口声明和接口体两部分。并且接口体中仅包括公共静态常量和公共抽象方法。

定义接口的一般语法格式如下:

```
[修饰符] interface 接口名 [extends 父接口列表]        //接口声明
{
    [public] [static][final]常量;                     //接口体
    [public][abstract]方法;
}
```

参数说明:

(1) 接口声明中的修饰符可以为 public,表示公共接口,用于控制该接口的访问权限范围。

(2) 接口体中使用的修饰符如 public、static、final、abstract 都可以省略,但表示的含义相同。

例如:

```
interface Example
{
    public PI = 3.14;
    void print();
    int max(int a,int b);
}
```

等价于:

```
interface Example
{
    public static final double PI = 3.14;
    public abstract void print();
    public abstract int max(int a,int b);
}
```

(3) 接口允许继承,并且可以是多继承。

例 3-21 接口定义。

源文件为 Sample3_21.java,代码如下。

```
interface Action
{
    void act();
}
interface Breathing
{
    void breathe();
}
interface Speak
{
    void language();
}
interface Play
{
    void performance();
}
interface Fish extends Action,Breathing
{
    String name = "鱼";
    void live();
}
```

注意：接口与抽象类不同，接口中只有常量和抽象方法；抽象类中可以有常量、变量、抽象方法和非抽象方法。接口采用 interface 定义，支持多继承；抽象类采用 abstract 定义，支持单继承。

3.6.2 实现接口

Java 语言中由类实现接口。所谓实现接口就是具体实现接口中的方法。Java 规定，非抽象类实现接口时必须实现该接口中的全部方法，包括该接口继承于父接口的全部方法，否则该类必须声明为抽象类。在类中采用 implements 关键字实现接口，一个类可以同时实现多个接口，如果多个接口有同名的常量则可以用"接口名.常量名"的方式引用；如果有同名的方法(参数也相同)则只实现一个方法即可。

例 3-22 实现接口。

源文件为 Sample3_22.java，代码如下。

```
class GoldFish implements Fish
{
    public void live()
    {
        System.out.println("live in water!");
    }
    public void act()
    {
        System.out.println(name + " can swim!");
    }
    public void breathe()
```

```
    {
        System.out.println("I breathe with gills!");
    }
}
class Human implements Action,Breathing,Speak,Play
{
    String name;
    Human (String Str)
    {
        name = Str;
    }
    public void act()
    {
        System.out.println("I can walk!");
    }
    public void breathe()
    {
        System.out.println("I breathe with lung!");
    }
    public void language()
    {
        System.out.println("I speak Chinese!");
    }
    public void  performance()
    {
        System.out.println("I can sing!");
    }
}
public class Sample3_22
{
    public static void main(String args[])
    {
        GoldFish fish = new GoldFish();
        System.out.println(fish.name);
        fish.live();
        fish.act();
        fish.breathe();
        Human people = new Human("I am Chinese!");
        System.out.println(people.name);
        people.act();
        people.breathe();
        people.language();
        people.performance();
    }
}
```

运行结果如图 3.15 所示。

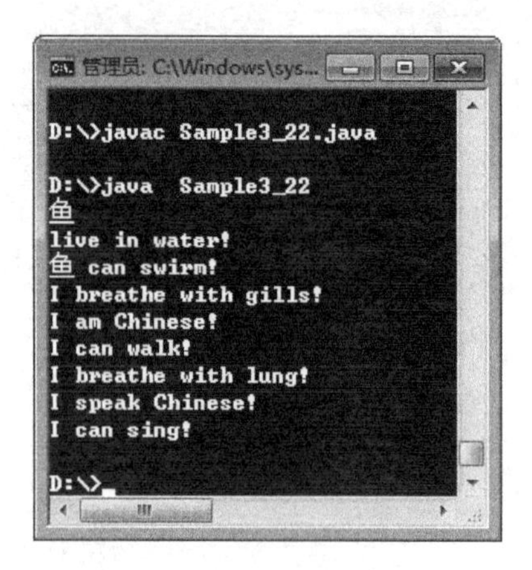

图 3.15 例 3-22 运行结果

另外，在事件处理程序中，实现接口可以采用匿名内部类。

例如：

```
item1_2.addActionListener(new ActionListener() //实现接口 ActionListener 的匿名内部类,实现
//了该接口中的 actionPerformed(ActionEvent Event)方法
{
      public void actionPerformed(ActionEvent Event)
      {
         int i = JOptionPane.showConfirmDialog(null,"是否真的需要退出系统","退出确认对话
框", JOptionPane.YES_NO_CANCEL_OPTION);
         if(i == 0)
         {
                 System.exit(0);
         }
      }
   });
```

3.6.3 接口回调

接口是一种引用数据类型，可以存储对象引用。接口本身只能用于声明接口变量，不能实例化。但可以把实现了该接口的类创建的对象引用赋值给接口变量，之后接口变量就可以调用该类实现的接口方法，这就是接口回调。

例 3-23 接口回调。

源文件为 Sample3_23.java，代码如下。

```
interface Action
{
    void act();
}
interface Breathing
{
    void breathe();
}
```

```
class Bird implements Action,Breathing
{
    String skin = "feather";
    public void act()
    {
        System.out.println("I can fly");
    }
    public void breathe()
    {
        System.out.println("I breathe with lung!");
    }
    public void print()
    {
        System.out.println("I have colorful feathers!");
    }
}
public class Sample3_23
{
    public static void main(String args[])
    {
        Action a;
        Breathing b;
        Bird bird = new Bird();
        a = bird;
        b = bird;
        a.act();                                //a.breathe(),a.print()不可以
        b.breathe();                            //b.act(),b.print() 不可以
        bird.print();                           //bird.act.bird.breathe()可以
        System.out.println(bird.skin);          //b.skin,a.skin 不可以
    }
}
```

运行结果如图 3.16 所示。

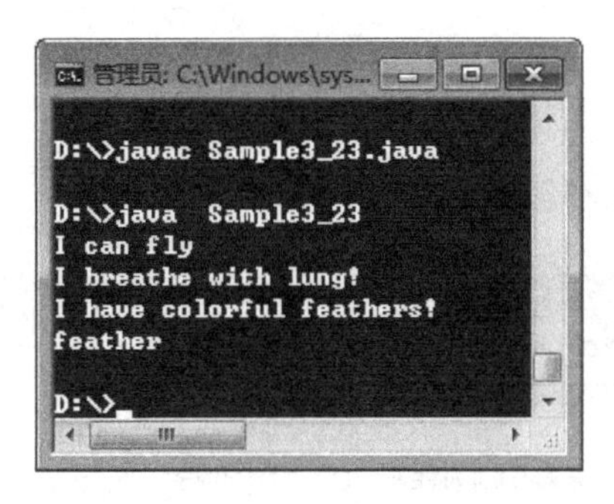

图 3.16　例 3-23 运行结果

上述程序内存模型及可调用成员关系如图 3.17 所示。

说明：接口回调时，接口变量只能调用类实现的该接口中的成员，而不能调用类中其他成员。

接口回调技术常用于接口变量用作参数的情况，此时可以将任何实现该接口的类的实

例的引用传递给该接口参数，那么接口参数就可以回调类实现的接口方法。而实现该接口的类可能具有不同的实现方式，那么接口回调接口方法时就产生多种形态(多态性)。

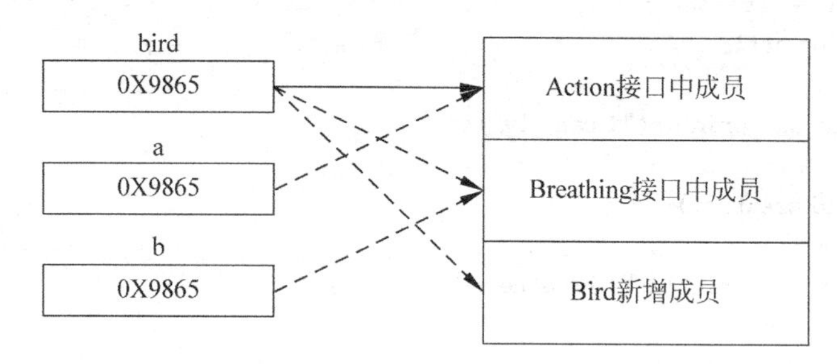

图 3.17　接口回调内存模型

3.7 API 查询方法

Java 提供了丰富的 API 文件(类库)，例如，前面使用的 System 类、Scanner 类以及 String 类等。目的是利于应用程序开发人员开发 Java 程序。那么 Java API 文件中包括哪些类和接口呢？如何使用呢？下面介绍 Java API 的查询方法。

具体查询步骤如下。

(1) 打开 Java 官方网站 http://www.oracle.com/technetwork/java/javase/downloads/index.html，在 Java SE 下载界面右侧栏中找到 Java APIs，如图 3.18 所示。

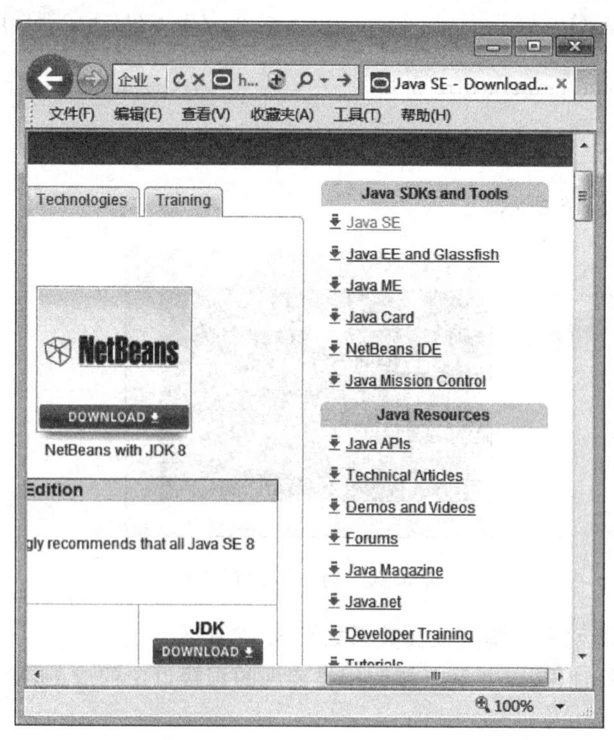

图 3.18　Java API 查询界面 1

(2) 单击图 3.18 中的 Java APIs 链接，打开 Java API 规范界面，如图 3.19 所示，从中选择所需版本。

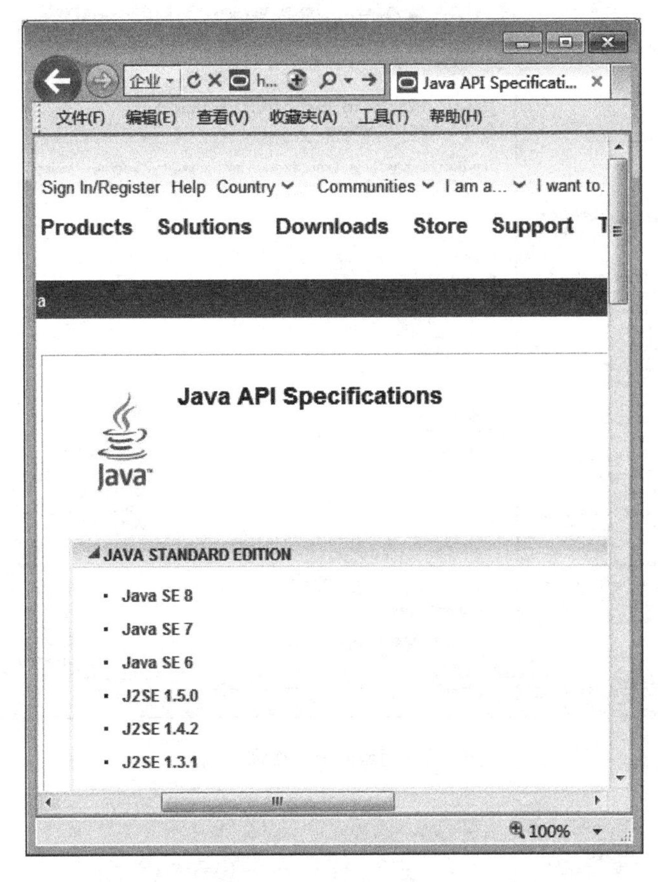

图 3.19　Java API 查询界面 2

(3) 单击图 3.19 中的 Java SE 8，打开 Java SE 8 API 规范界面，如图 3.20 所示。

(4) 图 3.20 左上窗口是包分类，单击需要查看的包，例如 java.io，左下窗口将列出该包中的接口和类。单击需要查看的类，例如 File，右侧窗口就会显示该类的说明，如图 3.21 所示。

(5) 一个类中通常包括以下几部分信息。

① Field Summary：列出类中成员变量，包括名称、类型及含义，如图 3.22 所示。

② Constructor Summary：列出类的构造方法信息，如图 3.23 所示。

③ Method Summary：列出该类中的方法，如图 3.24 所示。

④ Field Detail：成员变量详细信息。

⑤ Constructor Detail：构造方法详细信息。

⑥ Method Detail：成员方法详细信息。

(6) 单击图 3.22～图 3.24 中的变量、方法或者向下滑动右侧窗口的滚动条，可以查看类的详细信息。如图 3.25 所示为 File 类 canRead()方法的详细介绍。

除了链接 Java 官方网站查看 API，也可以将 Java API 文档下载到本地机器，解压后进行查看，方法与前面介绍的基本相同，如图 3.26 所示。

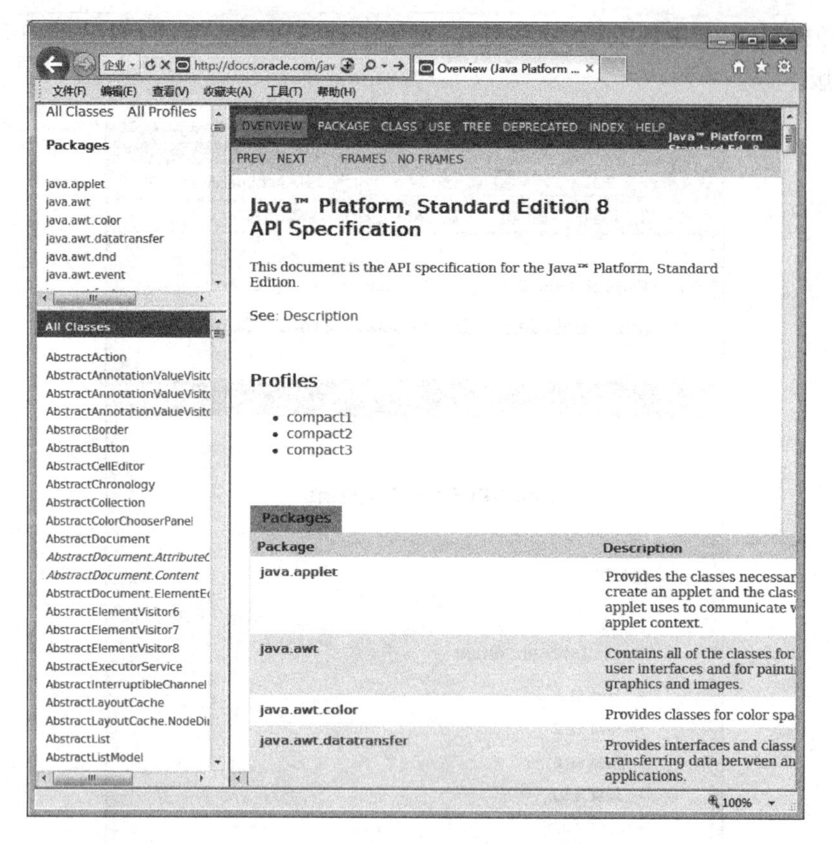

图 3.20　Java API 查询界面 3

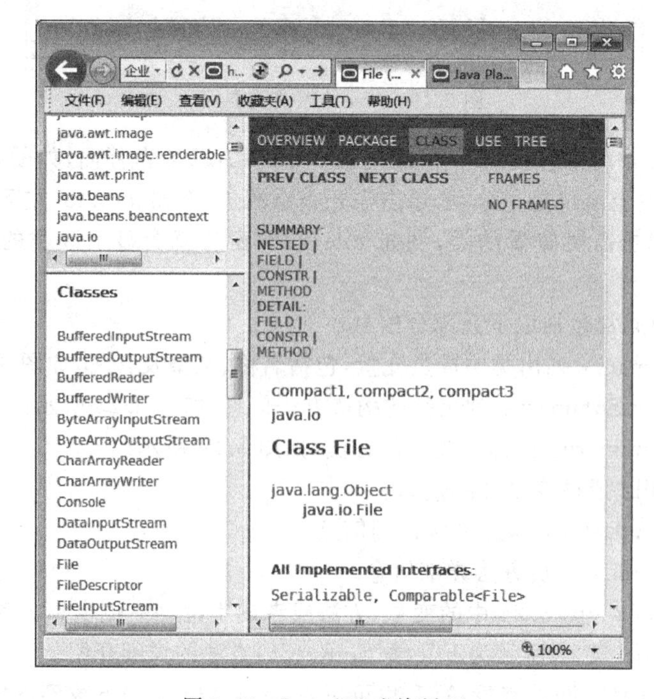

图 3.21　Java API 查询界面 4

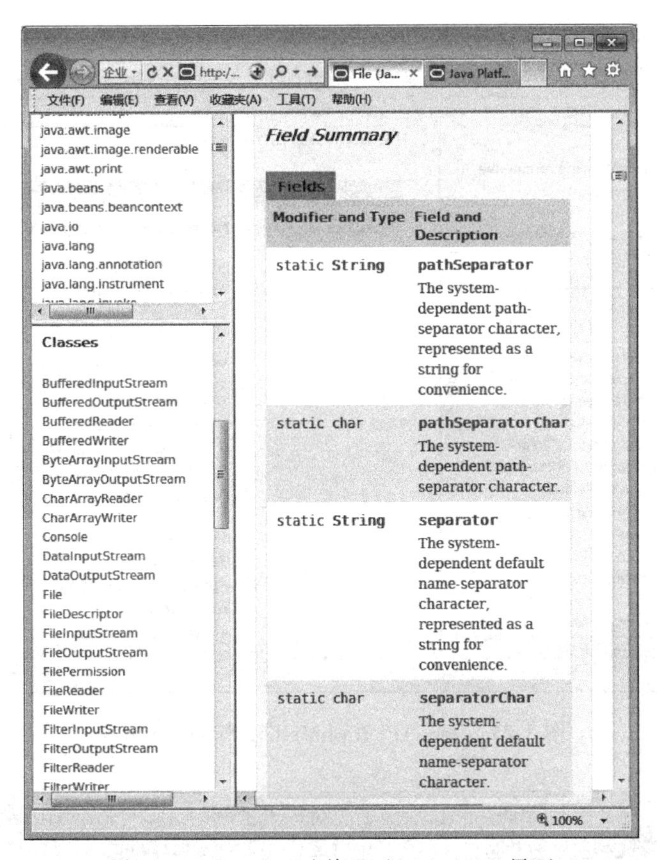

图 3.22　Java API 查询 Field Summary 界面

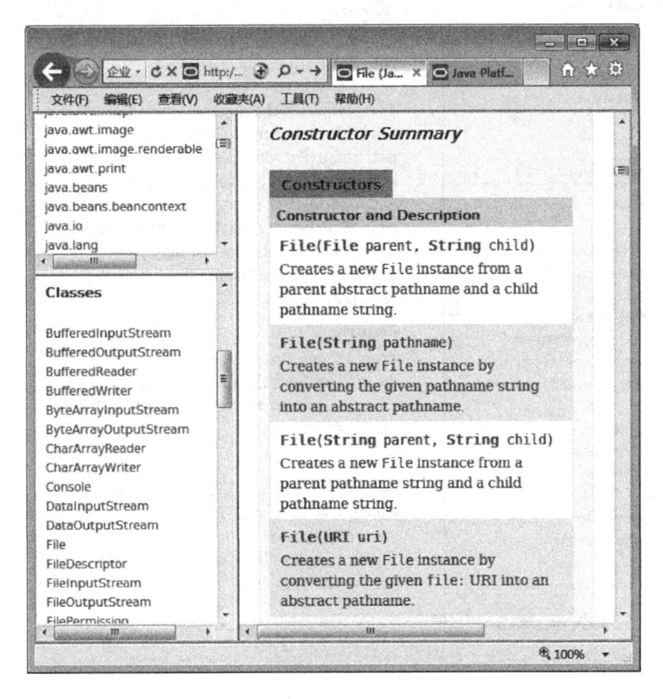

图 3.23　Java API 查询 Constructor Summary 界面

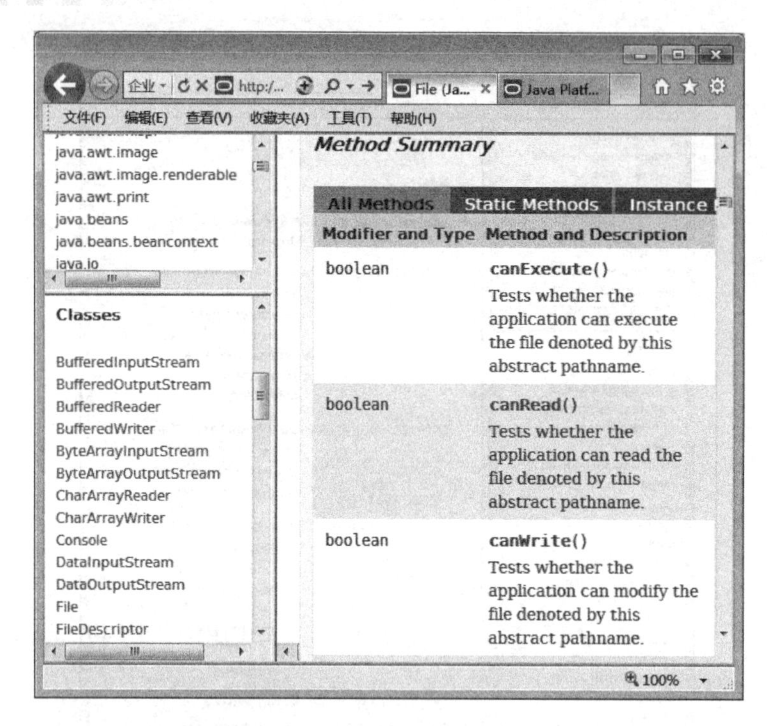

图 3.24 Java API 查询 Method Summary 界面

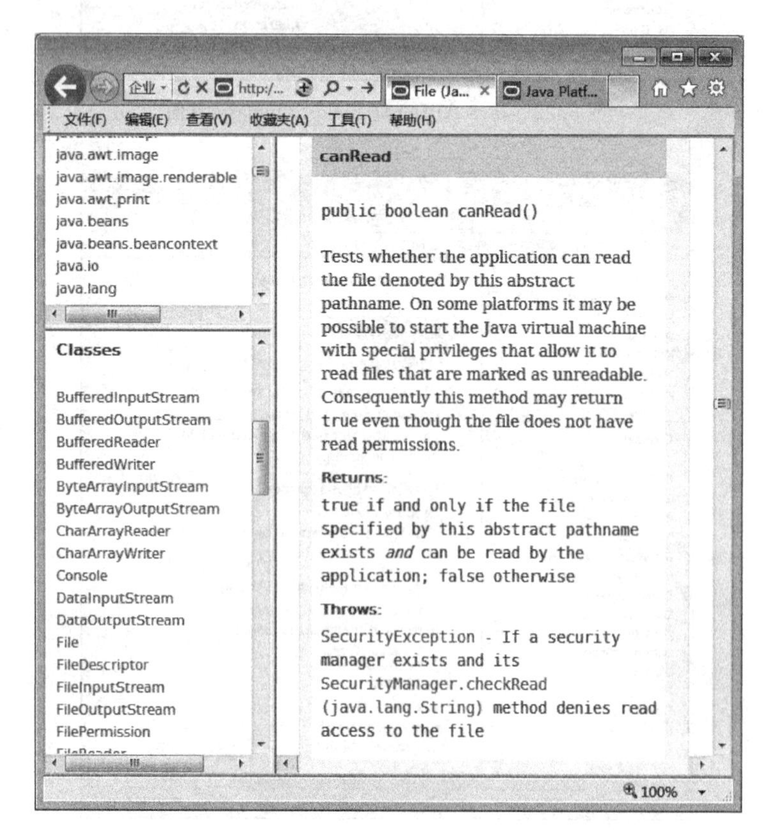

图 3.25 Java API 查询 Method Detail 界面

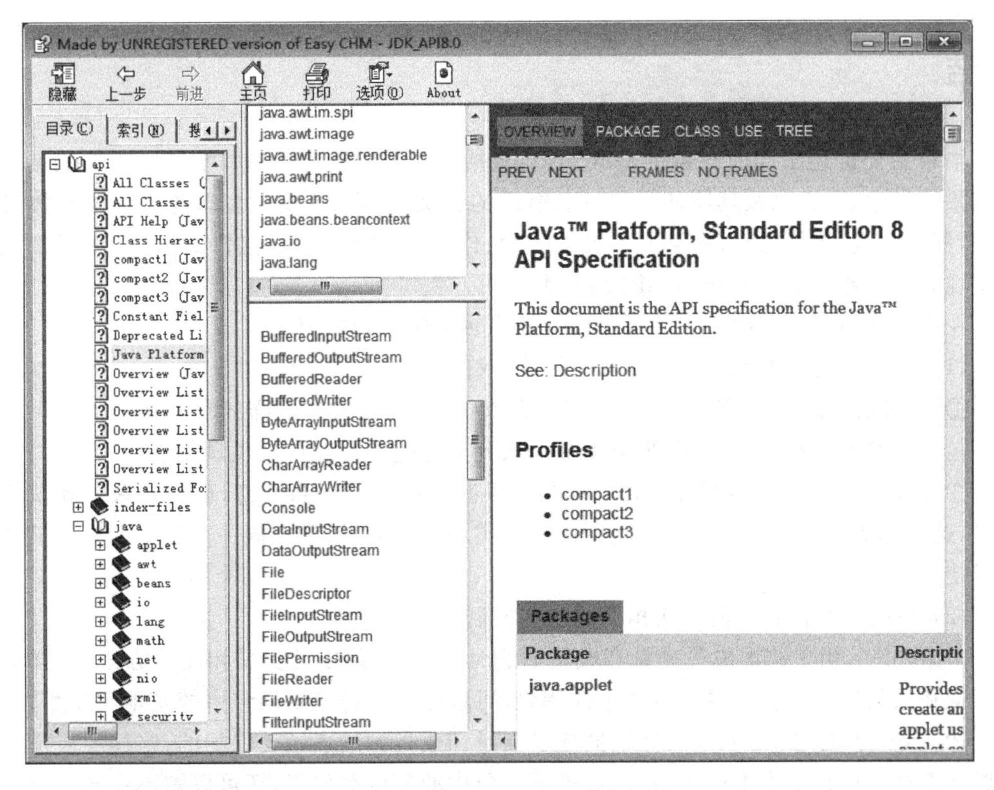

图 3.26　本地 Java API 查看界面

另外，也可以利用搜索引擎查看所需类，如图 3.27 所示。

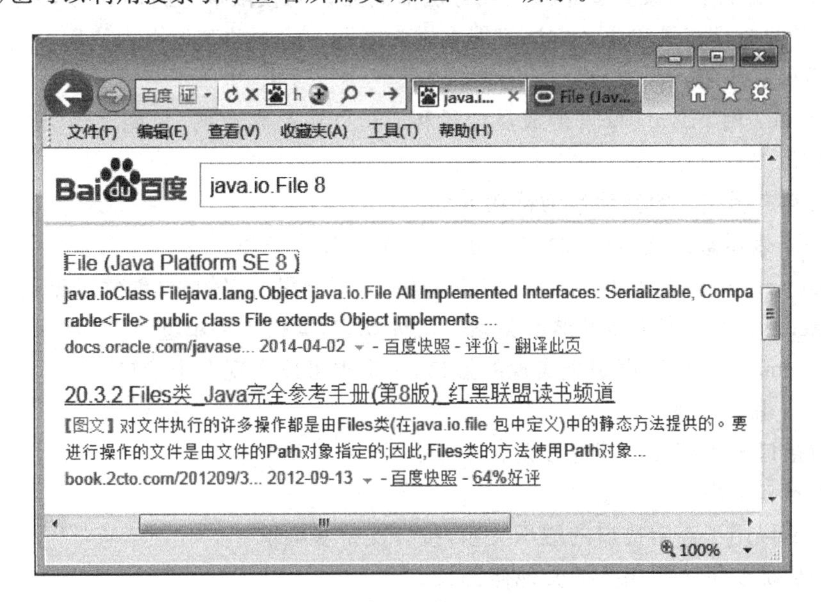

图 3.27　搜索引擎中查看 Java API

Java API 非常丰富，熟练查询 Java API 文档可以让开发人员更快更好地使用 Java。

小结

本章主要讲述了面向对象的基础知识,包括面向对象编程的基本思想、方法、特点;类与对象的概念、含义以及具体使用方法;继承的含义、作用、原则;多态的概念及具体实现方法,例如重载、重写、接口回调等;包的概念、作用及使用方法;接口的概念、作用及定义和实现方法;最后介绍了Java API的查询方法。

在讲述面向对象基础知识的过程中涉及众多关键字,总结如下。

(1) 与类和接口相关的访问权限控制修饰符。

① public:用于修饰类和接口时,表示公共类和公共接口,这样的类和接口不仅可以被同一包中的其他类和接口调用,也可以被引入到其他包的源文件中供调用。

② 默认修饰符:当声明类和接口时如果没有采用public修饰符,也就是采用默认修饰符时,这样的类和接口只能被同一包中的其他类和接口调用,不在同一个包中的类和接口不可以使用。

(2) 与成员变量和成员方法相关的访问控制权限修饰符。

① public:用于修饰成员变量和成员方法时,表示公共成员变量和成员方法,这样的成员变量和成员方法不仅可以在本类中使用,也可以被同一包或不同包中的其他类使用。

② protected:由protected修饰的成员变量和成员方法表示受保护的,这样的成员变量和成员方法可以在本类中使用,也可以被同一包中的其他类使用,还可以被不在同一包中该类的子类使用。但不能被不在同一包中又没有继承关系的类中使用。

③ 默认修饰符:当成员变量和成员方法前面无访问权限修饰符时,表示采用的是默认修饰符,这样的成员变量和成员方法只能在本类或同一包中的其他类中使用,不在同一包中的其他类不可以使用。

④ private:由private修饰的成员变量和成员方法是私有的,只能在本类中使用,其他类中不可使用。

(3) 与类声明相关的其他修饰符和参数。

① final:表示最终类,这样的类不可以被继承,没有子类。

② abstract:表示抽象类,可声明对象变量,但不能用于实例化(创建对象)。

③ extends:用于声明类的继承关系。Java规定,类仅支持单继承。

④ implements:用于声明类实现的接口,一个类可以实现多个接口。

⑤ class:用于声明类。

(4) 与接口声明相关的其他参数。

① interface:用于声明接口。

② extends用于声明接口的继承关系,接口支持多继承。

(5) 与成员变量声明相关的其他修饰符。

① final:表示常量。

② static:表示类变量或静态变量,该类各实例对象共有;没有static修饰的成员变量称为实例变量,该类各实例各自私有。类变量可以采用类名直接调用,而实例变量只能采用对象名调用。staitc不能用于修饰局部变量。

(6) 与成员方法相关的其他修饰符。

① final：表示最终方法，不允许被重写。

② abstract：表示抽象方法，这样的方法只有方法声明而没有方法体，必须被重写后才能使用。

③ static：表示静态方法或类方法，与类变量相似，类方法可以使用类名直接调用，也可以采用对象名调用，而非静态方法只能使用对象名调用。

另外，接口中的成员变量必须修饰为 public static final，成员方法必须修饰为 public abstract。声明时修饰符可以省略不写。

(7) 在类中采用的几个关键字。

① this：表示当前对象，用于调用该类其他的构造方法或被隐藏的成员变量，不能用在静态方法中。

② super：用于调用父类的构造方法，此时必须写在当前类构造方法的开始位置，另外，super 也用于调用被子类屏蔽、隐藏或覆盖的父类的成员变量或成员方法。

③ new：用于创建对象(实例化对象)。

(8) 与包相关的关键字。

① package：用于声明包，必须写在 Java 的源文件第一条语句。

② import：引入类，写在包声明语句后。类和接口声明之前。一个源文件可以使用多个 import 语句。

思考练习

1. 思考题

(1) 比较面向对象与面向过程程序设计的不同。
(2) 什么是封装、继承与多态?
(3) 什么是重载? 什么是重写? 二者有何不同?
(4) 简述类与对象的关系。
(5) 构造方法可以重载吗? 可以重写吗?
(6) 简述类变量与实例变量的区别。
(7) 简述类方法与实例方法的区别。
(8) 子类可以继承父类的哪些成员?
(9) 简述 final 的含义。
(10) 如何调用被局部变量屏蔽的成员变量?
(11) 如何调用父类的构造方法和被子类隐藏或覆盖的成员?
(12) 什么叫抽象类? 有何作用?
(13) 简述类的结构及类声明中各个参数的含义。
(14) 简述包的作用及声明的方法。
(15) 简述有包声明语句的 Java 程序编译及运行的方法。
(16) 简述 Java 访问控制权限的种类及含义。

(17) new 关键字有什么作用?

(18) 简述局部变量与成员变量的区别。

(19) 如何在类的外部访问类中的私有成员?

(20) 构造方法与普通方法有何不同?

(21) 如何在 Java 源文件中引入需要的类?

(22) 什么是上转型对象? 叙述上转型对象的使用原则。

(23) 接口有何用途? 如何声明接口? 如何实现接口?

(24) 如何通过接口实现多继承?

(25) 什么是匿名类?

2. 拓展训练题

(1) 编程测试有包声明语句的 Java 程序编译及运行的方法。

(2) 编程测试重载方法的声明及使用的方法。

(3) 编程测试各访问控制权限修饰符的作用。

(4) 编程测试继承的原则。

(5) 编程测试隐藏与覆盖的规则。

(6) 编程测试构造方法的重载与使用方法。

(7) 编程测试成员变量与局部变量的区别。

(8) 编程测试 Java 中方法调用时参数传递的特点。

(9) 编程测试类成员与实例成员的不同。

(10) 编程测试抽象类及抽象方法的使用原则。

(11) 编程测试 final 类、方法及变量的使用原则。

(12) 编程测试父类中构造方法编写的限制。

(13) 编程测试各修饰符的组合使用情况,包括:public,protected,private,final,abstract,static。

(14) 编程测试内部类的使用方法。

(15) 编程测试接口的声明、实现及继承的原则。

第4章 异常处理

本章导读

程序中有可能会存在一些意想不到的状况，从而引发错误。例如，读文件时文件不存在，算术运算时除数为零，访问数组时下标越界等，这就是异常。对于可预见的异常如果预先进行处理，程序就能够成功运行；否则程序就会出现错误，并中断运行。

Java 中异常也是通过异常类的对象来呈现的。Java 类库中提供了一些异常类，用来描述经常发生的异常。当某种异常发生时（也就是程序抛出异常），系统自动创建异常类对象，该对象封装了异常信息，并且可以通过异常类提供的方法获取这些异常信息。本章主要介绍 Java 异常类架构、异常类处理的方法以及自定义异常。

本章要点

- Java 异常类架构。
- Java 异常处理方法。
- 自定义异常设计方法。

4.1 Java 异常类架构

Java 内置所有异常类都继承自 java. lang. Throwable 类，Throwable 类继承架构如图 4.1 所示。

由图 4.1 可以看出，Trowable 类有两个子类，即 Error 类和 Exception 类。

1. Error 类

Error 类及其子类用于描述严重的系统错误（致命异常），虽然这类异常也可以在程序中对其捕获和处理，但通常程序本身代码无法解决，例如硬件错误、JVM 错误等，无法通过程序解决问题，因此这类错误（异常）不在应用程序中处理，由 JVM 捕获并处理，将显示错误信息并中断程序。

2. Exception 类

Throwable 的另一个子类是 Exception 类，该类及其子类用来描述另外一些错误（非致命异常），该类异常在程序中捕获并处理，通常可以保证程序顺序执行，因此在 Java 程序开发过程中进行处理的主要是 Exception 类异常。该类异常又分为两种类型。

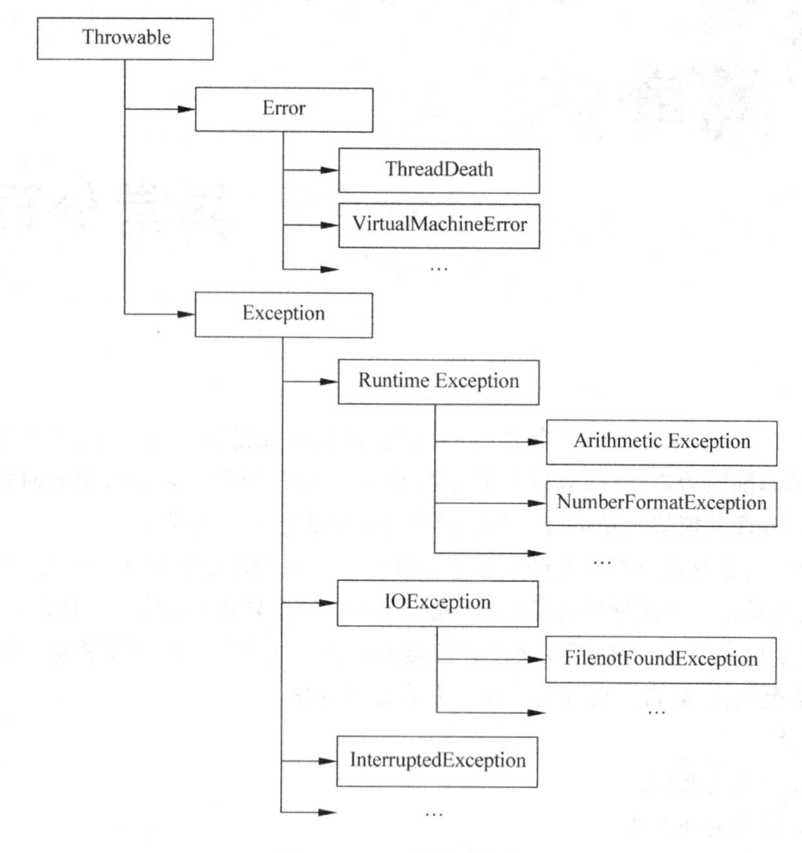

图 4.1 Java 异常类架构

1) RuntimeException 类

RuntimeException 类及其子类用来描述运行时异常，这类异常通常事先无法预测是否发生，因此编译程序并不强制要求程序中对该类异常进行捕获和处理，也就是编译时可以通过，所以这类异常也称为非受检异常。在运行时如果出现该类异常由 JVM 处理。

2) 受检异常类

Exception 子类中除 RuntimeException 及其子类外，都是受检异常类。受检异常必须在程序中进行捕获处理，否则程序编译时将出现错误，这主要是因为受检异常通常出错率较高。

4.2 异常处理方法

Java 使用 try、catch 语句捕获、处理异常。

1. try … catch 语句

try… catch 语句的一般语法格式如下：

```
try
{
```

```
可能产生异常的代码
}
catch(异常类名称 异常类对象)
{
异常处理代码
}
```

例 4-1 使用 try … catch 语句。

源文件为 Sample 4_1_1.java 和 Sample 4_1_2.java,代码如下。

```
public class Sample4_1_1                              //没有进行异常处理的情况
{
  void division(int p1,int p2)
  {
    int result;
    result = p1/p2;
    System.out.println(result);
  }
  public static void main(String args[])
  {
    Sample4_1_1 s = new Sample4_1_1();
    s.division(5,0);
  }
}
```

运行结果如图 4.2 所示。

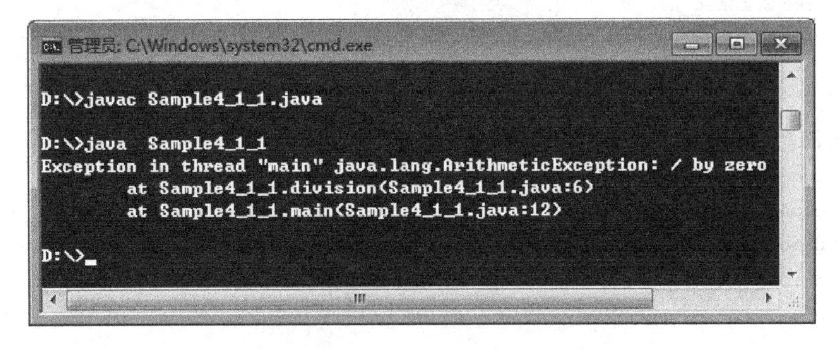

图 4.2 例 4-1 没有进行异常处理的运行结果

```
public class Sample4_1_2                              //进行异常处理的情况
{
  void division(int p1,int p2)
  {
    int result;
    try
    {
      result = p1/p2;
      System.out.println(result);
    }
    catch(ArithmeticException e)
    {
      System.out.println("除数不可以为 0!");
```

```
    }
    System.out.println("程序执行成功!");
  }
  public static void main(String args[])
  {
    Sample4_1_2 s = new Sample4_1_2();
    s.division(5,0);
  }
}
```

运行结果如图 4.3 所示。

图 4.3 例 4-1 进行异常处理的运行结果

例 4-2 循环内使用 try … catch 语句。

源文件为 Sample 4_2.java,代码如下。

```
import java.util.*;
public class Sample4_2
{
  public static void main(String args[])
  {
    Scanner reader = new Scanner(System.in);
    int sum = 0;
    int count = 0;
    int number;
    while (count < 3)
    {
      try
      {
        number = reader.nextInt();
        sum = sum + number;
        count++;
      }
      catch(InputMismatchException e)
      {
        System.out.println("输入错误,请输入整数!");
        reader.next();                              //略过错误的数据
      }
    }
    System.out.println("sum = " + sum);
  }
}
```

运行结果如图 4.4 所示。

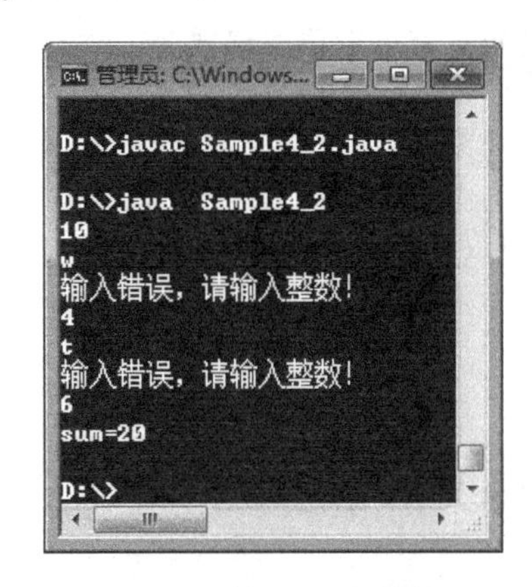

图 4.4 例 4-2 运行结果

参数说明：

(1) 在 try 语句中编写可能产生异常的代码。catch 语句后面指明要捕获的异常，catch 语句块中是异常处理代码。

当 try 语句块中的某行代码产生异常，程序流程将从产生异常的那行代码直接跳转到 catch 语句，匹配刚刚产生的异常(由出错代码抛出的异常)，是否为 catch 语句后要捕获的异常，如果匹配成功，则执行 catch 语句块中的异常处理语句；如果没有找到匹配的 catch 语句；则交给 JVM 处理，中断程序运行，显示错误信息。

(2) 一个 try 语句后可以有多个 catch 语句，这主要是因为 try 语句块中的代码可能抛出多种异常，可以利用每个 catch 语句捕获一种异常，并对其进行处理。此时如果多个 catch 捕获的异常之间有继承关系，必须子类异常在前，父类异常在后，否则编译时会出错，例如：

```
…
try
{
可能出现异常的代码
}
catch (Exception eOne)
{
异常处理代码
}
catch(NumberFormatException eTwo)
{
异常处理代码
}
…
```

因为 Exception 是 NumberFormatException 的父类，因此编译时会出错。这主要是因为当异常发生时，JVM 会由上向下检测 catch 语句捕获的异常是否与抛出异常匹配，因此无论异常代码抛出的是父类异常还是子类异常，都会被父类异常捕获，被父类异常 catch 语句匹配成功后将不再向下匹配其他的 catch 语句，从而导致捕获子类异常的 catch 语句永远不被执行。另外，如果用于捕获不同异常的多个 catch 语句块中的异常处理代码如果相同，在 JDK7 中提供了多重捕获语句。其一般语法格式为：

```
try
{
可能出现的异常代码
}
catch (异常类 1| 异常类 2| …… | 异常类 n   异常对象)
{
异常处理代码
}
```

但多个异常之间如果有继承关系，同样保证子类在前、父类在后的顺序。前面的异常处理可以写作：

```
…
try
{
可能出现异常的代码
}
catch (NumberFormatException | Exception e)
{
异常处理代码
}
…
```

2. 异常处理

异常处理主要涉及以下几种情况。

(1) 如果方法本身能够完成异常处理，则在 catch 语句块中编写异常处理代码，可以使用异常类中的方法获取异常信息，例如，利用 printStackTrace()方法，可获得异常堆栈跟踪信息，查看异常发生的根源；另外，getMessage()方法可以提供异常的基本描述信息。

(2) 如果方法本身无法处理异常，需向上抛出异常，由方法的调用者来处理，方法内部就可以不用 try…catch 语句捕获、处理异常。如果抛出的是受检异常，则在方法声明中需要使用 throws 关键字明确声明抛出的是哪些异常(可同时抛出多个异常)，向上抛出异常一般语法格式如下：

```
[修饰符]返回值类型|void 方法名([参数列表])[throws 异常类名称列表]
{
…
}
```

如果抛出的是非受检异常，可以不用 throws 声明。

抛出异常时可由产生异常的代码自动抛出，也可以在一定条件下使用 throw 关键字抛出异常，throw 关键字的一般语法格式为：

```
throw new 异常类名称([参数列表])
```

例如：

```
throw new IOException("文件已损坏");
```

注意：除 finally 子句外，方法中 throw 语句后的代码将不被执行。throw 抛出的可以是系统内置的异常，也可以是用户自定义的异常。

例 4-3　使用 throw 关键字。

源文件为 Sample 4_3.java，代码如下。

```
public class Sample4_3
{
  void division(int p1, int p2) throws ArithmeticException
  {
    int result;
    if (p2 == 0)
    {
      throw new ArithmeticException("除数不可以为零");
    }
    result = p1/p2;
    System.out.println(result);
  }
  public static void main(String args[])
  {
    Sample4_3 s = new Sample4_3();
    try
    {
      s.division(5,0);
    }
    catch(ArithmeticException e)
    {
      e.printStackTrace();                    //打印错误追踪信息
    }
  }
}
```

运行结果如图 4.5 所示。

图 4.5　例 4-3 运行结果

(3) 如果方法本身需要处理或能够处理异常的部分内容，然后再向上抛出异常也可以，此时在方法内部使用 try…catch 语句捕获并处理异常，在 catch 语句块的最后使用 throw 抛出异常即可，例如：

```
try
{
可能产生异常的代码
}
catch (异常类名称 异常对象)
{
异常处理代码
throw 异常对象
}
```

例 4-4 部分向上抛出异常。

源文件为 Sample 4_4.java,代码如下。

```
public class Sample4_4
{
  void division(int p1, int p2) throws ArithmeticException
  {
    int result;
    try
    {
      result = p1/p2;
      System.out.println(result);
    }
    catch (ArithmeticException e)
    {
      System.out.println("本方法无法处理全部异常只能向上抛出");
      throw e;                                        //抛出异常
    }
  }
  public static void main(String args[])
  {
    Sample4_4 s = new Sample4_4();
    try
    {
      s.division(5,0);
    }
    catch(ArithmeticException e)
    {
      e.printStackTrace();
      System.out.println("异常在主方法中解决");
    }
  }
}
```

运行结果如图 4.6 所示。

(4) 使用 finally 关闭资源。

程序在运行过程中有可能会打开一些资源,通常在资源使用完毕后关闭资源。但如果程序运行过程中因错误而抛出异常,那么资源是否能够关闭呢? 这就涉及关闭资源的代码是否能够被执行。前面的例子说明,程序一旦抛出异常,无论是否进行异常处理,有些代码可能永远不能执行。如果关闭资源的代码恰好在此范围,则程序抛出异常就无法关闭资源。那么在抛出异常时如何关闭资源呢？Java 规定,在 try 语句中还可以搭配 finally 子句用于执行那些在程序运行过程中无论如何都必须执行的代码,例如关闭资源的代码。

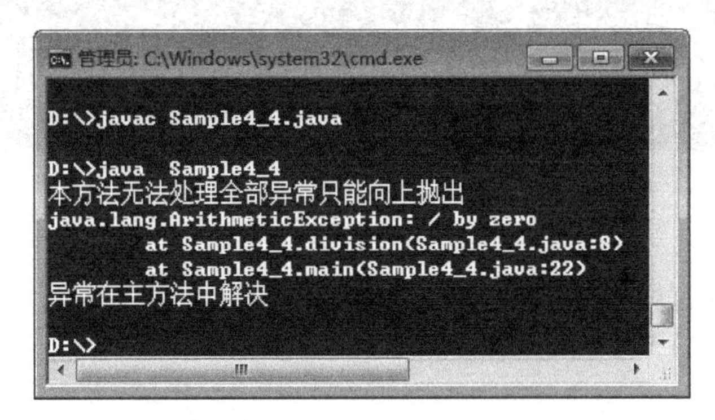

图 4.6　例 4-4 运行结果

finally 子句可以直接搭配在 try 后面,一般格式如下:

```
try
{
可能产生异常的代码
}
finally
{
必须执行的代码
}
```

例 4-5　finally 子句直接搭配在 try 语句后面。

源文件为 Sample 4_5.java,代码如下。

```
public class Sample4_5
{
  public static void main(String args[])
  {
    try
    {
      int a = 10/0;                    //抛出 ArithmeticException 异常,在 catch 语句中捕获并处理
      System.out.println("try");
    }
    finally
    {
      System.out.println("finally");
      //无论程序是否进行异常处理,finally 语句块中的代码一定能被执行
    }
    System.out.println("main end!");
  }
}
```

运行结果如图 4.7 所示。

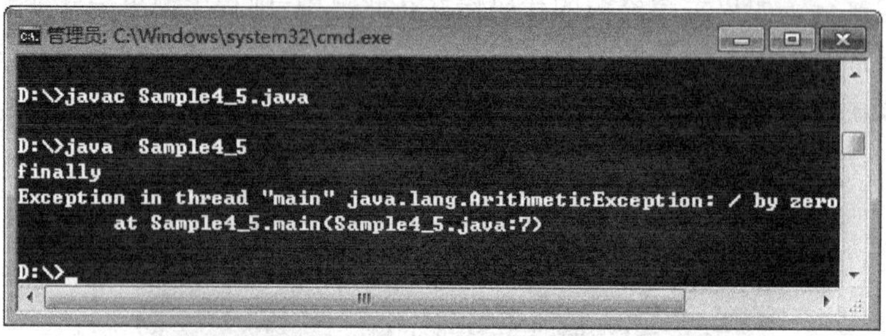

```
管理员: C:\Windows\system32\cmd.exe

D:\>javac Sample4_5.java

D:\>java  Sample4_5
finally
Exception in thread "main" java.lang.ArithmeticException: / by zero
        at Sample4_5.main(Sample4_5.java:7)

D:\>_
```

图 4.7　例 4-5 运行结果

另外,finally 也可以搭配在 catch 子句的后面,一般格式如下:

```
try
{
可能产生异常的代码
}
catch(异常类 异常对象)
{
异常处理代码
}
…
finally
{
必须执行的代码
}
```

例 4-6　finally 子句直接搭配在 catch 语句后面。

源文件为 Sample 4_6.java,代码如下。

```
public class Sample4_6
{
  public static void main(String args[])
  {
    Sample4_6 s = new Sample4_6();
    System.out.println(s.test());
  }
  String test()
  {
    try
    {
      System.out.println("test()方法将要结束!");
      return("try test");
    }
    catch(Exception e)
    {
      System.out.println(e.getMessage());
      return("catch test");
    }
```

```
    finally
    {
      System.out.println("finally");
    }
  }
}
```

运行结果如图 4.8 所示。

图 4.8　例 4-6 运行结果

Java 规定,无论程序是否抛出异常,finally 子句中的代码都会被执行。并且如果在执行 finally 子句前程序遇到 return 语句,也必须把 finally 子句块中的代码执行结束再执行 return 语句。

4.3　自定义异常

Java 类库提供了丰富的异常类,但不可能覆盖所有情况,用户可根据实际需要创建使用自己的异常。下面介绍 Java 中如何创建并使用自定义异常。

自定义异常的基本步骤如下。

(1) 声明异常类,该类必须继承于 Throwable 类或其子类。

(2) 在一定条件下,通过 throw 抛出异常。

(3) 使用 try…catch 捕获并处理异常。

例 4-7　使用自定义异常。

源文件为 Sample 4_7.java,代码如下。

```
import java.util.*;
class MyException extends Exception
{
  public String myMessage()
  {
    return ("年龄不可能为负数!");
  }
}
public class Sample4_7
{
  public static void main(String args[])
  {
    Scanner reader = new Scanner(System.in);
```

```
        int age;
        try
        {
          age = reader.nextInt();
          if (age<0)
          {
          throw new MyException();
          }
          System.out.println("年龄:" + age);
        }
        catch ( MyException e)
        {
          System.out.println(e.myMessage());
        }
    }
}
```

运行结果如图 4.9 所示。

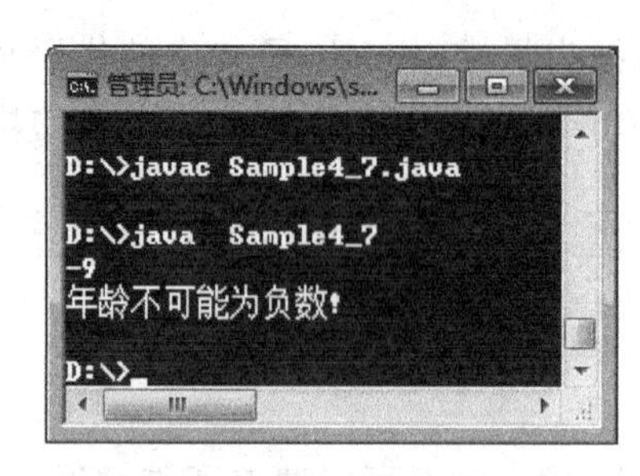

图 4.9 例 4-7 运行结果

小结

本章主要讲述了 Java 中异常处理的基本思想和方法,包括 Java 异常类架构,主要介绍了 Error 类,Runtime Exception 类和受检 Exception 类;Java 异常处理方法,采用 try…catch…finally 语句捕获处理异常,throws 和 throw 的用法及使用 try…catch 的注意事项;最后介绍了 Java 自定义异常的创建及使用方法。

思考练习

1. 思考题

(1) 什么是异常?

(2) 简述 Java 异常分类。

(3) 简述 Java 异常处理方法。

(4) 比较 throw 和 throws 的区别和联系。

(5) 简述 finally 语句的作用。

(6) 简述 try…catch…finally 语句的使用注意事项。

(7) 简述如何自定义异常。

2. 拓展训练题

(1) 编程测试运行时异常(非受检异常)在程序中捕获和不捕获处理出现的不同情况。

(2) 编程测试受检异常在程序中捕获和不捕获处理分别出现的不同情况。

(3) 编程测试一个 try 语句中存在多个 catch 语句时的使用注意事项。

(4) 编程测试几种获取异常信息的方法的不同,例如 printStackTrace()等。

(5) 编程测试 throw 和 throws 的使用方法。

(6) 编程测试 finally 的使用方法。

(7) 编程测试自定义异常实现方法。

第5章 图形用户界面

本章导读

通过图形用户界面(Graphics User Interface GUI),用户和程序之间可以方便地进行交互。采用Java进行图形用户界面设计,或者说进行桌面应用程序开发并非难事。图形用户界面程序主要由三个要素构成:组件、布局和事件,开发人员将提供不同交互功能的组件按某种布局方式进行排列,从而构建用户界面,与用户进行交互。交互则主要采用事件驱动的方式来完成,当用户的动作触发某种事件,例如单击鼠标或移动鼠标可触发鼠标事件,按下键盘上的某个键则会触发键盘事件等,事件处理器监听到事件发生就会响应,也就是进行相应的事件处理,从而实现对应业务逻辑。Java平台提供了几种可供选择的图形用户界面库,用于开发界面应用程序。本章将介绍Java图形用户界面设计方法。

本章要点

- Java图形用户界面库。
- 底层容器窗口和对话框的使用方法。
- 菜单的制作方法。
- 常用布局的设计方法。
- 常用组件及面板的使用方法。
- 事件处理机制及方法。

5.1 Java图形用户界面库概述

1. Java可选的图形用户界面库

1) AWT

AWT(Abstract Window Toolkit,抽象窗口工具集)是Java最早提供的图形用户界面库。AWT尽管开发较早但功能完备,可以开发基本的跨平台桌面应用程序。采用AWT开发的桌面应用程序外观样式在不同的操作系统下是不同的,这主要是因为AWT中的组件要调用所在操作系统平台的相应(对等)组件完成桌面应用程序的外观渲染及功能。因此,采用AWT组件运行时开销比较大,通常AWT中的组件被称为重量级组件。

2) Swing

Swing是Java的另一个图形用户界面库,JDK 1.2后引入。Swing继承于Awt,但Swing的功能更强大、性能更优化,与AWT相比较,更能体现Java语言的跨平台性。采用

Swing 开发的桌面应用程序在不同的操作系统平台上外观是相同的，也就是说 Swing 的用户界面组件是由 Java 平台自己绘制的，不再调用操作系统的对等控件。因此，与 AWT 相对应的 Swing 中的组件通常称为轻量级组件。Swing 不仅组件比 AWT 更加丰富，设计方面也更加成熟，层次更加清晰，因此建议使用 Swing 开发桌面应用程序。

3）JavaFX

AWT 和 Swing 推出以来一直是 Java 开发桌面应用程序的主要框架，但随着应用需求的提高，桌面应用程序中大量图片、音频、视频的使用，AWT 和 Swing 中的通用组件已逐渐无法满足应用的需求，因此 Java 推出了 JavaFX，以满足现代桌面应用的开发需求。2007 年，JavaFX 第一个版本发布，随着 JavaFX 的逐渐完善，它将逐渐成为 Java 平台上主要的图形用户界面库。

除上述三种图形用户界面库之外，也可以使用第三方提供的图形用户界面库，但需要额外安装才能使用。

2. Swing 继承架构

本书主要使用 Swing 进行桌面应用程序开发，在使用 Swing 之前，首先讲述一下 Swing 的继承架构，如图 5.1 所示。

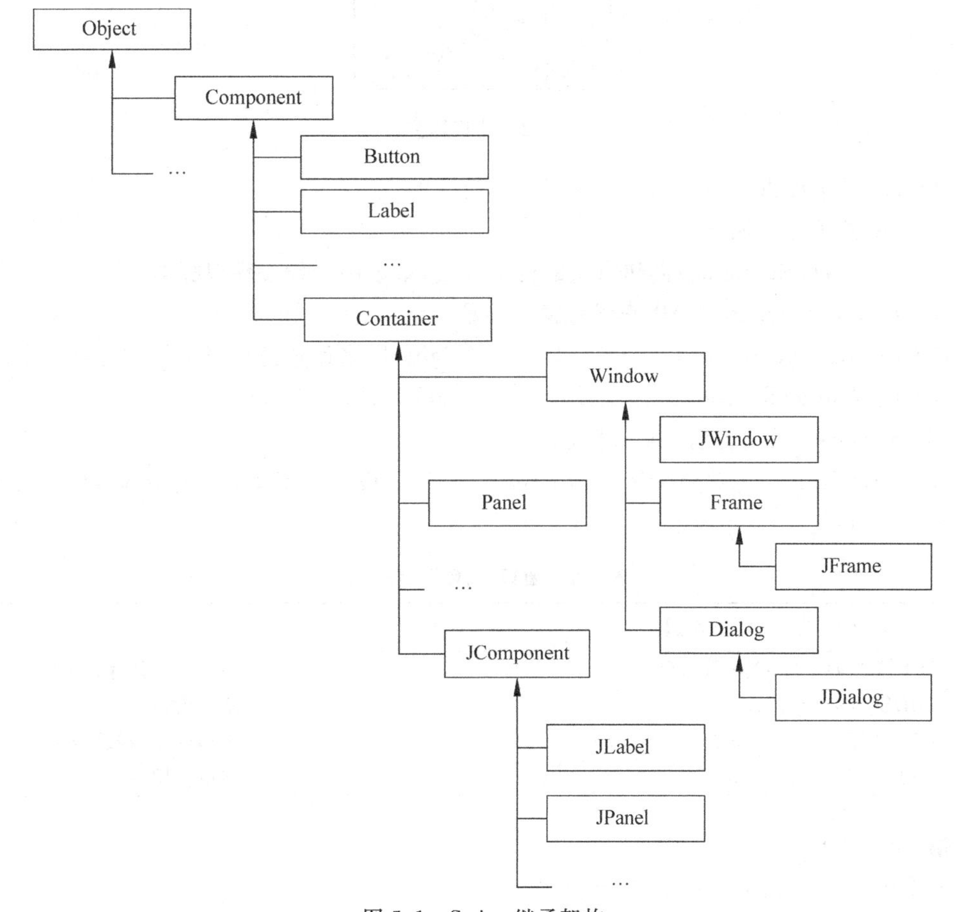

图 5.1 Swing 继承架构

Swing 继承于 AWT,图 5.1 中所有"J"开头的组件为 Swing 中的组件,以区别于 AWT 组件。在 Swing 的继承架构中,除 4 个顶层窗口组件:JFrame、JDialog、JWindow 和 JApplet 直接继承于 AWT 中的相应组件,Swing 中的其余组件都继承于 JComponent。4 个顶层窗口组件通常也称为底层容器,支持与操作系统的交互;其余组件在设计过程中要添加到某种底层容器的实例中,按某种布局方式进行排列,然后绑定事件监视器进行事件处理,完成和用户交互。Swing 的内容非常丰富。本章主要讲述与计算器设计相关的内容。

5.2 窗口

在 Swing 应用程序开发中,通常使用 JFrame 类创建的实例作为底层容器,这样的容器可以采用 JFrame 类直接创建,也可以采用继承于 JFrame 的子类创建。采用 JFrame 创建的计算器窗口如图 5.2 所示。窗口可以设置标题,另外窗口自带"最小化"、"最大化"和"关闭"按钮。JFrame 默认布局为 BorderLayout。

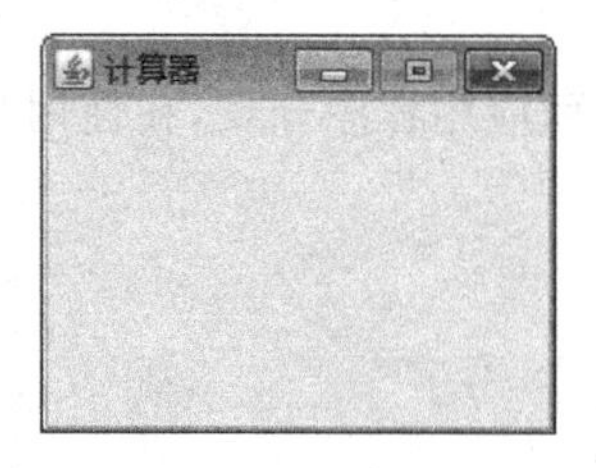

图 5.2 计算器窗口

JFrame 类中提供了一系列方法完成窗口属性的设置。

JFrame 常用方法如下。

(1) JFrame([String s])创建窗口的构造方法,参数用于设置窗口标题。

(2) setTitle(Stringtitle)用来设置窗口标题。

(3) setBounds(int x,int y,int width,int height)用来设置窗口显示的位置和大小。

(4) setVisible(boolean b)用来设置窗口是否可见,默认不可见。

(5) dispose()撤销当前窗口,释放资源。

(6) setDefaultCloseOperation(int operation)用来设置关闭按钮动作,operation 可选参数如表 5.1 所示。

表 5.1 窗口"关闭"按钮常量

JFrame 类中 static 常量	值	动　作
DO_NOTHING_ON_CLOSE	0	不执行任何操作
HIDE_ON_CLOSE	1	隐藏窗口
DISPOSE_ON_CLOSE	2	撤销窗口,释放资源
EXIT_ON_CLOSE	3	结束应用程序

例 5-1 窗口。

源文件为 Sample5_1.java,代码如下。

```
import javax.swing.*;
import java.awt.*;
public class Sample5_1
{
    private JFrame f;
    public Sample5_1()
    {
        init();
    }
    private void init()
    {
        f = new JFrame("计算器");        //使用 JFrame 创建窗口,标题为"计算器"
        f.setSize(200,150);              //设置窗口大小
        f.setResizable(false);           //设置窗口不可以调整大小
        f.setVisible(true);              //设置窗口可见
    }
    public static void main(String[] args)
    {
        Sample5_1 t = new Sample5_1();
    }
}
```

程序运行结果如图 5.2 所示。

5.3 菜单

在 Swing 中使用 JMenubar,JMenu 和 JMenuItem 创建菜单。菜单制作基本步骤如下。

(1) 使用 JMenubar 创建菜单条。

(2) 使用 JMenu 创建菜单。

(3) 使用 JMenuItem 创建菜单项。

(4) 将菜单项添加到菜单中,再将菜单添加到菜单条中,最后将菜单条添加到窗口中。

(5) 为菜单项添加事件监听器。

(6) 编写事件处理代码。

注意: 菜单条、菜单及菜单项的创建及添加操作没有先后顺序要求。

例 5-2 菜单。

源文件为 Sample5_2.java,代码如下。

```
import javax.swing.*;
import java.awt.*;
import java.awt.event.*;
public class Sample5_2
{
    private JFrame f;
    public Sample5_2()
    {
        init();
    }
```

```
    private void init()
    {
        f = new JFrame("计算器");
        f.setSize(200,150);
        f.setResizable(false);
        JMenuBar menubar = new JMenuBar();                    //创建菜单条
        f.setJMenuBar(menubar);                               //将菜单条添加到窗口中
        JMenu menu1 = new JMenu("系统(V)");                   //创建菜单,并显示热键字符信息
        menu1.setMnemonic('V');                               //设置菜单热键(Alt + V)
        JMenu menu2 = new JMenu("编辑(E)");
        menu2.setMnemonic('E');
        JMenu menu3 = new JMenu("帮助(H)");
        menu3.setMnemonic('H');
        menubar.add(menu1);                                   //将菜单添加到菜单条中
        menubar.add(menu2);
        menubar.add(menu3);

JMenuItem item1_2 = new JMenuItem("退出");                    //创建菜单项
item1_2.setAccelerator(KeyStroke.getKeyStroke(KeyEvent.VK_Q,ActionEvent.CTRL_MASK));
                                                              //设置菜单项热键(Ctrl + Q)
JMenuItem item2_1 = new JMenuItem("复制",new ImageIcon("FIRST.GIF"));
//创建带图标的菜单项
item2_1.setAccelerator(KeyStroke.getKeyStroke(KeyEvent.VK_C,ActionEvent.CTRL_MASK));
JMenuItem item2_2 = new JMenuItem("粘贴",new ImageIcon("LAST.GIF"));
item2_2.setAccelerator(KeyStroke.getKeyStroke(KeyEvent.VK_V,ActionEvent.CTRL_MASK));
JMenuItem item2_3 = new JMenuItem("编辑备忘录");
item2_3.setAccelerator(KeyStroke.getKeyStroke(KeyEvent.VK_E,ActionEvent.CTRL_MASK));
JMenuItem item3_1 = new JMenuItem("关于计算器");

        JMenu subMenu = new JMenu("备忘录");                   //创建子菜单
        JMenuItem subItem1 = new JMenuItem("浏览");            //创建子菜单项
        JMenuItem subItem2 = new JMenuItem("复制");
        JMenuItem subItem3 = new JMenuItem("删除");
        JMenuItem subItem4 = new JMenuItem("创建");
        subMenu.add(subItem1);                                //将子菜单项添加到子菜单中
        subMenu.add(subItem2);
        subMenu.add(subItem3);
        subMenu.add(subItem4);

        menu1.add(subMenu);                                   //将子菜单添加到主菜单中
        menu1.addSeparator();                                 //添加菜单分隔条
        menu1.add(item1_2);                                   //在主菜单中添加菜单项
        menu2.add(item2_1);
        menu2.add(item2_2);
        menu2.addSeparator();
        menu2.add(item2_3);
        menu3.add(item3_1);
        f.setVisible(true);
    }
    public static void main(String[] args)
    {
```

```
            Sample5_2 t = new Sample5_2();
        }
}
```

运行结果如图 5.3 所示。

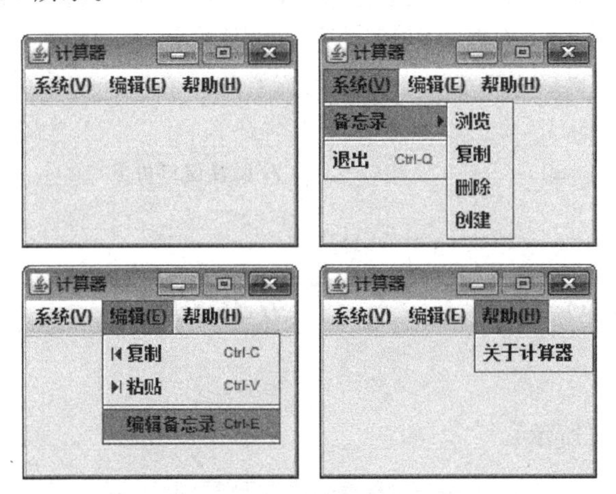

图 5.3 例 5-2 运行结果

例 5-3 弹出式菜单。

使用 JPopupMenu 创建弹出式菜单,基本步骤如下。

(1) 创建弹出式菜单。

(2) 创建菜单项,将菜单项添加到弹出式菜单中。

(3) 为显示弹出式菜单的组件添加事件监听器,并处理显示弹出式菜单事件。

//以下代码为读者展示如何创建一个弹出式菜单

源文件为 Sample5_3.java,代码如下。

```
import javax.swing.*;
import java.awt.event.*;
public class Sample5_3  extends JFrame
{
    JPopupMenu popup;
    public Sample5_3()
    {
        super("弹出式菜单测试窗口");           //调用 JFrame 构造方法创建窗口并设置窗口标题
        setSize(300, 200);
        setDefaultCloseOperation(JFrame.EXIT_ON_CLOSE);
        //设置窗口关闭动作,关闭窗口退出程序
        popup = new JPopupMenu();              //创建弹出式菜单
        JMenuItem add = new JMenuItem("添加"); //创建菜单项
        JMenuItem del = new JMenuItem("删除");
        JMenuItem exit = new JMenuItem("退出");
        popup.add(add);                        //将菜单项添加到弹出式菜单中
        popup.add(del);
        popup.add(exit);
        addMouseListener(new MouseAdapter()    //为窗口添加鼠标事件监听器
```

```
        {
            public void mouseReleased(MouseEvent event)
            {
              if(event.isPopupTrigger())          //判断是否为弹出菜单事件
                  popup.show(event.getComponent(),event.getX(),event.getY());
                  //在鼠标右键单击的位置显示弹出式菜单
            }
        }
     );
       setVisible(true);                          //设置窗口可见
    }
    public static void main(String args[])
    {
        new Sample5_3();                          //创建窗口
    }
}
```

运行结果如图 5.4 所示。

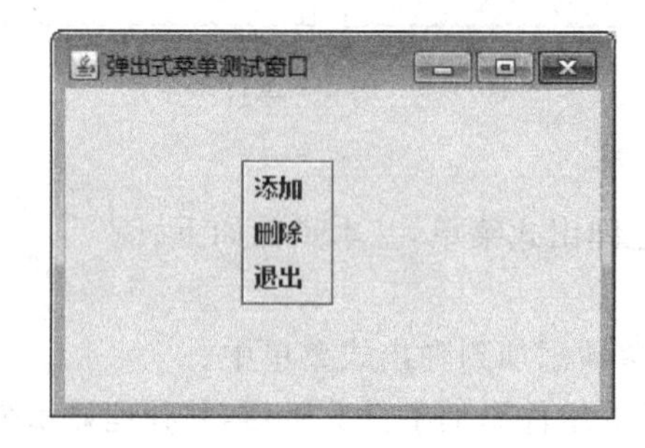

图 5.4　例 5-3 运行结果

5.4 组件及面板

除 4 个顶层窗口组件外，Swing 中的其余组件全部直接或间接继承于 JComponent。Swing 中的组件很丰富，这里只介绍其中几个常用的组件。

1. 标签

使用 JLabel 创建标签组件，标签可用来显示文本信息，也可用于显示图像信息。

2. 按钮

使用 JButton 创建按钮组件，按钮有按下和释放两种状态，通过接收用户操作捕获按钮状态，从而与用户进行交互。按钮上可以显示文本，也可以显示图片，并且在不同状态下可以显示不同信息。

3. 文本框

使用 JTextField 创建文本框。文本框可用于输入或显示单行文本。

4. 文本区

使用 JTextArea 创建文本区。文本区中允许输入或显示多行文本，文本区本身没有滚动条，通常将文本区放入滚动面板，借助滚动面板的滚动条显示文本区内容。

5. 单选按钮

使用 JRadioButton 创建单选按钮。单选按钮可以单独使用，有选中和未选中两种状态可供选择。通常情况下单选按钮成组使用，也就是与 BottonGroup 类联合，构成按钮组。按钮组中的单选按钮一个时刻只能有一个按钮处于被选中状态。

6. 复选框

使用 JCheckBox 创建复选框，复选框有选定和未选定两种状态，可同时选定多个复选框。

7. 选择框

使用 JComboBox 创建选择框，选择框允许用户从其列表中选择所需值，也允许用户在选择框中输入值。选择框列表中的值可以在创建时设置，也可以在创建选择框后，调用选择框方法 addItem()或者 insertItem()等，管理选择框列表中的值。

8. 列表框

使用 JList 创建列表框。列表框也是通过列表的方式供用户选择，但外观样式与选择框略有不同，并且列表框可以多选，而选择框只能单选。

9. 密码框

使用 JPasswordField 创建密码框。用来输入密码信息，以回显字符显示用户输入的密码。回显示符默认为“*”，可以调用密码框的 setEchoChar(char c)方法修改回显字符。

10. 面板

由于 JComponent 继承于 AWT 的 Container，因此 JComponent 的子类实例都可用于容器。但常用的用来承载其他组件的容器有 JPanel 和 JScrollPane 两种。通过将组件添加到面板中(面板中也可以添加其他面板)，能够实现对组件的分层管理，使组件布局更合理，界面更美观。

1) JPanel 面板

JPanel 可以创建一个普通面板，可以向面板添加组件，然后再将面板添加到顶层窗口中，JPanel 面板的默认布局是 FlowLayout。

2) JScrollPane 面板

JScrollPane 可以创建一个带有滚动条的滚动面板，主要为一些不带滚动条的组件添加滚动条，并可通过滚动条使用组件，如 JTextArea、JList。JScrollPane 的默认布局为 ScrollPaneLayout，该布局将组件填满整个滚动面板。

前面简单介绍了几种Swing中的常用组件，这些组件都提供了若干属性及方法，常用的属性和方法的使用见例5-4，其余请读者查阅Java API。

例5-4 使用Java组件及面板。

源文件为Sample5_4.java，代码如下。

```
import java.awt.*;
import javax.swing.*;
public class Sample5_4 extends JFrame
{
    public Sample5_4()
    {
        setTitle("常用组件");                              //设置窗体的标题
        setBounds(100, 100,1000, 1000);                    //设置窗体的显示位置及大小
        setLayout(null);                                   //设置窗体不采用任何布局管理器
        setDefaultCloseOperation(JFrame.EXIT_ON_CLOSE);
        //设置窗体"关闭"按钮的动作为退出

        JButton button1 = new JButton();                   //创建按钮对象
        button1.setBounds(280,145, 70, 23);                //设置按钮的显示位置及大小
        button1.setText("确定");                            //设置按钮显示信息为"确定"
        add(button1);                                      //将按钮添加到窗体中
        JButton button2 = new JButton();
        button2.setBounds(280,175, 70, 23);
        button2.setText("取消");
        add(button2);

        JLabel label1 = new JLabel();                      //创建标签对象
        label1.setText("性别：");                           //设置标签文本
        label1.setBounds(10, 36, 46, 15);                  //设置标签的显示位置及大小
        add(label1);                                       //将标签添加到窗体中
        ButtonGroup buttonGroup = new ButtonGroup();       //创建按钮组对象
        JRadioButton manRadioButton = new JRadioButton();//创建单选按钮对象
        buttonGroup.add(manRadioButton);                   //将单选按钮添加到按钮组中
        manRadioButton.setSelected(true);                  //设置单选按钮默认为被选中
        manRadioButton.setText("男");                       //设置单选按钮的文本
        manRadioButton.setBounds(62, 36, 46, 23);          //设置单选按钮的显示位置及大小
        add(manRadioButton);                               //将单选按钮添加到窗体中
        JRadioButton womanRadioButton = new JRadioButton();
        buttonGroup.add(womanRadioButton);
        womanRadioButton.setText("女");
        womanRadioButton.setBounds(114, 36, 46, 23);
        add(womanRadioButton);

        JLabel label2 = new JLabel();                      //创建标签对象
        label2.setText("爱好：");                           //设置标签文本
        label2.setBounds(10, 70, 46, 15);                  //设置标签的显示位置及大小
        add(label2);                                       //将标签添加到窗体中
        JCheckBox readingCheckBox = new JCheckBox();       //创建复选框对象
        readingCheckBox.setText("读书");                    //设置复选框的显示文本
        readingCheckBox.setBounds(62, 67, 55, 23);         //设置复选框的显示位置及大小
```

```
add(readingCheckBox);                              //将复选框添加到窗体中
JCheckBox musicCheckBox = new JCheckBox();
musicCheckBox.setText("听音乐");
musicCheckBox.setBounds(123, 67, 68, 23);
add(musicCheckBox);
JCheckBox pingpongCheckBox = new JCheckBox();
pingpongCheckBox.setText("乒乓球");
pingpongCheckBox.setBounds(197, 67, 75, 23);
add(pingpongCheckBox);

JLabel label3 = new JLabel();                      //创建标签对象
label3.setText("学历：");                           //设置标签文本
label3.setBounds(10, 110, 46, 15);                 //设置标签的显示位置及大小
add(label3);                                       //将标签添加到窗体中
String[] schoolAges = { "本科", "硕士", "博士" };//创建选项数组
JComboBox<String> comboBox = new JComboBox<String>(schoolAges);
                                                   //创建选择框对象
comboBox.setEditable(true);                        //设置选择框为可编辑
comboBox.setMaximumRowCount(3);                    //设置选择框弹出时显示选项的行数
comboBox.addItem("大专");                           //添加一个选项
comboBox.setSelectedItem("本科");                   //设置该选项默认被选中
comboBox.setBounds(62, 110, 104, 21);              //设置选择框的显示位置及大小
add(comboBox);                                     //将选择框添加到窗体中

JLabel label4 = new JLabel();                      //创建标签对象
label4.setText("姓名：");                           //设置标签文本
label4.setBounds(10, 10, 46, 15);                  //设置标签的显示位置及大小
add(label4);                                       //将标签添加到窗体中
JTextField textField = new JTextField();           //创建文本框对象
textField.setHorizontalAlignment(JTextField.CENTER);
//设置文本框内容为水平对齐
textField.setFont(new Font("", Font.BOLD, 12));    //设置文本框内容的字体样式
textField.setBounds(62, 7, 100, 21);               //设置文本框的显示位置及大小
add(textField);                                    //将文本框添加到窗体中

JLabel label5 = new JLabel();                      //创建标签对象
label5.setText("密码：");                           //设置标签文本
label5.setBounds(180, 10, 46, 15);                 //设置标签的显示位置及大小
add(label5);                                       //将标签添加到窗体中
JPasswordField passwordField = new JPasswordField(); //创建密码框对象
passwordField.setEchoChar('¥');                    //设置回显字符为'¥'
passwordField.setBounds(230, 7, 120, 21);          //设置密码框的显示位置及大小
add(passwordField);                                //将密码框添加到窗体中

JLabel label6 = new JLabel();
label6.setText("备注：");
label6.setBounds(10, 150, 46, 15);
add(label6);
JTextArea textArea = new JTextArea();              //创建文本域对象
textArea.setColumns(15);                           //设置文本域显示文字的列数
textArea.setRows(3);                               //设置文本域显示文字的行数
```

```
        textArea.setLineWrap(true);                       //设置文本域自动换行
        JScrollPane scrollPane = new JScrollPane();       //创建滚动面板对象
        scrollPane.setViewportView(textArea);             //将文本域添加到滚动面板中
        Dimension dime = textArea.getPreferredSize(); //获得文本域的首选大小
        scrollPane.setBounds(62,145,dime.width,dime.height);
                                                          //设置滚动面板位置及大小
        add(scrollPane);                                  //将滚动面板添加到窗体中

        setVisible(true);                                 //设置窗体可见,默认为不可见
    }
    public static void main(String args[])
    {
        Sample5_4 frame = new Sample5_4();
    }
}
```

运行结果如图 5.5 所示。

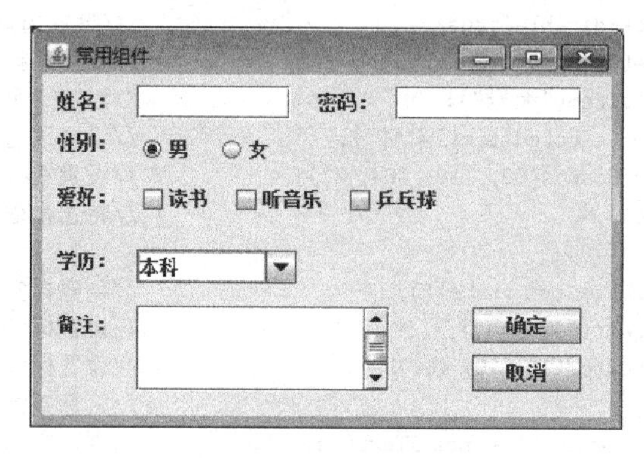

图 5.5 例 5-4 运行结果

5.5 布局

布局是指组件在容器中的排列方式。Java 中采用 AWT 包中的布局类实例,管理容器中组件的布局设计,常用布局如下。

1. FlowLayout 布局

使用 FlowLayout 创建的对象通常称为流布局对象,它的默认布局方式为由上到下、由左到右、居中排列组件。组件之间水平和垂直间隔为 5 个像素,组件的大小为默认的最佳大小。此布局下如果改变组件大小,需调用组件的 setPreferredSize(Dimension preferredSize)方法。

容器使用布局对象管理组件布局的基本步骤是:创建容器对象,创建布局对象,调用容器的 setLayout(布局对象)方法设置容器所使用的布局,将组件添加到容器中,添加时需按指定的布局方式添加。

例 5-5 使用 FlowLayout 布局。

源文件为 Sample5_5.java,代码如下。

```
import javax.swing.*;
import java.awt.*;
public class Sample5_5
{
     private JFrame f;
     private JButton[] btn = new JButton[5];
     private JTextField displayText;
     public  Sample5_5()
    {
         init();
     }
     private void init()
    {
         f = new JFrame("计算器");
         f.setLayout(new FlowLayout());
         f.setSize(300,200);
         f.setResizable(false);
         f.setDefaultCloseOperation(JFrame.EXIT_ON_CLOSE);
         Font font2 = new Font("宋体",Font.BOLD,20);
         displayText = new JTextField();
         displayText.setHorizontalAlignment(JTextField.RIGHT);
         displayText.setFont(font2);
         displayText.setText("文本框用于显示计算结果!");
         displayText.setEditable(false);
         f.add(displayText);
         String buttonLabel[] = {"1","2","3","Clear","="};
         for(int i = 0;i<5;i++)
        {
             btn[i] = new JButton(buttonLabel[i]);
             btn[i].setFont(font2);
             btn[i].setForeground(Color.blue);
         }
         btn[4].setPreferredSize(new Dimension(60,75));
         for(int i = 0;i<5;i++)
         {
              f.add(btn[i]);
          }
         f.setVisible(true);
     }
     public static void main(String[] args)
    {
         Sample5_5 t = new  Sample5_5();
    }
}
```

运行结果如图 5.6 所示。

2. BorderLayout 布局

使用 BorderLayout 创建的对象也称为边界布局对象，它的默认布局方式是把整个容器分为 5 个区域，分别为：东、西、南、北、中。这 5 个区域采用 BorderLayout 类的 5 个静态常

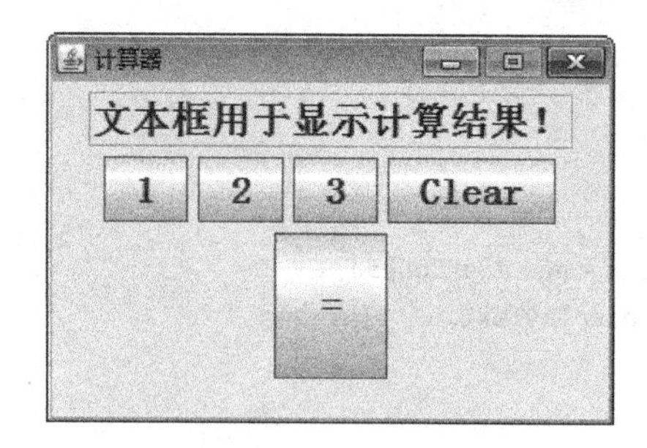

图 5.6　例 5-5 运行结果

量表示,分别为: EAST、WEST、SOUTH、NORTH、CEHTER。这 5 个区域中间的那个区域最大,且每个区域只能放一个组件。该组件占满相应整个区域。边界布局的组件默认水平和垂直间隔为 0 像素,可以使用 BorderLayout 类的 setHgap(int h)和 setVagp(int v)修改,将组件添加到采用 BorderLayout 布局的容器时必须指明添加的区域。

例 5-6　使用 BorderLayout 布局。

源文件为 Sample5_6.java,代码如下。

```
import javax.swing.*;
import java.awt.*;
public class Sample5_6
{
    private JFrame f;
    private JButton[] btn = new JButton[5];
    public  Sample5_6()
   {
        init();
    }
    private void init()
   {
        BorderLayout layout = new BorderLayout();
        layout.setHgap(10);
        layout.setVgap(10);
        f = new JFrame("计算器");
        f.setLayout(layout);
        f.setSize(300,300);
        f.setResizable(false);
        f.setDefaultCloseOperation(JFrame.EXIT_ON_CLOSE);
        Font font2 = new Font("宋体",Font.BOLD,20);
        String buttonLabel[] = {"1","2","3","4","5"};
        for(int i = 0;i < 5;i++)
        {
            btn[i] = new JButton(buttonLabel[i]);
            btn[i].setFont(font2);
            btn[i].setForeground(Color.blue);
        }
        f.add(btn[0],BorderLayout.EAST);
        f.add(btn[1],BorderLayout.SOUTH);
        f.add(btn[2],BorderLayout.WEST);
```

```
        f.add(btn[3],BorderLayout.NORTH);
        f.add(btn[4],BorderLayout.CENTER);
        f.setVisible(true);
    }
    public static void main(String[ ] args)
    {
        Sample5_6 t = new  Sample5_6();
    }
}
```

运行结果如图 5.7 所示。

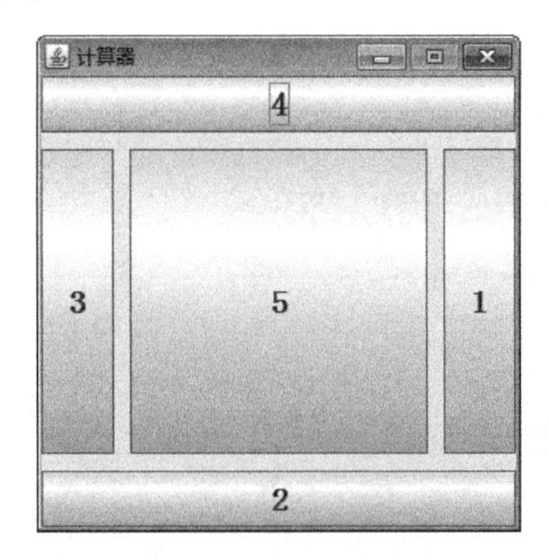

图 5.7 例 5-6 运行结果

3. GridLayout 布局

使用 GridLayout 创建的对象也称为网格布局对象,它的默认布局方式是将容器平均分成若干行和列,从而构成若干大小均等的网格。每个网格可以添加一个组件,添加组件时默认由上向下、由左向右添加到每个网格中,并占满整个网格区域。网格布局中组件之间默认水平和垂直间隔为 0 像素,修改方法同 BorderLayout。

例 5-7 使用 GridLayout 布局。

源文件为 Sample5_7.java,代码如下。

```
import javax.swing.*;
import java.awt.*;
public class Sample5_7
{
    private JFrame f;
    private JButton[ ] btn = new JButton[8];
    public Sample5_7()
    {
        init();
    }
    private void init()
    {
        f = new JFrame("计算器");
```

```
        f.setLayout(new GridLayout(2,4,5,5));
        f.setSize(300,200);
        f.setResizable(false);
        f.setDefaultCloseOperation(JFrame.EXIT_ON_CLOSE);
        Font font2 = new Font("宋体",Font.BOLD,20);
        String buttonLabel[] = {"1","2","3","4","5","6","7","8"};
        for(int i = 0;i<8;i++)
       {
            btn[i] = new JButton(buttonLabel[i]);
            btn[i].setFont(font2);
            btn[i].setForeground(Color.blue);
            f.add(btn[i]);
        }
        f.setVisible(true);
    }
    public static void main(String[] args)
    {
        Sample5_7  t = new Sample5_7();
    }
}
```

运行结果如图 5.8 所示。

图 5.8 例 5-7 运行结果

4. CardLayout 布局

使用 CardLayout 创建的对象也称为卡片布局对象，卡片布局默认的布局方式是将多个组件层叠地放在容器中，最先加入容器的组件放在最上面，以后添加的依次向下排列；一个时刻容器只显示这些层叠组件中的一个，并且该组件占满容器空间。添加在卡片布局容器中的组件不仅有先后顺序，而且每个组件还有一个特有的字符串标识符，可以依据组件的序号调用组件，也可以依据标识符调用组件。

例 5-8 使用 CardLayout 布局。

源文件为 Sample5_8.java，代码如下。

```
import javax.swing.*;
import java.awt.*;
import java.awt.event.*;
public class Sample5_8  implements ActionListener
{
```

```
Panel pDisplay,pButton;
Button bPrevious,bNext;
Panel cardPanel[] = new Panel[3];
Label cardLabel[] = new Label[3];
CardLayout card = new CardLayout();
private JFrame f;
 public Sample5_8()
{
    init();
}
 private void init()
{
    Font font1 = new Font("宋体",Font.BOLD,50);
    Font font2 = new Font("宋体",Font.BOLD,20);
    f = new JFrame("卡片布局");
    f.setSize(300,200);
    f.setResizable(false);
    f.setDefaultCloseOperation(JFrame.EXIT_ON_CLOSE);
    pDisplay = new Panel();
    pButton = new Panel();
    pDisplay.setLayout(card);
    f.setLayout(new BorderLayout());
    f.add(pDisplay,BorderLayout.CENTER);
    f.add(pButton,BorderLayout.SOUTH);
    bPrevious = new Button("previous");
    bNext = new Button("next");
    bPrevious.setFont(font2);
    bNext.setFont(font2);
    pButton.add(bPrevious);
    pButton.add(bNext);
    String str1[] = {"第一页卡片","第二页卡片","第三页卡片"};
    String str2[] = {"first","second","third"};
    for(int i = 0;i<3;i++)
    {
      cardPanel[i] = new Panel();
      cardLabel[i] = new Label(str1[i]);
      cardLabel[i].setFont(font1);
      cardPanel[i].add(cardLabel[i]);
      pDisplay.add(str2[i],cardPanel[i]);
    }
    bPrevious.addActionListener(this);
    bNext.addActionListener(this);
    f.setVisible(true);
  }
  public void actionPerformed(ActionEvent e)
  {
    Button b = (Button)e.getSource();
    if(b.equals(bPrevious))
    {
      card.previous(pDisplay);
    }
```

```
            else
               if(b.equals(bNext))
               {
                  card.next(pDisplay);
               }
      }
      public static void main(String[] args)
     {
         Sample5_8   t = new Sample5_8();
      }
  }
```

运行结果如图 5.9 所示。

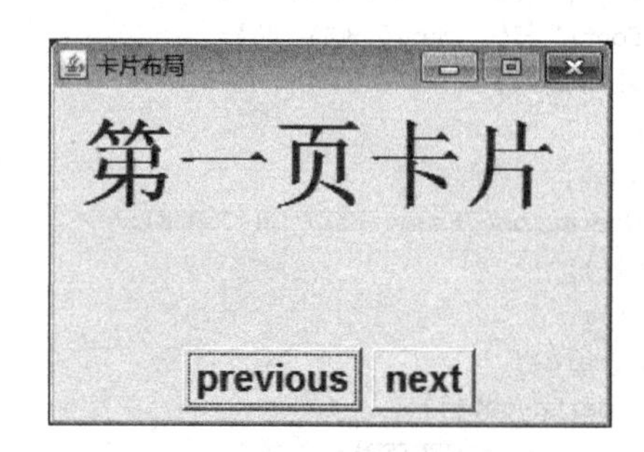

图 5.9 例 5-8 运行结果

5.6 事件处理

图形用户界面是人机交互的接口，用户针对图形界面的任何操作都会产生事件。例如，在文本框中输入文本、单击按钮、改变窗口大小等，不同操作会产生不同事件。Java 通过事件处理机制完成应用程序响应用户的不同操作。本节主要介绍 Java 事件处理机制及常用事件处理方法。

1. Java 事件处理概述

学习 Java 事件处理机制必须首先掌握事件源、监听器和事件接口的概念。

1）事件源

发生事件的对象称为事件源。例如，在文本框中输入文本的操作，事件源为文本框；单击按钮操作，事件源为按钮；改变窗口大小，事件源为窗口等。

2）监听器

用于监听事件源发生事件的对象。例如，用户单击按钮操作需要应用程序做出响应，此时可以给按钮添加监听器，以监听事件的发生并捕获事件。

3）事件接口

事件接口中定义了处理事件的空方法，作用是指明事件发生时需要调用哪个方法处理事件以响应用户的操作。

2. 事件处理机制

当事件源发生某种事件时，例如动作事件、鼠标事件、键盘事件、焦点事件等，Java 运行环境自动创建封装了该事件的对象，同时添加到事件源用于侦听事件发生的监听器，就会侦听到事件的发生，并捕获事件对象，然后监听器自动调用专门用于处理该事件的方法，处理侦听到的事件。不同的事件有不同的处理方法，这些方法定义在不同事件处理的接口中，并在事件监听器对象所在类中具体实现。事件处理机制示意图如图 5.10 所示。

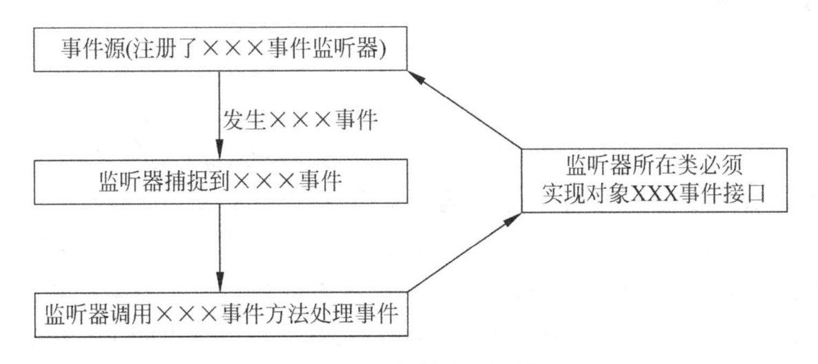

图 5.10　事件处理机制

3. 事件处理过程

1）为事件源添加监听器

用户的不同操作会产生不同事件，并且同一操作可以同时产生多种事件，例如，单击按钮可以产生动作事件(Action Event)，也可产生鼠标事件(Mouse Event)。如果应用程序只需要为用户单击按钮操作做出响应，可以只为事件源(按钮)添加一个监听器即可；如果需要为用户单击按钮操作产生的不同事件分别做出响应，此时需要为事件源添加多个监听器，分别监听并捕获不同的事件。Java 中，事件源调用 add×××Listener(监听器对象)方法为事件源添加事件监听器。

例如，为按钮 button 注册动作事件监听器 actionListener 的代码如下。

```
button.addActionListener(actionListener);
```

为按钮 button 注册鼠标事件监听器 mouseListener 的代码如下。

```
button.addMouseListener(mouseListener);
```

2）实现事件接口

不同的事件调用不同的方法处理。当监听器侦听到事件发生时就自动调用对应的方法处理事件。这些方法必须在监听器对象所在类中具体实现。例如，用于侦听动作事件的监听器 actionListener，当侦听到 button 上的动作事件时就会自动调用 actionPerformed()方法，该方法在动作事件接口 ActionListener 中声明，在 actionListener 对象所在类中实现。代码如下。

```
A actionListener = new A();
class A implements ActionListener
```

```
{
…
public void actionPerformed(ActionEvent e)
{
…
}
}
```

4. 常用事件处理

1) 动作事件

(1) 动作事件概述

当动作事件发生时,Java 运行环境将创建一个 ActionEvent 类的对象,用于封装刚刚发生的动作事件。ActionEvent 类中有以下两个常用方法。

public object getsource():获取事件源对象。

public string getActionCommand():获取与该事件相关的命令字符串。

与动作事件相关的事件接口为 ActionListener,该接口中仅声明了一个方法:

```
public void actionPerformed(ActionEvent e)
```

当动作事件发生时,监听器自动调用 actionPerformed()方法,并将 Java 运行环境创建的事件对象作为参数传递到该方法中。

(2) 动作事件举例

Java 中许多组件可以产生动作事件,如按钮、文本框、菜单项等。

在计算器程序中的菜单项以及按钮都是通过添加动作事件监听器,然后捕获和处理动作事件,完成计算器的计算和管理功能,下面举例说明动作事件的处理过程。

例 5-9 动作事件。

源文件为 Sample5_9.java,代码如下。

```
import javax.swing.*;
import java.awt.*;
import java.awt.event.*;
public class Sample5_9
{
    private JFrame f;
    private JButton button;
    private JTextField textField;
    private JTextArea textArea;
    public Sample5_9()
    {
        init();
    }
    private void init()
    {
        f = new JFrame("动作事件举例");
        f.setSize(300,200);
        f.setResizable(false);
```

```
        f.addWindowListener(new WindowAdapter()
        {
            public void windowClosing(WindowEvent evt)
            {
                System.exit(0);
            }
        });

        JMenuBar menubar = new JMenuBar();
        f.setJMenuBar(menubar);
        JMenu menu = new JMenu("系统(V)");
        menubar.add(menu);
        JMenuItem item1 = new JMenuItem("菜单");
        item1.setAccelerator(KeyStroke.getKeyStroke(KeyEvent.VK_M,ActionEvent.CTRL_MASK));
        menu.add(item1);
        item1.addActionListener(new ActionListener()
        {
            public void actionPerformed(ActionEvent Event)
            {
             textArea.append("单击菜单项\n");
          }
       });
       JMenuItem item2 = new JMenuItem("退出");
       item2.setAccelerator(KeyStroke.getKeyStroke(KeyEvent.VK_Q,ActionEvent.CTRL_MASK));
       menu.add(item2);
       item2.addActionListener(new ActionListener()
       {
            public void actionPerformed(ActionEvent Event)
         {
           int i = JOptionPane.showConfirmDialog(null,"是否真的需要退出系统","退出确认对
话框",JOptionPane.YES_NO_CANCEL_OPTION);
               if(i == 0)
           {
                System.exit(0);
           }
         }
       });

       textField = new JTextField();
       textArea = new JTextArea();
       button = new JButton("按钮");
       f.add(button,BorderLayout.SOUTH);
       f.add(textArea,BorderLayout.CENTER);
       f.add(textField,BorderLayout.NORTH);
       CommandListener ol = new CommandListener();
       textField.addActionListener(ol);
       button.addActionListener(ol);
       f.setVisible(true);
    }
    public static void main(String[] args)
    {
```

```
            Sample5_9 t = new Sample5_9();
        }

        class CommandListener implements ActionListener
        {
            public void actionPerformed(ActionEvent e)
            {
                String name = e.getActionCommand();
                if(name.equals("按钮"))
                {
                    textArea.append("单击按钮\n");
                }
                else
                {
                    textArea.append(textField.getText() + "\n");
                }

            }
        }

    }
```

运行结果如图 5.11 所示。

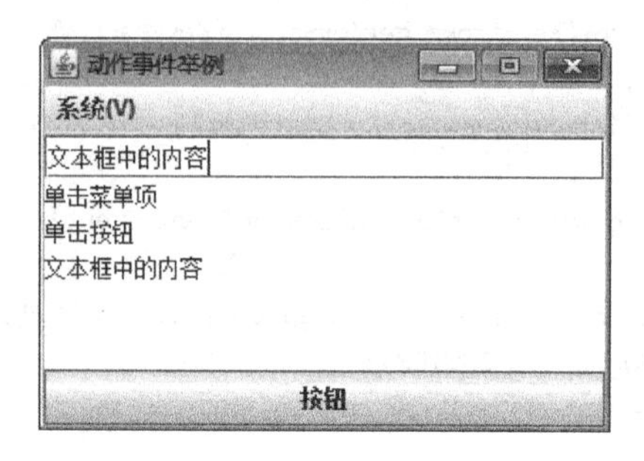

图 5.11　例 5-9 运行结果

说明：在文本框中输入结束并按下回车键时，会触发文本框的动作事件，监听器捕获该事件将在文本区中显示文本框中的内容；单击按钮时会触发按钮的动作事件。监听器捕获该事件，在文本区中显示“单击按钮”；单击菜单项会触发菜单的动作事件，监听器捕获该事件在文本区中显示“单击菜单项”。

2）鼠标事件

(1) 鼠标事件概述

用于封装鼠标事件的类为 MouseEvent。该类常用方法如下。

. getX()：获取鼠标在事件源上的横坐标。

. getY()：获取鼠标在事件源上的纵坐标。

. getSource()：获取事件源对象。

. getClickcount()：获取鼠标单击的次数。

. getModifiers()：获取鼠标左键或右键。

与鼠标事件相关的接口包括 MouseListener 和 MouseMotionListener，MouseListener

接口中声明了 5 个方法,分别用于处理鼠标的 5 种操作。

. mousePressed(MouseEvent e):用于处理鼠标键按下事件。

. mouseReleased(MouseEvent e):用于处理鼠标键释放事件。

. mouseEntered(MouseEvent e):用于处理鼠标移入事件源对象事件。

. mouseExited(MouseEvent e):用于处理鼠标移出事件源对象事件。

. mouseClicked(MouseEvent e):用于处理单击鼠标键事件。

MouseMotionListener 接口中声明了两个方法,分别用于处理鼠标在事件源上的移动和拖动事件。

. mouseDragged(MouseEvent e):用于处理鼠标在事件源对象上拖动事件。

. mouseMoved(MouseEvent e):用于处理鼠标在事件源对象上移动事件。

(2) 鼠标事件举例

Java 中所有组件都可以触发事件,下面通过实例演示鼠标事件的处理。

例 5-10 鼠标事件。

源文件为 Sample5_10.java,代码如下。

```
import javax.swing.*;
import java.awt.*;
import java.awt.event.*;
public class Sample5_10
{
    private JFrame f;
    private JTextArea textArea;
    private JScrollPane p;
    public Sample5_10()
    {
        init();
    }
    private void init()
    {
        f = new JFrame("鼠标事件举例");
        f.setSize(300,200);
        f.setResizable(false);
        f.addWindowListener(new WindowAdapter()
        {
            public void windowClosing(WindowEvent evt)
            {
                System.exit(0);
            }
        });
        MListener ml = new MListener();
        textArea =  new JTextArea();
        textArea.setLineWrap(true);
        textArea.addMouseListener(ml);
        p = new JScrollPane();
        p.setViewportView(textArea);
        f.add(p,BorderLayout.CENTER);
        f.setVisible(true);
```

```
}
    public static void main(String[ ] args)
   {
        Sample5_10 t = new Sample5_10();
  }

    class MListener implements MouseListener
   {
        public void mouseEntered(MouseEvent e) {
            textArea.append("光标移入组件\n");
        }
        public void mousePressed(MouseEvent e) {
            textArea.append("鼠标按键被按下");
            int i = e.getButton();                //通过该值可以判断按下的是哪个键
            if (i == MouseEvent.BUTTON1)
                textArea.append("按下的是鼠标左键\n");
            if (i == MouseEvent.BUTTON2)
                textArea.append("按下的是鼠标滚轮\n");
            if (i == MouseEvent.BUTTON3)
                textArea.append("按下的是鼠标右键\n");
       }

        public void mouseReleased(MouseEvent e) {
            textArea.append("鼠标按键被释放\n");
            int i = e.getButton();                //通过该值可以判断释放的是哪个键
            if (i == MouseEvent.BUTTON1)
                textArea.append("释放的是鼠标左键\n");
            if (i == MouseEvent.BUTTON2)
                textArea.append("释放的是鼠标滚轮\n");
            if (i == MouseEvent.BUTTON3)
                textArea.append("释放的是鼠标右键\n");
        }

         public void mouseClicked(MouseEvent e) {
            textArea.append("单击了鼠标按键\n");
            int i = e.getButton();                //通过该值可以判断单击的是哪个键
            if (i == MouseEvent.BUTTON1)
                textArea.append("单击的是鼠标左键\n");
            if (i == MouseEvent.BUTTON2)
                textArea.append("单击的是鼠标滚轮\n");
            if (i == MouseEvent.BUTTON3)
                textArea.append("单击的是鼠标右键\n");
            int clickCount = e.getClickCount();
                textArea.append("单击次数为" + clickCount + "下\n");
            }

         public void mouseExited(MouseEvent e) {
            textArea.append("光标移出组件\n");
            }
    }
}
```

运行结果如图 5.12 所示。

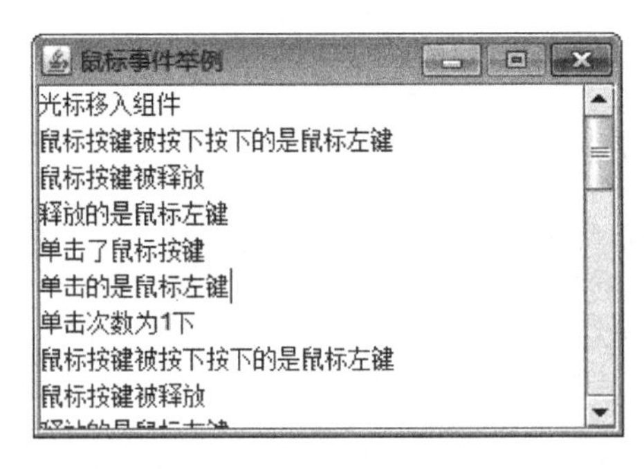

图 5.12　例 5-10 运行结果

说明：当鼠标移入、移出或者在文本区域内单击鼠标，文本区中就会显示相应信息。

3）键盘事件

(1）键盘事件概述

用于封装键盘事件的类为 KeyEvent，该类常用方法如下。

. getsource()：获取事件源。

. getKeychar()：获取按键字符。

. getKeyCode()：获取按键 keyCode 值，即键码值。

. isActionKey()：判断按键是否为"动作"键。

. isControlDown()：判断按键是否为 Ctrl 键。

. isAltDown()：判断按键是否为 Alt 键。

. isShiftDown()：判断按键是否为 Shift 键。

与键盘事件相关的事件接口为 keyListener，该接口中定义了三个方法分别用于处理按下键、释放键以及击键事件。

. keyPressed(keyEvent e)：用于处理按下键盘上某个键时触发的事件。

. keyReleased(keyEvent e)：用于处理释放键盘上某个键时触发的事件。

. keyTyped(keyEvent e)：用于处理键盘上某个键被按下又释放时触发的事件。

(2）键盘事件举例

在图形界面中，当某个组件获得焦点时，按下键盘上的键则会触发键盘事件，下面通过实例演示键盘事件的处理过程。

例 5-11　键盘事件。

源文件为 Sample5_11. java，代码如下。

```
import javax.swing.*;
import java.awt.*;
import java.awt.event.*;
public class Sample5_11
{
      private JFrame f;
      private JScrollPane p;
      private JTextField textField;
      private JTextArea textArea;
```

```
    public Sample5_11()
    {
        init();
    }
    private void init()
    {
        f = new JFrame("键盘事件举例");
        f.setSize(300,200);
        f.setResizable(false);
        f.addWindowListener(new WindowAdapter()
        {
                    public void windowClosing(WindowEvent evt)
                    {
                            System.exit(0);
                    }
        });
        KListener kl = new KListener();
        textField= new JTextField();
        textArea= new JTextArea();
        textArea.setLineWrap(true);
        textField.addKeyListener(kl);
        p = new JScrollPane();
        p.setViewportView(textArea);
        f.add(textArea,BorderLayout.CENTER);
        f.add(textField,BorderLayout.NORTH);
        f.setVisible(true);
    }
    public static void main(String[] args)
    {
        Sample5_11 t = new Sample5_11();
    }
    class KListener implements KeyListener
    {
        public void keyPressed(KeyEvent e) {
            String keyText = KeyEvent.getKeyText(e.getKeyCode());
            textArea.append("按下" + keyText + "\n");
        }
        public void keyTyped(KeyEvent e) {
            textArea.append("输入:" + e.getKeyChar() + "\n");
        }
        public void keyReleased(KeyEvent e) {
            String keyText = KeyEvent.getKeyText(e.getKeyCode());
            textArea.append("释放: " + keyText + "\n");
        }
    }
}
```

运行结果如图5.13所示。

说明：当文本框获得焦点并按下键盘上的键时，将触发键盘事件，然后调用keyListener中的方法处理事件(在文本区中显示按键信息)。

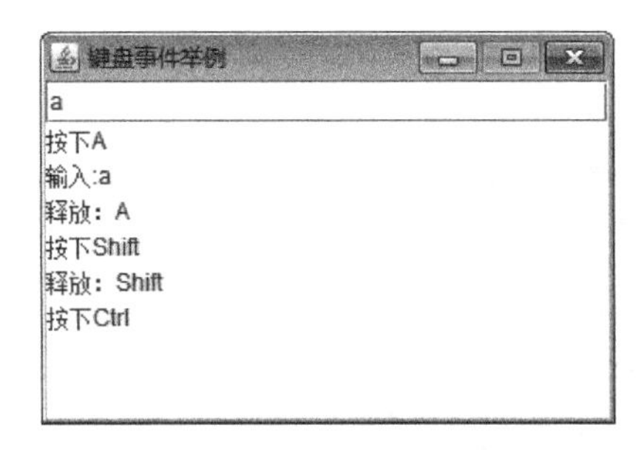

图 5.13　例 5-11 运行结果

4）焦点事件

(1) 焦点事件概述

通过单击图形界面中的组件可以使得该组件获得焦点，同时其他组件失去焦点。组件获得或失去焦点都会触发焦点事件。Java 中所有组件都可以触发焦点事件。用于封装焦点事件的类为 FocusEvent，相关接口为 FocusListener，该接口中声明了两个方法，分别用于处理获得和失去焦点事件。

. focusGained(FocusEvent e)：用于处理获得焦点事件。

. focusLost(FocusEvent e)：用于处理失去焦点事件。

(2) 焦点事件举例

例 5-12　焦点事件。

源文件为 Sample5_12.java，代码如下。

```
import javax.swing.*;
import java.awt.*;
import java.awt.event.*;
public class Sample5_12
{
    private JFrame f;
    private JButton button;
    private JTextField textField;
    private JTextArea textArea;
    private JScrollPane p;
    public Sample5_12()
    {
        init();
    }
    private void init()
    {
        f = new JFrame("焦点事件举例");
        f.setSize(300,200);
        f.setResizable(false);
        f.addWindowListener(new WindowAdapter()
        {
                public void windowClosing(WindowEvent evt)
                {
                        System.exit(0);
```

```
                }
        });
        textField = new JTextField();
        textArea = new JTextArea();
        textArea.setLineWrap(true);
        button = new JButton("按钮");
        p = new JScrollPane();
        p.setViewportView(textArea);
        f.add(button,BorderLayout.SOUTH);
        f.add(p,BorderLayout.CENTER);
        f.add(textField,BorderLayout.NORTH);
        FListenerOne f1 = new  FListenerOne();
        FListenerTwo f2 = new  FListenerTwo();
        textField.addFocusListener(f1);
        button.addFocusListener(f2);
        f.setVisible(true);
    }
    public static void main(String[] args)
    {
        Sample5_12 t = new Sample5_12();
    }

    class FListenerTwo implements FocusListener
    {
            public void focusGained(FocusEvent e){
                    textArea.append("按钮获得焦点\n");
            }
            public void focusLost(FocusEvent e){
                    textArea.append("按钮失去焦点\n");
            }
    }
    class FListenerOne implements FocusListener
    {
            public void focusGained(FocusEvent e){
                  textArea.append("文本框获得焦点\n");
            }
            public void focusLost(FocusEvent e){
                  textArea.append("文本框失去焦点\n");
            }
    }
}
```

运行结果如图 5.14 所示。

说明：文本区中显示了窗口各组件得失焦点的状况。

除上述几个事件类及接口，Java API 中还提供了处理其他事件的事件类及相应接口。例如，ItemEvent 事件类以及 ItemListener 接口，DocumentEvent 事件类及 DocumentListener 接口，TextEvent 事件类以及 TextListener 接口，WindowEvent 事件类以及 WindowListener 接口等。分别用于处理列表框以及复选框等选项事件、文本区文本编辑事件、文本框内容改变事件以及窗口事件等。需要处理哪种事件，就在事件源上添加对应事件的监听器，并在监听器对象所在类中实现相应事件接口即可。

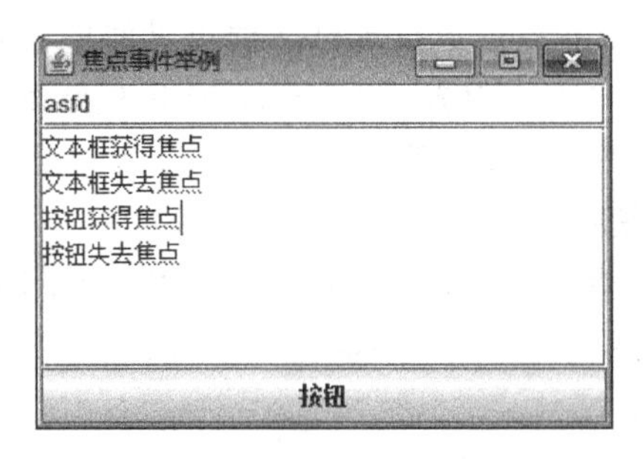

图 5.14 例 5-12 运行结果

5.7 对话框

对话框主要用于程序运行过程中简要的信息交互。例如，利用消息对话框进行重要信息提示或错误信息提示，利用确认对话框确认用户操作，利用文件对话框打开或保存文件等。常用对话框包括消息对话框、输入对话框、确认对话框、文件对话框等。另外，还可以使用 JDialog 类的子类创建自定义对话框。

对话框也是一种底层容器，但与窗口(JFrame 类的实例)略有不同，对话框必须依赖于某个窗口。对话框分为有模式和无模式两种，有模式对话框处于激活状态时，用户不可以再激活对话框所在程序中的其他窗口，直到该对话框事件处理结束；无模式对话框处于激活状态时，不堵塞其他线程的执行，可以再激活其他窗口。

1. 消息对话框、确认对话框、输入对话框

消息对话框主要用于重要信息提示或错误信息提示等；确认对话框主要用于确认用户操作；输入对话框主要用于用户输入信息。这三种对话框都是有模式对话框，采用 javax.swing 包中的 JOptionPane 类的静态方法获得。

(1) 消息对话框采用 JOptionPane 类的静态方法 showMessagDialog()获得，具体语法格式如下：

```
public static void showMessageDialog(Component parentComponent, Object message, String title,
int messageType)
```

(2) 确认对话框采用 JOptionPane 类的静态方法 showConfirmDialog()获得，具体语法格式如下：

```
public static int showConfirmDialog(Component parentComponent, Object message, String title,
int optionType, int messageType)
```

(3) 输入对话框采用 JOptionPane 类的静态方法 showInputDialog()获得，具体语法格式如下：

```
public static String showInputDialog(Component parentComponent, Object message, String title,
int messageType)
```

(4) 参数说明:

① parentComponent:该参数用于指定对话框可见时的位置。如果该参数不为空,对话框在 parentComponent 组件的正前方居中显示;如果为 null,则在屏幕正前方显示。

② message:指定对话框上的显示信息。

③ title:指定对话框标题。

④ messageType:指定消息风格,messageType 的取值不同,对话框的外观不同,并且每一种风格都提供了一个默认的图标。messageType 取值如下。

- ERROR_MESSAGE
- INFORMATION_MESSAGE
- WARNING_MESSAGE
- QUESTION_MESSAGE
- PLAIN_MESSAGE

⑤ optionType:指定出现在对话框底部的按钮。optionType 可取值如下。

- DEFAULT_OPTION
- YES_NO_OPTION
- YES_NO_CANCEL_OPTION
- OK_CANCEL_OPTION

实际应用中不局限于上述按钮,可以自己指定按钮集。

⑥ showConfirmDialog()方法返回如下整数之一。

- YES_OPTION
- NO_OPTION
- CANCEL_OPTION
- OK_OPTION
- CLOSED_OPTION

例 5-13 使用消息对话框、确认对话框、输入对话框。

源文件为 Sample5_13.java,代码如下。

```
import javax.swing.*;
import java.awt.*;
import java.awt.event.*;
public class Sample5_13{
    private JFrame f;
    private JButton button1;
    private JButton button2;
    private JTextArea textArea;
    private JPanel p;
    private JScrollPane jsp;
    public Sample5_13()    {
        init();
    }
    private void init(){
        f = new JFrame("消息对话框、确认对话框、输入对话框举例");
        f.setSize(300,200);
        f.setResizable(false);
```

```
        f.addWindowListener(new WindowAdapter(){
                  public void windowClosing(WindowEvent evt){
                            System.exit(0);
                  }
        });
        textArea = new JTextArea();
        textArea.setLineWrap(true);
        button1 = new JButton("输入");
        button2 = new JButton("退出");
        p = new JPanel();
        p.add(button1);
        p.add(button2);
        jsp = new JScrollPane();
        jsp.setViewportView(textArea);
        f.add(p,BorderLayout.SOUTH);
        f.add(jsp,BorderLayout.CENTER);
        CommandListener ol = new CommandListener();
        button1.addActionListener(ol);
        button2.addActionListener(ol);
        f.setVisible(true);
    }
    public static void main(String[] args){
        Sample5_13 t = new Sample5_13();
    }

    class CommandListener implements ActionListener{
        public void actionPerformed(ActionEvent e){
            String name = e.getActionCommand();
            if(name.equals("输入")){
                String str = JOptionPane.showInputDialog(textArea,"输入长度小于 10 的字
符串!","输入对话框",JOptionPane.PLAIN_MESSAGE);
                if(str!= null){
                    if(str.length()> 10){
                        JOptionPane.showMessageDialog(null,"输入字符串长度大于
10,输入无效!","消息对话框",JOptionPane.WARNING_MESSAGE);
                    }
                    else{
                        textArea.append(str + "\n");
                    }
                }
            }
            else{
                int i = JOptionPane.showConfirmDialog(null,"是否真的需要退出系统","退
出确认对话框",JOptionPane.YES_NO_CANCEL_OPTION);
                if(i == 0){
                    System.exit(0);
                }
            }
        }
    }
}
```

运行结果如图 5.15 所示。

说明：单击“输入”按钮，在文本区组件正前方显示输入对话框，然后在输入对话框中输

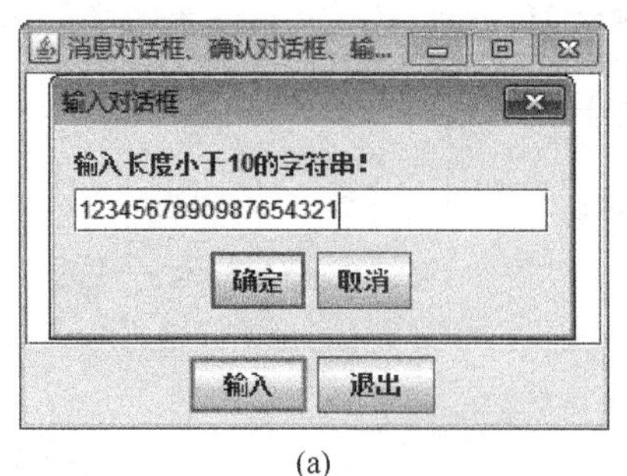

(a)

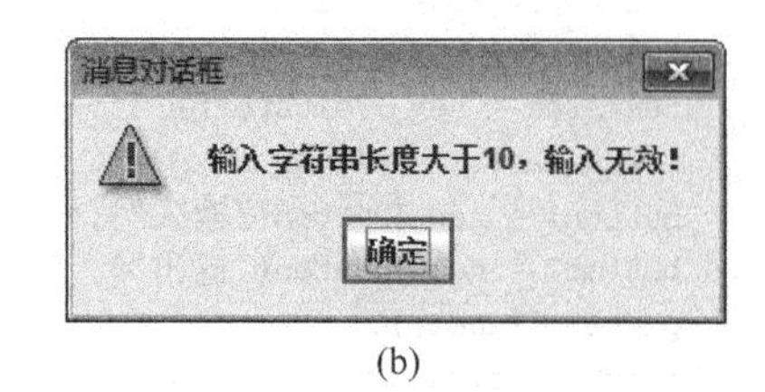

(b)

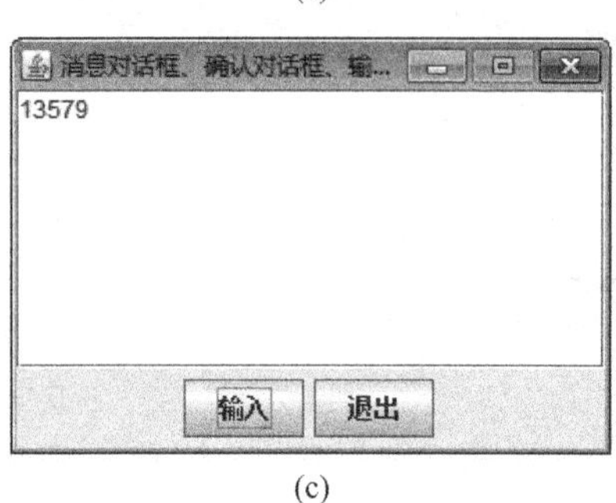

(c)

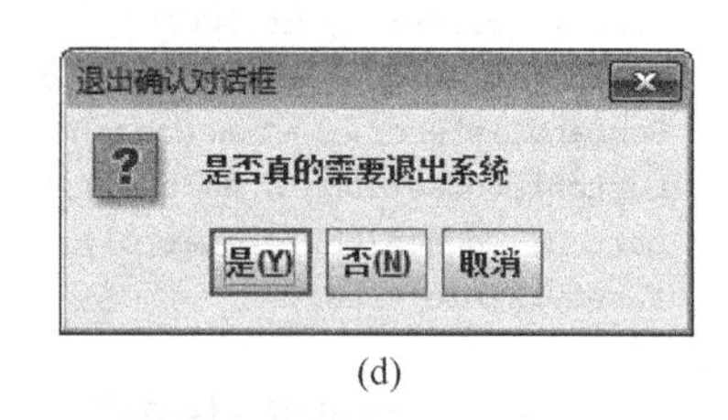

(d)

图 5.15　例 5-13 运行结果

入信息(如图 5.15(a)所示),输入结束后,单击输入对话框中的"确定"按钮,因为输入字符串长度大于 10,因此,在屏幕正前方显示消息对话框,提示"输入字符串长度大于 10,输入无效"(如图 5.15(b)所示);否则在文本区中显示在输入对话框中输入的字符串(如图 5.15(c)所示);单击窗口中的"退出"按钮,将在屏幕正前方显示确认对话框,要求用户确认是否退出系统(如图 5.15(d)所示),如果单击"是"按钮,则退出系统。

2. 文件对话框

文件对话框主要用于打开和保存文件,采用 javax.swing 包中的 JFileChooser 类创建。采用 JFileChooser()构造方法创建的文件对话框初始不可见。可以使用 JFileChooser 类的 showSaveDialog()方法调用保存文件对话框;使用 showOpenDialog()方法调用打开文件对话框,使得文件对话框可见。具体语法格式如下:

```
JfileChooser chooser = new JfileChooser();        //创建有模式、初始不可见的文件对话框
public int showSaveDialog(Component parent)       //调用保存文件对话框
public int showOpenDialog(Component parent)       //调用打开文件对话框
```

其中,参数 parent 用于指定文件对话框显示位置。showSaveDialog()和 showOpenDialog()方法返回如下整数值之一:

(1) APPROVE_OPTION//确认

(2) CANCEL_OPTION//取消

例 5-14　使用文件对话框。

源文件为 Sample5_14.java,代码如下。

```
import javax.swing. * ;
```

```
import java.awt. * ;
import java.awt.event. * ;
public class Sample5_14{
      JFrame f;
      JFileChooser chooser;
      JButton button1;
      JButton button2;
      JTextArea textArea;
      JPanel p;
      JScrollPane jsp;
      public Sample5_14(){
           init();
      }
      private void init(){
           f = new JFrame("文件对话框举例");
           f.setSize(300,200);
           f.setResizable(false);
           f.addWindowListener(new WindowAdapter(){
                          public void windowClosing(WindowEvent evt){
                                    System.exit(0);
                          }
           });
         chooser = new JFileChooser();
          textArea = new JTextArea();
          textArea.setLineWrap(true);
          button1 = new JButton("打开文件");
          button2 = new JButton("保存文件");
          p = new JPanel();
          p.add(button1);
          p.add(button2);
          jsp = new JScrollPane();
          jsp.setViewportView(textArea);
          f.add(p,BorderLayout.SOUTH);
          f.add(jsp,BorderLayout.CENTER);
          CommandListener ol = new CommandListener();
           button1.addActionListener(ol);
           button2.addActionListener(ol);
           f.setVisible(true);
       }
        public static void main(String[] args){
             Sample5_14 t = new Sample5_14();
       }

        class CommandListener implements ActionListener{
             public void actionPerformed(ActionEvent e){
                   String name = e.getActionCommand();
                   if(name.equals("打开文件")){
                            int returnVal  =  chooser.showOpenDialog(textArea);
                            if(returnVal  ==  JFileChooser.APPROVE_OPTION) {
                                      textArea.append("You chose to open this file: " + chooser.
getSelectedFile().getName() + "\n");
                            }
                   }
                   else{
```

```
                        int returnVal = chooser.showSaveDialog(null);
                        if(returnVal == JFileChooser.APPROVE_OPTION) {
                                textArea.append("You chose to save this file: " + chooser.
getSelectedFile().getName() + "\n");
                        }
                }
            }
        }
    }
```

运行结果如图 5.16 所示。

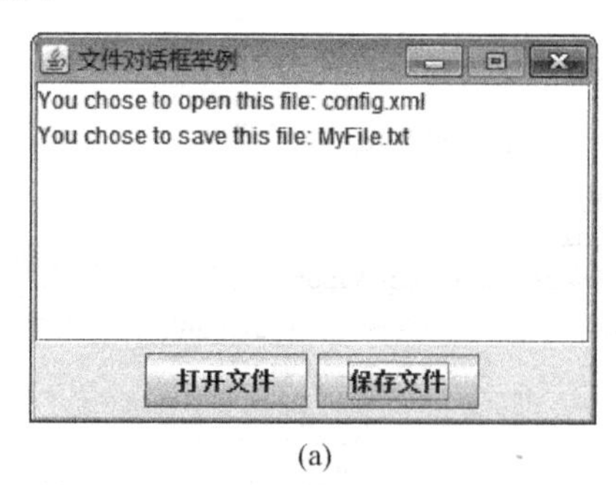

(a)

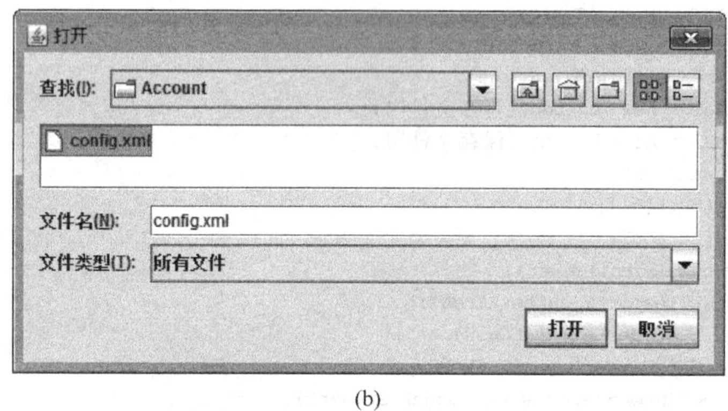

(b)

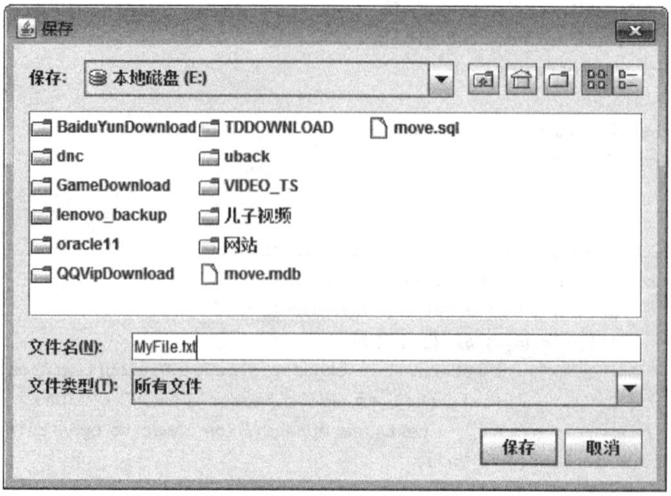

(c)

图 5.16 例 5-14 运行结果

说明：在图 5.16(a)中单击“打开文件”按钮，打开文件对话框将显示在“文本区”组件正前方(如图 5.16(b)所示)，在打开文件对话框中选择需要的文件，如果单击打开文件对话框中的“打开”按钮，则在文本区中显示所选文件名称；在图 5.16(a)中单击“保存文件”按钮，保存文件对话框将显示在屏幕正前方(如图 5.16(c)所示)，在保存文件对话框中选择路径，并输入文件名称，如果单击保存文件对话框中的“保存”按钮，则在文本区中显示保存文件名称(如图 5.16(a)所示)。

小结

本章主要讲述了图形界面设计的基础知识，包括图形界面库的基本功能及特点，Swing继承架构，图形界面设计思想及过程，容器的分类、设计及使用，重点讲述了窗口和对话框的使用方法；另外，还介绍了菜单的制作方法，常用组件的使用方法，常用布局的特点及使用方法；最后叙述了事件处理机制、过程及方法。

思考练习

1. 思考题

(1) 简述 Swing 的特点。
(2) 简述 Swing 的继承架构。
(3) 简述 Java 底层容器的种类及默认布局方式。
(4) 简述窗口的作用和使用方法。
(5) 简述菜单的制作方法。
(6) 列出常用组件功能及创建方法。
(7) 常用布局分为哪几种？各有什么特点？
(8) 什么是事件？写出你知道的 Java 事件。
(9) 什么是事件源、监听器、事件接口？
(10) 简述 Java 事件处理过程。
(11) 什么是焦点？组件如何获得焦点？
(12) 简述对话框和窗口的不同。
(13) 简述有模式对话框和无模式对话框的区别。
(14) 简述创建消息对话框的方法。
(15) 简述 showMessageDialog(Component parentComponent, Object message, String title, int messageType)方法中，messageType 的不同取值对应的默认图标。

2. 拓展训练题

(1) 编程测试 JFrame 类常用方法的作用。
(2) 编程测试 JFrame 类 setDefaultCloseOperation(int operation)方法中，operation 参

数不同取值的作用效果。

(3) 编程测试包含快捷键、子菜单和菜单分割条的菜单制作和使用方法。

(4) 编程测试弹出式菜单的制作和使用方法。

(5) 编程测试带有图片的标签和按钮的制作方法。

(6) 编程测试设置文本框中显示字符长度以及字符字体和字号的方法。

(7) 编程测试一个窗口中包含多组单选钮和多组复选框的设计方法。

(8) 编程测试选择框和列表框的不同。

(9) 编程测试如何设置密码框的回显字符。

(10) 编程测试 JPanel 和 JScrollPane 的不同以及使用方法。

(11) 编程测试不同布局方式的使用方法和显示风格。

(12) 编程测试按钮动作事件处理方法。

(13) 编程测试文本框动作事件处理方法。

(14) 编程测试菜单项动作事件处理方法。

(15) 编程测试鼠标事件、键盘事件以及焦点事件的处理方法。

(16) 编程测试消息对话框的使用方法。

(17) 编程测试输入对话框的使用方法。

(18) 编程测试文件对话框的使用方法。

第6章 多线程机制

本章导读

对多线程机制的支持是 Java 最显著的特点之一，多线程机制允许在程序中并发执行多个指令流，每个指令流都称为一个线程，彼此间互相独立。多线程则指的是在单个程序中可以同时运行多个不同的线程，执行不同的任务，意味着一个程序的多行语句可以看上去几乎在同一时间内同时运行。

本章要点

- 线程的概念
- 线程的生命周期
- Java 中线程的创建
- 线程同步

6.1 线程概述

随着计算机的飞速发展，个人计算机上的操作系统也纷纷采用多任务和分时设计，将早期只有大型计算机才具有的系统特性带到了个人计算机系统中。一般可以在同一时间内执行多个程序的操作系统都有进程的概念，一个进程就是一个执行中的程序，而每一个进程都有自己独立的一块内存空间、一组系统资源。线程又称为轻量级进程，它和进程一样拥有独立的执行控制，由操作系统负责调度，区别在于线程没有独立的存储空间，而是和所属进程中的其他线程共享一个存储空间，这使得线程间的通信远较进程简单。

在操作系统将进程分成多个线程后，这些线程可以在操作系统的管理下并发执行，从而大大提高了程序的运行效率。虽然线程的执行从宏观上看是多个线程同时执行，但实际上这只是操作系统的障眼法，由于一块 CPU 同时只能执行一条指令，因此，在拥有一块 CPU 的计算机上不可能同时执行两个任务，而操作系统为了能提高程序的运行效率，在一个线程空闲时会撤下这个线程，并且会让其他的线程来执行，这种方式叫做线程调度。之所以从表面上看是多个线程同时执行，是因为不同线程之间切换的时间非常短，而且在一般情况下切换非常频繁。假设有线程 A 和 B。在运行时，可能是 A 执行了 1ms 后，切换到 B 后，B 又执行了 1ms，然后又切换到了 A，A 又执行 1ms。由于 1ms 的时间对于普通人来说是很难感知的，因此，从表面看上去就像 A 和 B 同时执行一样，但实际上 A 和 B 是交替执行的。

多线程和传统的单线程在程序设计上最大的区别在于，由于各个线程的控制流彼此独立,使得各个线程之间的代码是乱序执行的。如果能合理地使用多线程,将会减少开发和维护成本,甚至可以改善复杂应用程序的性能。如在 GUI 应用程序中,还以通过线程的异步特性来更好地处理事件;在应用服务器程序中,可以通过建立多个线程来处理客户端的请求。线程甚至还可以简化虚拟机的实现,JVM 的垃圾回收器通常运行在一个或多个线程中。因此,使用多线程将会从以下 5 个方面来改善应用程序。

1. 充分利用 CPU 资源

现在世界上大多数计算机只有一块 CPU,因此,充分利用 CPU 资源显得尤为重要。当执行单线程程序时,由于在程序发生阻塞时 CPU 可能会处于空闲状态,这将造成大量的计算资源的浪费,而在程序中使用多线程可以在某一个线程处于休眠或阻塞时,而 CPU 又恰好处于空闲状态时来运行其他的线程,这样 CPU 就很难有空闲的时候。因此,CPU 资源就得到了充分的利用。

2. 简化编程模型

如果程序只完成一项任务,那只要写一个单线程的程序,并且按照执行这个任务的步骤编写代码即可。但要完成多项任务,如果还使用单线程,那就得在程序中判断每项任务是否应该执行以及什么时候执行,如显示一个时钟的时、分、秒三个指针,使用单线程就得在循环中逐一判断这三个指针的转动时间和角度,如果使用三个线程分别来处理这三个指针的显示,那么对于每个线程来说就是执行一个单独的任务,这样有助于开发人员对程序的理解和维护。

3. 简化异步事件的处理

当一个服务器应用程序在接收不同的客户端连接时最简单的处理方法就是为每一个客户端连接建立一个线程,然后监听线程仍然负责监听来自客户端的请求。如果这种应用程序采用单线程来处理,当监听线程接收到一个客户端请求后,开始读取客户端发来的数据,在读完数据后,read 方法处于阻塞状态,也就是说,这个线程将无法再监听客户端请求了,而要想在单线程中处理多个客户端请求,就必须使用非阻塞的 Socket 连接和异步 I/O,但使用异步 I/O 方式比使用同步 I/O 更难以控制,也更容易出错。因此,使用多线程和同步 I/O 可以更容易地处理类似于多请求的异步事件。

4. 使 GUI 更有效率

使用单线程来处理 GUI 事件时,必须使用循环来对随时可能发生的 GUI 事件进行扫描,在循环内部除了扫描 GUI 事件外,还要执行其他的程序代码。如果这些代码太长,那么 GUI 事件就会被“冻结”,直到这些代码被执行完为止。

在现代的 GUI 框架(如 SWING、AWT 和 SWT)中都使用了一个单独的事件分派线程(Event Dispatch Thread,EDT)来对 GUI 事件进行扫描。当单击一个按钮时,按钮的单击事件方法会在这个事件分派线程中被调用。由于 EDT 的任务只是对 GUI 事件进行扫描,因此,这种方式对事件的反映是非常快的。

5. 节约成本

提高程序的执行效率一般有以下三种方法。

(1) 增加计算机的 CPU 个数。

(2) 为一个程序启动多个进程。

(3) 在程序中使用多进程。

第一种方法是最容易做到的,但同时也是最昂贵的,这种方法不需要修改程序,从理论上说,任何程序都可以使用这种方法来提高执行效率。第二种方法虽然不用购买新的硬件,但这种方式不容易共享数据,如果这个程序要完成的任务必须要共享数据的话,这种方式就不太方便,而且启动多个线程会消耗大量的系统资源。第三种方法恰好弥补了第一种方法的缺点,而又继承了它们的优点。也就是说,既不需要购买 CPU,也不会因为开启太多的线程而占用大量的系统资源(在默认情况下,一个线程所占的内存空间要远比一个进程所占的内存空间小得多),并且多线程可以模拟多块 CPU 的运行方式,因此,使用多线程是提高程序执行效率的最廉价的方式。

线程是程序运行的基本执行单元。当操作系统(不包括单线程的操作系统,如微软早期的 DOS)在执行一个程序时,会在系统中建立一个进程,而在这个进程中,必须至少建立一个线程(这个线程被称为主线程)来作为这个程序运行的入口点。因此,在操作系统中运行的任何程序都至少有一个主线程。

进程和线程是现代操作系统中两个必不可少的运行模型。在操作系统中可以有多个进程,这些进程包括系统进程(由操作系统内部建立的进程)和用户进程(由用户程序建立的进程),一个进程中可以有一个或多个线程。进程和进程之间不共享内存,也就是说系统中的进程是在各自独立的内存空间中运行的,而一个进程中的线程可以共享系统分派给这个进程的内存空间。

线程不仅可以共享进程的内存,而且还拥有一个属于自己的内存空间,这段内存空间也叫做线程栈,是在建立线程时由系统分配的,主要用来保存线程内部所使用的数据,如线程执行方法中所定义的变量。

线程从创建、运行到结束总是处于如图 6.1 所示的 5 个状态之一:新建状态、就绪状态、运行状态、阻塞状态及死亡状态。

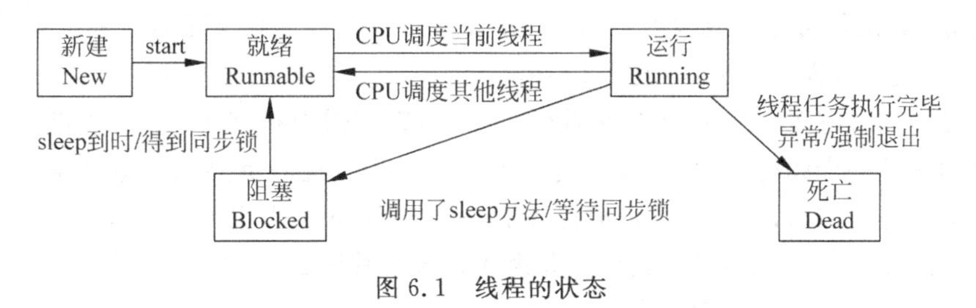

图 6.1 线程的状态

1. 新建状态

当用 new 操作符创建一个线程时,例如 new Thread(r),线程还没有开始运行,此时线程处在新建状态,当一个线程处于新生状态时,程序还没有开始运行线程中的代码。

2. 就绪状态

一个新创建的线程并不自动开始运行，要执行线程，必须调用线程的 start()方法。当线程对象调用 start()方法即启动了线程，start()方法创建线程运行的系统资源，并调度线程运行 run()方法。当 start()方法返回后，线程就处于就绪状态。

处于就绪状态的线程并不一定立即运行 run()方法，线程还必须同其他线程竞争 CPU 时间，只有获得 CPU 时间才可以运行线程。因为在单 CPU 的计算机系统中，不可能同时运行多个线程，一个时刻仅有一个线程处于运行状态，因此此时可能有多个线程处于就绪状态，对多个处于就绪状态的线程是由 Java 运行时系统的线程调度程序来调度的。

3. 运行状态

当线程获得 CPU 时间后，它才进入运行状态，真正开始执行 run()方法。

4. 阻塞状态

线程运行过程中，可能由于各种原因进入阻塞状态。

(1) 线程通过调用 sleep 方法进入睡眠状态。

(2) 线程调用一个在 I/O 上被阻塞的操作，即该操作在输入输出操作完成之前不会返回到它的调用者。

(3) 线程试图得到一个锁，而该锁正被其他线程持有。

(4) 线程在等待某个触发条件。

所谓阻塞状态是正在运行的线程没有运行结束，暂时让出 CPU，这时其他处于就绪状态的线程就可以获得 CPU 时间，进入运行状态。

5. 死亡状态

有以下两个原因会导致线程死亡。

(1) run 方法正常退出而自然死亡；

(2) 一个未捕获的异常终止了 run 方法而使线程猝死。

为了确定线程在当前是否存活着(就是要么是可运行的，要么是被阻塞了)，需要使用 isAlive 方法，如果是可运行或被阻塞，这个方法返回 true；如果线程仍旧是 new 状态且不是可运行的，或者线程死亡了，则返回 false。

同一时刻如果有多个线程处于可运行状态，则它们需要排队等待 CPU 资源。此时每个线程自动获得一个线程的优先级，优先级的高低反映线程的重要或紧急程度。可运行状态的线程按优先级排队，线程调度依据优先级基础上的“先到先服务”原则，线程调度管理器负责线程排队和 CPU 在线程间的分配，并由线程调度算法进行调度，当线程调度管理器选中某个线程时，该线程获得 CPU 资源而进入运行状态。

线程调度是先占式调度，即如果在当前线程执行过程中一个更高优先级的线程进入可运行状态，则这个线程立即被调度执行。先占式调度分为：独占式和分时方式。独占方式下，当前执行线程将一直执行下去，直到执行完毕或由于某种原因主动放弃 CPU，或 CPU 被一个更高优先级的线程抢占；分时方式下，当前运行线程获得一个时间片，时间到时，即使没有执行完也要让出CPU，进入可运行状态，等待下一个时间片的调度。系统选中其他可运行状态的线程执行，分时方式的系统使每个线程工作若干步，实现多线程同时运行。

线程的优先级用1～10表示，10表示优先级最高，默认值是5。每个优先级对应一个Thread类的公用静态常量，例如：

```
public static final int NORM_PRIORITY = 5
public static final int MIN_PRIORITY = 1
public static final int MAX_PRIORITY = 10
```

6.2 线程的创建

由于Java是纯面向对象语言，因此，Java的线程模型也是面向对象的。Java通过Thread类将线程所必需的功能都封装了起来，要想建立一个线程，必须要有一个线程执行方法，这个线程执行方法对应Thread类的run方法，Thread类还有一个start方法，这个方法负责启动线程，相当于调用Windows的建立线程函数CreateThread，当调用start方法后，如果线程建立成功，并自动调用Thread类的run方法。因此，任何继承Thread的Java类都可以通过Thread类的start方法来启动线程。如果想运行自己的线程执行方法，那就要覆盖Thread类的run方法。

在Java的线程模型中除了Thread类，还有一个标识某个Java类是否可作为线程类的接口Runnable，这个接口只有一个抽象方法run，也就是Java线程模型的线程执行方法。因此，一个线程类的唯一标准就是这个类是否实现了Runnable接口的run方法，也就是说，拥有线程执行方法的类就是线程类。

从上面可以看出，在Java中建立线程有两种方法，一种是继承Thread类，另一种是实现Runnable接口，并通过Thread和实现Runnable的类来建立线程，其实这两种方法从本质上说是一种方法，即都是通过Thread类来建立线程，并运行run方法的。但它们的区别是通过继承Thread类来建立线程，虽然实现起来更容易，但由于Java不支持多继承，因此，这个线程类如果继承了Thread，就不能再继承其他的类了，因此，Java线程模型提供了通过实现Runnable接口的方法来建立线程，这样线程类可以在必要的时候继承其他有关的类，而不是Thread类。

6.2.1 使用Thread类创建线程

Thread是Java中实现多线程的类，Thread中的run()方法实现了线程的启动，通过继承Thread类并覆写run()方法可实现一个线程，Thread类在java.lang包中实现，而这个包是默认载入的，因此不需要导入。

Thread类构造方法如下。

(1) Thread()，这个构造方法的内部实现其实就是调用了init()方法，为其分配了一个"Thread-"+数字的名字，数字从0开始。

(2) Thread(Runnable target)，和上面不同的是，这个构造方法指定了一个Runnable接口的参数，实现了这个接口的类的run方法将被执行。

(3) Thread(String name)，这个方法和第一个方法只有一点不同，就是重新指定了线程的名字。

例 6-1 继承 Thread 类实现多线程。

源文件为 Sample6_1.java，代码如下。

```
class MyThread extends Thread{
  private String name ;
  MyThread( String name){
    this.name = name ;
  }
  public void run(){
    for( int i = 0; i < 10 ; i++)
        System.out.println( this.name + " running a thread……" ) ;
  }
}
public class Sample6_1{
  public static void main( String arg[] ){
    MyThread t1 = new MyThread("Thread_1") ;
    MyThread t2 = new MyThread("Thread_2") ;
    t1.run() ;
    t2.run() ;
  }
}
```

运行结果：

```
Thread_1 running a thread……
Thread_1 running a thread……
Thread_1 running a thread……
Thread_1 running a thread……
Thread_1 running a thread……
Thread_1 running a thread……
Thread_1 running a thread……
Thread_1 running a thread……
Thread_1 running a thread……
Thread_1 running a thread……
Thread_2 running a thread……
Thread_2 running a thread……
Thread_2 running a thread……
Thread_2 running a thread……
Thread_2 running a thread……
Thread_2 running a thread……
Thread_2 running a thread……
Thread_2 running a thread……
Thread_2 running a thread……
Thread_2 running a thread……
```

程序中实现了两个线程，但在执行时没有同时执行，这是由于虽然在主程序中建立了两个线程，但是将两个线程顺序执行。若要并发执行多个线程，还需要启动操作系统对多线程的支持，应当采用 Thread 类中的 start()方法。

6.2.2　使用Runnable接口创建线程

由于Java是单继承关系，如果继承了Thread类就无法再继承其他的类，因此继承Thread的方法不常用，Java中还提供了一个实现多线程的方法，即Runnable接口。

由于Runnable接口中只定义了一个方法，即run()方法，之前提到多线程需要操作系统的支持，而run()方法是无法启动的，需要通过Thread类的start()启动操作系统对多线程的支持，在Thread类中提供了一个以Runnable类型为参数的构造方法，因此另一个实现多线程的方法是先实现Runnable接口，然后再通过Thread(Runnable)构建一个线程，通过Thread中的start()方法间接启动操作系统对多线程的支持。

例6-2　实现Runnable接口实现多线程。

源文件为Sample6_2.java，代码如下。

```
class MyThread implements Runnable{
  private String name;
  MyThread( String name){
    this.name = name ;
  }
  public void run(){
    for( int i = 0; i<10 ; i++)
        System.out.println( this.name + " running a thread…… " ) ;
  }
}
public class Sample6_2{
  public static void main( String arg[] ){
    MyThread r1 = new MyThread("Thread_1") ;
    MyThread r2 = new MyThread("Thread_2") ;
    Thread t1 = new Thread(r1);
    Thread t2 = new Thread(r2);
    t1.start() ;
    t2.start() ;
  }
}
```

运行结果：

```
Thread_1 running a thread……
Thread_2 running a thread……
Thread_1 running a thread……
Thread_2 running a thread……
Thread_1 running a thread……
Thread_2 running a thread……
Thread_1 running a thread……
Thread_2 running a thread……
Thread_1 running a thread……
Thread_2 running a thread……
Thread_1 running a thread……
Thread_2 running a thread……
Thread_1 running a thread……
```

```
Thread_2 running a thread……
Thread_1 running a thread……
Thread_2 running a thread……
Thread_1 running a thread……
Thread_2 running a thread……
Thread_1 running a thread……
Thread_2 running a thread……
```

6.3 线程控制方法

前面已经讲到线程从创建到最终的消亡，要经历5个状态，Thread类中定义了若干常用方法来实现线程的状态。

1. start方法

start()用来启动一个线程，当调用start方法后，系统才会开启一个新的线程来执行用户定义的子任务，在这个过程中，会为相应的线程分配需要的资源。

2. run方法

run()方法是不需要用户来调用的，当通过start方法启动一个线程之后，当线程获得了CPU执行时间，便进入run方法体去执行具体的任务。注意，继承Thread类必须重写run方法，在run方法中定义具体要执行的任务。

3. sleep方法

sleep方法有以下两个重载版本。

(1) sleep(long millis)，参数为毫秒。

(2) sleep(long millis,int nanoseconds)，第一个参数为毫秒，第二个参数为纳秒。

sleep相当于让线程睡眠，交出CPU，让CPU去执行其他的任务。但是有一点要非常注意，sleep方法不会释放锁，也就是说如果当前线程持有对某个对象的锁，则即使调用sleep方法，其他线程也无法访问这个对象。

例6-3 sleep()的应用。

源文件为Sample6_3.java，代码如下。

```
import java.io.*;
public class Sample6_3 {
    private int i = 10;
    private Object object = new Object();
    public static void main(String[] args) throws IOException  {
        Test test = new Test();
        MyThread thread1 = test.new MyThread();
        MyThread thread2 = test.new MyThread();
        thread1.start();
        thread2.start();
    }
```

```
    class MyThread extends Thread{
        public void run() {
            synchronized (object) {
                i++;
                System.out.println("i:" + i);
                try {
                    System.out.println("线程" + Thread.currentThread().getName() + "进入睡
眠状态");
                    Thread.currentThread().sleep(10000);
                } catch (InterruptedException e) {
                }
                 System.out.println("线程" + Thread.currentThread().getName() + "睡眠结
束");
                i++;
                System.out.println("i:" + i);
            }
        }
    }
}
```

运行结果：

```
i:11
线程 Thread-0 进入睡眠状态
线程 Thread-0 睡眠结束
i:12
i:13
线程 Thread-1 进入睡眠状态
线程 Thread-1 睡眠结束
i:14
```

本例中，synchronized 是 Java 语言的关键字，可用来给对象和方法或者代码块加锁，将在 6.4 节详细讲解。从上面的输出结果可以看出，当 Thread-0 进入睡眠状态之后，Thread-1 并没有去执行具体的任务。只有当 Thread-0 执行完之后，此时 Thread-0 释放了对象锁，Thread-1 才开始执行。

注意，如果调用了 sleep 方法，必须捕获 InterruptedException 异常或者将该异常向上层抛出，当线程睡眠时间满后，不一定会立即得到执行，因为此时可能 CPU 正在执行其他的任务，所以说调用 sleep 方法相当于让线程进入阻塞状态。

4. yield 方法

调用 yield 方法会让当前线程交出 CPU 权限，让 CPU 去执行其他的线程。它与 sleep 方法类似，同样不会释放锁，但是 yield 不能控制具体的交出 CPU 的时间，另外，yield 方法只能让拥有相同优先级的线程有获取 CPU 执行时间的机会。

注意，调用 yield 方法并不会让线程进入阻塞状态，而是让线程重回就绪状态，它只需要等待重新获取 CPU 执行时间，这一点是和 sleep 方法不一样的。

5. join 方法

join 方法有以下三个重载版本。

(1) join()。

(2) join(long millis),参数为毫秒。

(3) join(long millis,int nanoseconds),第一个参数为毫秒,第二个参数为纳秒。

假如在 main 线程中,调用 thread.join 方法,则 main 方法会等待 thread 线程执行完毕或者等待一定的时间。如果调用的是无参 join 方法,则等待 thread 执行完毕,如果调用的是指定了时间参数的 join 方法,则等待一定的时间。

例 6-4 join()的应用。

源文件为 Sample6_4.java,代码如下。

```
import java.io.*;
public class Sample6_4 {
    public static void main(String[] args) throws IOException  {
        System.out.println("进入线程" + Thread.currentThread().getName());
        MyThread t1 = new MyThread();
        t1.start();
        try {
            System.out.println("线程" + Thread.currentThread().getName() + "等待");
            t1.join();
            System.out.println("线程" + Thread.currentThread().getName() + "继续执行");
        } catch (InterruptedException e) {
            e.printStackTrace();
        }
    }
}
class MyThread extends Thread{
    public void run() {
        System.out.println("进入线程" + Thread.currentThread().getName());
        try {
            Thread.currentThread().sleep(5000);
        } catch (InterruptedException e) {
              e.printStackTrace();
        }
        System.out.println("线程" + Thread.currentThread().getName() + "执行完毕");
    }
}
```

运行结果:

```
进入线程 main
线程 main 等待
进入线程 Thread-0
线程 Thread-0 执行完毕
线程 main 继续执行
```

可以看出,当调用 thread1.join()方法后,main 线程会进入等待,然后等待 thread1 执行完之后再继续执行。

6. interrupt 方法

interrupt,顾名思义,即中断的意思。单独调用 interrupt 方法可以使得处于阻塞状态的线程抛出一个异常,也就是说,它可以用来中断一个正处于阻塞状态的线程,另外,通过 interrupt 方法和 isInterrupted 方法来停止正在运行的线程。

例 6-5 调用 interrupt 方法中断阻塞线程。

源文件为 Sample6_5.java,代码如下。

```
import java.io.*;
public class Sample6_5 {
    public static void main(String[] args) throws IOException  {
        MyThread t1 = new MyThread();
        t1.start();
        try {
            Thread.currentThread().sleep(2000);
        } catch (InterruptedException e) {
        }
        t1.interrupt();
    }
}
    class MyThread extends Thread{
        public void run() {
            try {
                System.out.println("进入睡眠状态");
                Thread.currentThread().sleep(10000);
                System.out.println("睡眠完毕");
            } catch (InterruptedException e) {
                System.out.println("得到中断异常");
            }
            System.out.println("run 方法执行完毕");
    }
}
```

运行结果:

```
进入睡眠状态
得到中断异常
run 方法执行完毕
```

从这里可以看出,通过 interrupt 方法可以中断处于阻塞状态的线程,那么能不能中断处于非阻塞状态的线程呢?

例 6-6 调用 interrupt 方法中断非阻塞线程。

源文件为 Sample6_6.java,代码如下。

```
import java.io.*;
public class Sample6_6 {
    public static void main(String[] args) throws IOException  {
        MyThread t1 = new MyThread();
        t1.start();
        try {
            Thread.currentThread().sleep(2000);
        } catch (InterruptedException e) {
        }
```

```
            t1.interrupt();
        }
    }
    class MyThread extends Thread{
          public void run() {
            int i = 0;
            while(i < Integer.MAX_VALUE){
                System.out.println(i + " while 循环");
                i++;
            }
        }
    }
```

运行该程序会发现，while 循环会一直运行直到变量 i 的值超出 Integer. MAX_VALUE，所以说直接调用 interrupt 方法不能中断正在运行中的线程。但是如果配合 isInterrupted()能够中断正在运行的线程，因为调用 interrupt 方法相当于将中断标志位置为 true，那么可以通过调用 isInterrupted()判断中断标志是否被置位来中断线程的执行。

例 6-7 调用 isInterrupted()中断正在运行的线程。

源文件为 Sample6_7.java，代码如下。

```
import java.io.*;
public class Sample6_7 {
    public static void main(String[] args) throws IOException  {
        MyThread t1 = new MyThread();
        t1.start();
        try {
            Thread.currentThread().sleep(2000);
        } catch (InterruptedException e) {

        }
        t1.interrupt();
    }
}
class MyThread extends Thread{
    public void run() {
        int i = 0;
        while(!isInterrupted() && i < Integer.MAX_VALUE){
            System.out.println(i + " while 循环");
            i++;
        }
    }
}
```

运行会发现，打印若干个值之后，while 循环就停止打印了。

以下是关系到线程属性的几个方法。

1. getId

用来得到线程 ID。

2. getName 和 setName

用来得到或者设置线程名称。

3. getPriority 和 setPriority

用来获取和设置线程优先级。

4. setDaemon 和 isDaemon

用来设置线程是否成为守护线程和判断线程是否是守护线程。

守护线程和用户线程的区别在于：守护线程依赖于创建它的线程，而用户线程则不依赖。举个简单的例子：如果在 main 线程中创建了一个守护线程，当 main 方法运行完毕之后，守护线程也会随着消亡。而用户线程则不会，用户线程会一直运行直到其运行完毕。在 JVM 中，像垃圾收集器线程就是守护线程。

Thread 类有一个比较常用的静态方法 currentThread()用来获取当前线程。

6.4 线程的同步控制

当多个线程同时读写同一份共享资源的时候，可能会引起冲突。这时候，需要引入线程"同步"机制。线程同步的真实意思，其实是几个线程之间一个一个地对共享资源进行操作，而不是同时进行操作。因此，关于线程同步，需要注意以下几点。

(1) 线程同步就是线程排队，线程同步的目的就是避免线程"同步"执行。

(2) 只有共享资源的读写访问才需要同步。

(3) 如果共享的资源是固定不变的，那么就相当于"常量"，线程同时读取常量不需要同步，至少在一个线程修改共享资源的情况下，线程之间才需要同步。

(4) 多个线程访问共享资源的代码有可能是同一份代码，也有可能是不同的代码，无论是否执行同一份代码，只要这些线程的代码访问同一份可变的共享资源，这些线程之间就需要同步。

下面以项目管理系统为例来加深对线程同步的理解。有两位不同专业的专家，他们的工作内容是相同的，都是遵循如下的步骤。

(1) 登录系统，查询分配给自己的待评审项目。

(2) 评审完毕，提交评审结果。

这两个人的工作内容虽然一样，他们都需要评审项目，但是他们绝对不会评审同一个项目，他们之间没有任何共享资源，所以他们可以各自进行自己的工作，互不干扰。

这两位专家就相当于两个线程，两位专家遵循相同的工作步骤，相当于这两个线程执行同一段代码。下面给这两位专家增加一个工作步骤，专家需要根据管理系统的"布告栏"上面公布的信息，安排自己的工作计划。这两位专家有可能同时访问到布告栏，同时观看布告栏上的信息，因为布告栏是只读的，这两位专家谁都不会去修改布告栏上写的信息。下面增加一个角色，一个办公室行政人员。这个时候，也访问到了布告栏，准备修改布告栏上的信息。如果行政人员先访问到布告栏，并且正在修改布告栏的内容，两位专家这个时候恰好也要访问布告栏，这两位专家就必须等待行政人员完成修改之后，才能观看修改后的信息；如果行政人员访问布告栏的时候，两位专家已经在观看布告栏了，那么行政人员需要等待两位专家把当前信息记录下来之后，才能够写上新的信息。

上述这两种情况，行政人员和专家对布告栏的访问就需要进行同步，因为其中一个线程（行政人员）修改了共享资源（布告栏）。而且可以看到，行政人员的工作流程和专家的工作流程（执行代码）完全不同，但是由于他们访问了同一份可变共享资源（布告栏），所以他们之间需要同步。

线程同步的基本实现思路还是比较容易理解的，可以给共享资源加一把锁，这把锁只有一把钥匙，哪个线程获取了这把钥匙，才有权力访问该共享资源。现代的编程语言的设计思路都是把同步锁加在代码段上，访问同一份共享资源的不同代码段，应该加上同一个同步锁，这就是说，同步锁本身也一定是多个线程之间的共享对象。

Java 语言里面用 synchronized 关键字给代码段加锁，当它用来修饰一个方法或者一个代码块的时候，能够保证在同一时刻最多只有一个线程执行该段代码。

当两个并发线程访问同一个对象 object 中的这个 synchronized(this)同步代码块时，一个时间内只能有一个线程得到执行，另一个线程必须等待当前线程执行完这个代码块以后才能执行该代码块。

例 6-8 验证同一时刻最多只有一个线程访问同步块。

源文件为 Sample6_8. java，代码如下。

```
public class Sample6_8 implements Runnable {
    public void run() {
            synchronized(this) {
                for (int i = 1; i <= 5; i++) {
                    System.out.println(Thread.currentThread().getName() + "访问布告栏"
+ i + "次");
                }
            }
    }
    public static void main(String[] args) {
            Sample6_8 st = new Sample6_8 ();
            Thread ta = new Thread(st, "专家");
            Thread tb = new Thread(st, "管理员");
            ta.start();
            tb.start();
    }
}
```

运行结果：

```
专家访问布告栏 1 次
专家访问布告栏 2 次
专家访问布告栏 3 次
专家访问布告栏 4 次
专家访问布告栏 5 次
管理员访问布告栏 1 次
管理员访问布告栏 2 次
```

管理员访问布告栏 3 次
管理员访问布告栏 4 次
管理员访问布告栏 5 次

当一个线程访问 object 的一个 synchronized(this)同步代码块时，另一个线程仍然可以访问该 object 中的非 synchronized(this)同步代码块。

例 6-9　访问非 synchronized(this)同步代码块。

源文件为 Sample6_9.java，代码如下。

```
class MyThread implements Runnable{
    public void run() {
          synchronized(this) {
              for(int i = 5;i>0; i-- ) {
                    System.out.println(Thread.currentThread().getName() + ": 访问" + i
+"次公共资源");
                    try {
                         Thread.sleep(500);
                    } catch (InterruptedException ie) {
                    }
              }
          }
          for(int i = 5;i>0; i-- ) {
              System.out.println(Thread.currentThread().getName() + ": 访问" + i+"次私
有资源");
              try {
                   Thread.sleep(500);
              } catch (InterruptedException ie) {
              }
          }

    }
}
public class Sample6_9{
    public static void main(String[] args) {
        MyThread mt = new MyThread();
        Thread t1 = new Thread( mt, "专家" );
        Thread t2 = new Thread( mt, "管理员" );
        t1.start();
        t2.start();
    }
}
```

运行结果：

专家: 访问 5 次公共资源
专家: 访问 4 次公共资源
专家: 访问 3 次公共资源
专家: 访问 2 次公共资源
专家: 访问 1 次公共资源
专家: 访问 5 次私有资源
管理员: 访问 5 次公共资源

专家：访问 4 次私有资源
管理员：访问 4 次公共资源
管理员：访问 3 次公共资源
专家：访问 3 次私有资源
管理员：访问 2 次公共资源
专家：访问 2 次私有资源
专家：访问 1 次私有资源
管理员：访问 1 次公共资源
管理员：访问 5 次私有资源
管理员：访问 4 次私有资源
管理员：访问 3 次私有资源
管理员：访问 2 次私有资源
管理员：访问 1 次私有资源

从结果可以看出，管理员在访问公共资源时，专家是可以访问私有资源的。

注意：当一个线程访问 object 的一个 synchronized(this)同步代码块时，它就获得了这个 object 的对象锁，其他线程对该 object 对象所有同步代码部分的访问都被暂时阻塞。

在多线程的程序中，除了要防止资源冲突外，有时还要保证线程的同步。有的时候，希望处理更加复杂的同步模型，比如生产者/消费者模型、读写同步模型等，在这种情况下，同步锁就不够用了，需要一个新的模型——信号量模型。

信号量模型的工作方式如下：线程在运行的过程中，可以主动停下来，等待某个信号量的通知，这时候该线程就进入到该信号量的待召(Waiting)队列当中，等到通知之后，再继续运行。在 Java 语言里面，Object 对象的 wait()方法就是等待通知，Object 对象的 notify()方法就是发出通知。

下面通过生产者-消费者模型来说明线程的同步与资源共享的问题。

在项目管理系统中，已申报的项目(Project)可以看成为生产者(Producer)，专家(Expert)可以看成消费者(Consumer)，项目申报的编号为 0～9 的整数，申报的项目存储到系统中并打印出这些编号；专家从系统中读取已申报项目的编号并将其也打印出来，同时要求申报者申报一个项目，专家就评审一个项目，这就涉及两个线程的同步问题。

首先设计用于存储项目的类，若不使用信号量模型，该类的定义如下。

```
class MyData{
    private int content ;
    public synchronized void put(int value){
        content = value;
    }
    public synchronized int get(){
        return content ;
    }
}
```

MyData 类使用一个私有成员变量 content 用来存放整数，put()方法和 get()方法用来设置变量 content 的值。MyData 对象为共享资源，所以用 synchronized 关键字修饰，当 put()方法或 get()方法被调用时，线程即获得了对象锁，从而可以避免资源冲突。

这样当 Project 对象调用 put()方法时，它锁定了该对象，Consumer 对象就不能调用 get()方法。当 put()方法返回时，Project 对象释放了 MyData 的锁。类似地，当 Expert 对象调用 MyData 的 get()方法时,也锁定该对象,防止 Project 对象调用 put()方法。

接下来看 Project 和 Expert 的定义,这两个类的定义如下。

```
class Project extends Thread {
    private MyData md;
    public Project(MyData d) {
        md = d;
    }
    public void run() {
       for (int i = 0; i < 10; i++) {
          md.put(i);
          System.out.println("有项目申报,编号为: " + i);
          try {
                sleep((int)(Math.random() * 100));
           } catch (InterruptedException e) { }
        }
    }
}
```

Project 类中定义了一个 MyData 类型的成员变量 md,它用来存储产生的整数。在该类的 run()方法中,通过一个循环产生 10 个整数,每次产生一个整数,调用 MyData 对象的 put()方法将其存入该对象中,同时输出该数。

```
class Expert extends Thread {
    private MyData md;
    public Expert(MyData d) {
        md = d;
    }
    public void run() {
        int value = 0;
        for (int i = 0; i < 10; i++) {
            value = md.get();
                  System.out.println("项目已评审,编号为: " + value);
        }
    }
}
```

在 Expert 类的 run()方法中也是一个循环,每次调用 MyData 的 get()方法返回当前存储的整数,然后输出。

下面是主程序,在该程序的 main()方法中创建一个 MyData 对象 d,一个 Project 对象 p1,一个 Expert 对象 e1,然后启动两个线程。

```
public class PETest {
    public static void main(String[ ] args) {
        MyData d = new MyData();
        Project p1 = new Project(d);
        Expert e1 = new Expert(d);
        p1.start();
        e1.start();
    }
}
```

运行结果如下。

```
项目已评审,编号为: 0
有项目申报,编号为: 0
项目已评审,编号为: 0
项目已评审,编号为: 0
项目已评审,编号为: 0
项目已评审,编号为: 0
项目已评审,编号为: 0
项目已评审,编号为: 0
项目已评审,编号为: 0
项目已评审,编号为: 0
项目已评审,编号为: 0
有项目申报,编号为: 1
有项目申报,编号为: 2
有项目申报,编号为: 3
有项目申报,编号为: 4
有项目申报,编号为: 5
有项目申报,编号为: 6
有项目申报,编号为: 7
有项目申报,编号为: 8
有项目申报,编号为: 9
```

从结果上看是不符合逻辑的,尽管使用了 synchronized 关键字实现了对象锁,程序运行可能出现下面两种情况。

(1) 如果生产者的速度比消费者快,那么在消费者来不及取前一个数据之前,生产者又产生了新的数据,于是消费者很可能会跳过前一个数据。

(2) 如果消费者比生产者快,消费者可能多次取同一个数据,如本例运行结果。

为了避免上述情况发生,就必须使生产者线程向 MyData 对象中存储数据与消费者线程从 MyData 对象中取得数据同步起来。为了达到这一目的,在程序中可以采用信号量模型,同时通过调用对象的 wait()方法和 notify()方法实现同步。

下面是修改后的 MyData 类的定义。

```
class MyData{
    private int content ;
    private boolean available = false;
    public synchronized void put(int value){
        while(available == true){
            try{
                wait();
            }catch(InterruptedException e){}
        }
        content  = value;
        available = true;
        notifyAll();
    }
    public synchronized int get(){
        while(available == false){
            try{
```

```
                wait();
            }catch(InterruptedException e){}
        }
        available = false;
        notifyAll();
        return content;
    }
}
```

这里有一个 boolean 型的私有成员变量 available 用来指示内容是否可取。当 available 为 true 时表示数据已经产生还没被取走,当 available 为 false 时表示数据已被取走还没有存放新的数据。

当生产者线程进入 put()方法时,首先检查 available 的值,若其为 false,才可执行 put()方法,若其为 true,说明数据还没有被取走,该线程必须等待。因此在 put()方法中调用对象的 wait()方法使线程进入等待状态,同时释放对象锁,直到另一个线程对象调用了 notify()或 notifyAll()方法,该线程才可恢复运行。

类似地,当消费者线程进入 get()方法时,也是先检查 available 的值,若其为 true,才可执行 get()方法,若其为 false,说明还没有数据,该线程必须等待。因此在 get()方法中调用对象的 wait()方法使线程进入等待状态,同时释放对象锁。

程序的运行结果如下。

```
有项目申报,编号为: 0
项目已评审,编号为: 0
有项目申报,编号为: 1
项目已评审,编号为: 1
有项目申报,编号为: 2
项目已评审,编号为: 2
项目已评审,编号为: 3
有项目申报,编号为: 3
有项目申报,编号为: 4
项目已评审,编号为: 4
有项目申报,编号为: 5
项目已评审,编号为: 5
有项目申报,编号为: 6
项目已评审,编号为: 6
有项目申报,编号为: 7
项目已评审,编号为: 7
有项目申报,编号为: 8
项目已评审,编号为: 8
有项目申报,编号为: 9
项目已评审,编号为: 9
```

注意: wait()、notify()和 notifyAll()方法是 Object 类定义的方法,并且这些方法只能用在 synchronized 代码段中。它们的定义格式如下。

```
public final void wait()
public final void wait(long timeout)
```

```
public final void wait(long timeout, int nanos)
```

当前线程必须具有对象信号量的锁，当调用该方法时线程释放监视器的锁。调用这些方法使当前线程进入等待(阻塞)状态，直到另一个线程调用了该对象的 notify()方法或 notifyAll()方法，该线程重新进入运行状态恢复执行。

timeout 和 nanos 为等待的毫秒和纳秒时间，当时间到或其他对象调用了该对象的 notify()方法或 notifyAll()方法，该线程重新进入运行状态，恢复执行。

wait()的声明抛出了 InterruptedException，因此程序中必须捕获或声明抛出该异常。

```
public final void notify()
public final void notifyAll()
```

唤醒处于等待该对象锁的一个或所有的线程继续执行，通常使用 notifyAll()方法。

小结

Java 提供并发(同时、独立)处理多个任务的机制。多个线程共存于同一 JVM 进程里面，所以共用相同的内存空间，较之多进程，多线程之间的通信更轻量级。Java 的线程有 5 种状态：新建状态、就绪状态、运行状态、阻塞状态及死亡状态。

新建状态：在生成线程对象，并没有调用该对象的 start 方法，这时线程处于创建状态。

就绪状态：当调用了线程对象的 start 方法之后，该线程就进入了就绪状态。但是此时线程调度程序还没有把该线程设置为当前线程，此时处于就绪状态。在线程运行之后，从等待或者睡眠中回来之后，也会处于就绪状态。

运行状态：线程调度程序将处于就绪状态的线程设置为当前线程，此时线程就进入了运行状态，开始运行 run 方法当中的代码。

阻塞状态：线程正在运行的时候，被暂停，通常是为了等待某个事件的发生(比如说某项资源就绪)之后再继续运行。sleep，suspend，wait 等方法都可以导致线程阻塞。

死亡状态：如果一个线程的 run 方法执行结束或者调用 stop 方法后，该线程就会死亡。对于已经死亡的线程，无法再使用 start 方法令其进入就绪状态。

在 Java 中实现多线程有两种手段，一种是集成 Thread 类，另一种就是实现 Runnable 接口。前者直接继承 Thread 类，重写(Override)run 方法，这种方式的优势是简单，想创建多个线程，就 new 多个 Thread 并 start 即可；后者的做法是写一个类(class)实现 Runnable 接口，传给 Thread 的构造方法，调用 Thread 的 start 方法即可。

最后关于线程的同步控制，就是保证多线程安全访问竞争资源的一种手段。同步的根本目的，是控制竞争资源的正确的访问，因此只要在访问竞争资源的时候保证同一时刻只能有一个线程访问即可。在具体的 Java 代码中需要完成以下两个操作：把竞争访问的资源标识为 private；同步哪些修改变量的代码，使用 synchronized 关键字同步方法或代码。线程退出同步方法时将释放掉方法所属对象的锁，但还应该注意的是，同步方法中还可以使用特定的方法对线程进行调度。

思考练习

1. 思考题

(1) 什么是线程？线程与进程的区别和联系是什么？
(2) 线程有哪几个基本状态？它们之间如何转化？简述线程的生命周期。
(3) 多线程和单线程在程序设计上的区别是什么？
(4) 线程的优先级是如何定义的？
(5) Java 中如何创建线程？
(6) 如何实现线程的同步？
(7) Thread.start()与 Thread.run()有什么区别？
(8) 守护线程和用户线程的区别是什么？

2. 拓展训练题

(1) 应用 Java 中线程的概念，编写一个 Java 程序(包括一个主程序类，一个 Thread 类的子类)。在主程序中创建两个线程(用子类)，将其中一个线程的优先级设为 10，另一个线程的优先级设为 6。让优先级为 10 的线程打印 200 次“线程 1 正在运行”，优先级为 6 的线程打印 200 次“线程 2 正在运行”。(提示：设置线程优先级用 setPriority 方法。)

(2) 利用多线程求解某范围内的素数，每个线程负责 1000 个数的范围：线程 1 找 1～1000；线程 2 找 1001～2000；线程 3 找 2001～3000。编程序将每个线程找到的素数即时打印。

(3) 编写一个应用程序，在线程同步的情况下来实现“生产者-消费者”问题。

第7章 输入与输出

本章导读

程序的输入和输出可以说是程序与用户之间沟通的桥梁，通过输入输出操作实现用户与程序的交互。在 Java 中用 java.io 包来管理所有与输入和输出有关的类与接口。其中有 5 个重要的类分别是：InputStream、OutStream、Reader、Writer 和 File 类，几乎所有的输入输出类都是继承这 5 个类而来的。

Java 所有的 I/O 机制都是基于数据流进行输入输出，如从键盘上读取数据，从本地或网络上的文件读取数据或写入数据等，这些数据流表示了字符或者字节数据的流动序列，Java 把这些输入与输出操作用流来实现，通过统一的接口来表示，从而使程序设计更为简单。

本章要点

- File 类的使用。
- 流的机制。
- 常见字节流的原理及应用。
- 常见字符流的原理及应用。
- RandomAccessFile 类的使用。
- 标准输入输出和 Scanner 类的应用。

7.1 File 类

File 类的对象主要用来获取文件本身的一些信息，如文件所在的目录、文件长度、文件读写权限等，不涉及对文件的读写操作。

File 类的构造方法如下。

1. File(String pathname)

通过将给定路径名字符串转换为抽象路径名来创建一个新 File 实例。

2. File(String directoryPath,String filename)

directoryPath 是文件路径，根据 directoryPath 路径名字符串和 filename 路径名字符串创建一个新 File 实例。

3. File(file f,String filename)

f 是指定成目录的一个文件,根据 f 抽象路径名字符串和 filename 路径名字符串创建一个新 File 实例。

例 7-1　在 D 盘根目录下创建一个新文件 Project. txt。

源文件为 Sample7_1. java,代码如下。

```
import java. io. * ;
class Sample 7_1{
    public static void main(String[ ] args) {
        File f = new File("D:\\Project. txt");
        try{
            f. createNewFile();
        }catch (Exception e) {
            e. printStackTrace();
        }
    }
}
```

程序运行之后,在 D 盘下会有一个名字为 Project. txt 的文件。例中使用了 createNewFile()方法,该方法的功能是当且仅当不存在具有此抽象路径名指定名称的文件时,创建一个新的空文件。

用户界面和操作系统使用与系统相关的路径名字符串来命名文件和目录,比如例 7-1 中的"D:\Project. txt",但此路径并不支持在 Linux 系统下运行,原因就是 Linux 系统与 Windows 系统的盘符表示不同,若使得代码跨平台,更加健壮,需要将路径名字符串转换为抽象路径名。抽象路径名呈现为一个抽象的、与系统无关的分层路径名,由两部分组成:第一个是目录名,即为路径名中的第一个名称;第二个是路径,即第一个名称之后零个或更多字符串名称的序列,最后一个名称既可以表示目录,也可以表示文件。

路径名字符串与抽象路径名之间的转换与系统有关。将抽象路径名转换为路径名字符串时,每个名称与下一个名称之间用一个默认分隔符隔开。默认名称分隔符由系统属性 file. separator 定义,可通过此类的公共静态字段 separator 和 separatorChar 使其可用。将路径名字符串转换为抽象路径名时,可以使用默认名称分隔符或者底层系统支持的任何其他名称分隔符来分隔其中的名称。

例 7-2　使用 File 类中的常量改写例 7-1 的代码。

源文件为 Sample7_2. java,代码如下。

```
import java. io. * ;
class Sample7_2{
    public static void main(String[ ] args) {
        String fileName = "D:" + File. separator + "Project. txt";
        File f = new File(fileName);
        try{
            f. createNewFile();
        }catch (Exception e) {
            e. printStackTrace();
```

```
        }
    }
}
```

File 类常用方法如下。

1. 删除文件

File 类中提供了若干方法，若要删除文件，可以使用 delete()方法，声明如下：

```
public boolean delete()
```

该方法删除此抽象路径名表示的文件或目录。如果此路径名表示一个目录，则该目录必须为空才能删除。当且仅当成功删除文件或目录时，返回 true；否则返回 false。

例 7-3 删除 D 盘下文件 Project.txt。

源文件为 Sample7_3.java，代码如下。

```
import java.io.*;
class Sample7_3{
    public static void main(String[] args) {
        String fileName = "D:" + File.separator + "Project.txt";
        File f = new File(fileName);
        if(f.exists()){
            f.delete();
        }else{
            System.out.println("文件不存在");
        }
    }
}
```

例中使用了 exists()方法，该方法测试此抽象路径名表示的文件或目录是否存在，当且仅当此抽象路径名表示的文件或目录存在时，返回 true；否则返回 false。

2. 目录操作

可以通过 File 类中提供的方法 getPath()、getParent()查看文件的目录、父目录，声明如下：

```
public String getPath()
```

将此抽象路径名转换为一个路径名字符串，所得字符串使用默认名称分隔符分隔名称序列中的名称。

```
public String getParent()
```

返回此抽象路径名父目录的路径名字符串，如果此路径名没有指定父目录，则返回 null。抽象路径名的父路径名由路径名的前缀(如果有)，以及路径名名称序列中最后一个名称以外的所有名称组成。

例 7-4 查看文件目录。

源文件为 Sample7_4.java，代码如下。

```
import java.io.*;
class Sample7_4{
    public static void main(String[] args) {
        String fileName = "D:" + File.separator + "Project.txt";
        File f = new File(fileName);
        System.out.println(f.getPath());
        System.out.println(f.getParent());
    }
}
```

运行结果：

```
D:\Project.txt
D:\
```

File 类中提供了方法 mkdir()来创建此抽象路径名指定的目录，声明如下：

```
public boolean mkdir();
```

该方法当且仅当已创建目录时，返回 true；否则返回 false。

例 7-5　创建一个目录。

源文件为 Sample7_5.java，代码如下。

```
import java.io.*;
class Sample7_5{
    public static void main(String[] args) {
        String fileName = "D:" + File.separator + "Project";
        File f = new File(fileName);
        f.mkdir();
    }
}
```

运行结果：在 D 盘创建了 Project 文件夹。

如果 File 对象是一个目录，那么该对象可以调用下述方法列出该目录下的文件和子目录：

```
public String[] list();
```

如果此抽象路径名不表示一个目录，那么此方法将返回 null；否则返回一个字符串数组，每个数组元素对应目录中的每个文件或目录，表示目录本身及其父目录的名称不包括在结果中，每个字符串是一个文件名，而不是一个完整路径。

例 7-6　列出指定目录的全部文件(包括隐藏文件)。

源文件为 Sample7_6.java，代码如下。

```
import java.io.*;
class Sample7_6{
    public static void main(String[] args) {
        String fileName = "C:" + File.separator;
        File f = new File(fileName);
        String[] str = f.list();
        for (int i = 0; i < str.length; i++) {
```

```
                System.out.println(str[i]);
            }
        }
    }
```

运行后，会在控制台打印出C盘下的全部文件。但是使用list返回的是String数组，而且列出的不是完整路径，如果想列出完整路径，需要使用listFiles，它返回的是File的数组，每个数组元素对应目录中的每个文件或目录。声明如下：

```
public File[] listFiles();
```

例7-7 列出指定目录的全部文件(包括隐藏文件)。

源文件为Sample7_7.java，代码如下。

```
import java.io.*;
class Sample7_7{
    public static void main(String[] args) {
        String fileName = "C:" + File.separator;
        File f = new File(fileName);
        File[] str = f.listFiles();
        for (int i = 0; i < str.length; i++) {
            System.out.println(str[i]);
        }
    }
}
```

运行后，会在控制台打印出C盘下的全部文件的完整路径。

7.2 流

流(Stream)是一个很形象的概念，它起源于UNIX系统中管道(Pipe)的概念。在UNIX系统中，管道是一条不间断的字节流，用来实现程序或进程间的通信，或读写外围设备、外部文件等。

Java中I/O操作主要是指使用Java进行输入、输出操作。Java所有的I/O机制都是基于数据流进行输入输出，这些数据流表示了字符或者字节数据的流动序列，流的方向是重要的，根据流的方向，流可分为两类：输入流和输出流。用户可以从输入流中读取信息，但不能写它。相反，对输出流，只能往输入流写，而不能读它。当程序需要读取数据的时候，就会开启一个通向数据源的流，这个数据源可以是文件、内存或是网络连接；类似地，当程序需要写入数据的时候，就会开启一个通向目的地的流。这时候就可以想象数据好像在其中"流"动一样，如图7.1所示。

实际上，流的源端和目的端可简单地看成是字节的生产者和消费者，对输入流，可不必关心它的源端是什么，只要简单地从流中读数据；而对输出流，也可不知道它的目的端，只是简单地往流中写数据。J2SDK提供了各种各样的"流"类，用以获取不同种类的数据，定义在包java.io中，程序中通过标准的方法输入或输出数据。

Java流在处理上分为字符流和字节流。字符流处理的单元为两个字节的Unicode字符,分别操作字符、字符数组或字符串,而字节流处理单元为一个字节,操作字节和字节数组。

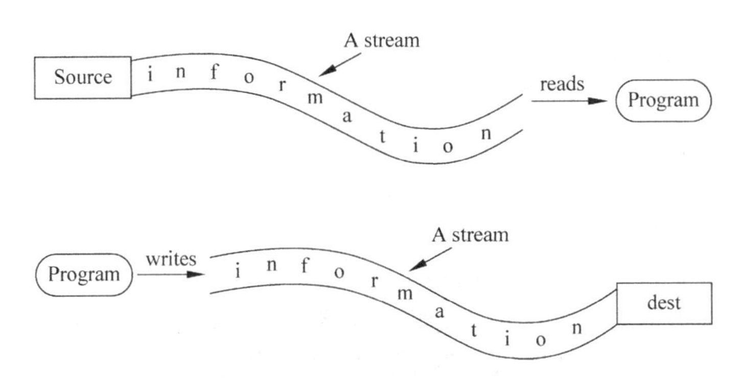

图 7.1 Java 输入输出流

7.2.1 字节流

字节流主要是操作 byte 类型数据,以 byte 数组为准,它们的超类就是 OutputStream、InputStream。

1. OutputStream 和 InputStream

OutputStream 和 InputStream 是整个 IO 包中字节输入输出流的父类,这两个类的定义如下。

```
public abstract class OutputStream extends Object implements Closeable,Flushable
public abstract class InputStream extends Object implements Closeable
```

从以上的定义可以发现,两个类都是抽象类,OutputStream 提供了字节输出流的 write 方法,用于将指定字节写入输出流,方法定义如下。

1) public abstract void write(int b) throws IOException

向输出流写入一个字节,要写入的字节是参数 b 的 8 个低位,b 的 24 个高位将被忽略,OutputStream 的子类必须实现此方法。

2) public void write(byte[] b) throws IOException

将指定的字节数组 b 的全部字节写入此输出流。

3) public void write(byte[] b, int off, int len) throws IOException

将指定字节数组中从偏移量 off 开始的 len 个字节写入此输出流。也就是说,将数组 b 中的某些字节按顺序写入输出流,元素 b[off]是此操作写入的第一个字节,b[off+len−1]是此操作写入的最后一个字节。若 off=0,len=b.length,那么该方法与上面的方法为同一含义。

此外,OutputStream 还提供了字节流的刷新与关闭方法,方法定义如下。

1) public void flush() throws IOException

刷新此输出流并强制将所有缓冲的输出字节写出。

2) public void close() throws IOException

关闭此输出流并释放与此流有关的所有系统资源，关闭的流不能执行输出操作，也不能重新打开。

InputStream 提供了字节输入流的 read 方法，用于将指定字节写入输出流，方法定义如下。

1) public abstract int read() throws IOException

从输入流中读取数据的下一个字节，返回 0～255 范围内的 int 字节值，如果因为已经到达流末尾而没有可用的字节，则返回值-1，子类必须提供此方法的一个实现。

2) public int read(byte[] b) throws IOException

从输入流中读取一定数量的字节，并将其存储在缓冲区数组 b 中，以整数形式返回实际读取的字节数。如果 b 的长度为 0，则不读取任何字节并返回 0；否则，尝试读取至少一个字节。如果因为流位于文件末尾而没有可用的字节，则返回值-1；否则，至少读取一个字节并将其存储在 b 中。

该方法将读取的第一个字节存储在元素 b[0]中，下一个存储在 b[1]中，以此类推，读取的字节数最多等于 b 的长度。设 k 为实际读取的字节数，这些字节将存储在 b[0]～b[k-1]的元素中，不影响 b[k]～b[b.length-1]的元素。

3) public int read(byte[] b, int off, int len) throws IOException

将输入流中最多 len 个数据字节读入 byte 数组。如果 len 为 0，则不读取任何字节并返回 0；否则，尝试读取至少一个字节。如果因为流位于文件末尾而没有可用的字节，则返回值-1；否则，至少读取一个字节并将其存储在 b 中。

该方法将读取的第一个字节存储在元素 b[off]中，下一个存储在 b[off+1]中，以此类推。读取的字节数最多等于 len。设 k 为实际读取的字节数；这些字节将存储在 b[off]～b[off+k-1]的元素中，不影响 b[off+k]～b[off+len-1]的元素。

在任何情况下，b[0]～b[off]的元素以及 b[off+len]～b[b.length-1]的元素都不会受到影响。

InputStream 提供的常用方法有以下几个。

1) public long skip(long n) throws IOException

跳过和丢弃此输入流中数据的 n 个字节。出于各种原因，skip 方法结束时跳过的字节数可能小于该数，也可能为 0，比如跳过 n 个字节之前已到达文件末尾，此时返回跳过的实际字节数。如果 n 为负，则不跳过任何字节。

2) public boolean markSupported()

测试此输入流是否支持 mark 和 reset 方法，如果此输入流实例支持 mark 和 reset 方法，则返回 true；否则返回 false。

3) public void mark(int readlimit)

在此输入流中标记当前的位置，参数 readlimit 告知此输入流在标记位置失效之前允许读取的字节数。

4) public void reset() throws IOException

将此流重新定位到最后一次对此输入流调用 mark 方法时的位置。

OutputStream 类和 InputStream 类的体系结构如图 7.2 所示。

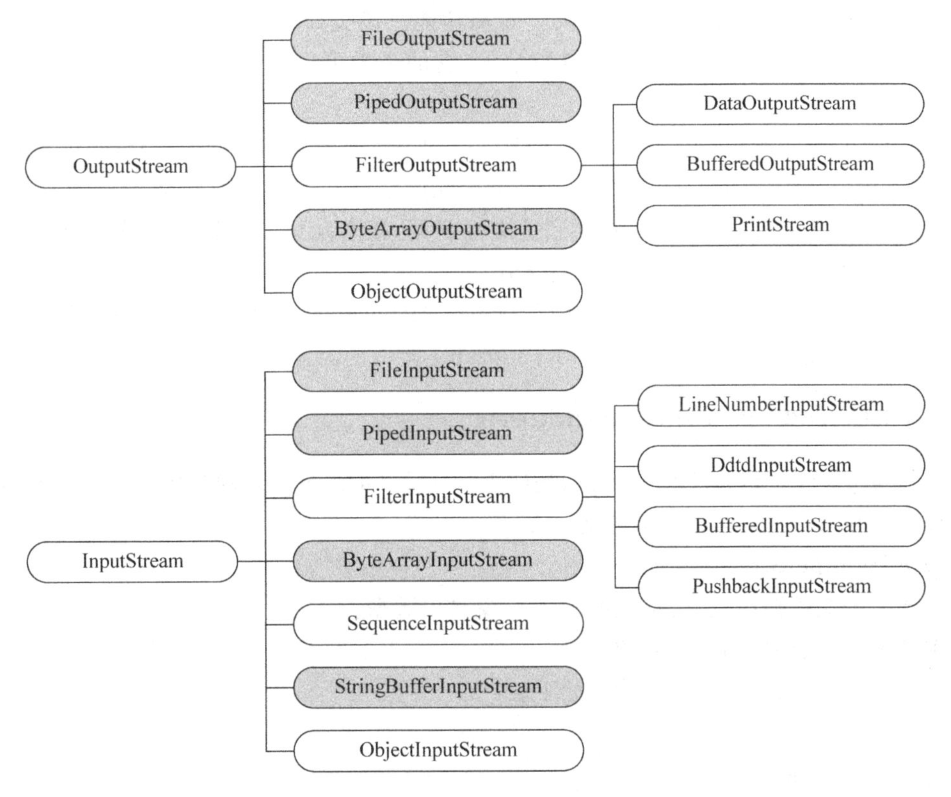

图 7.2 OutputStream 类和 InputStream 类的体系结构

图 7.2 中，OutputStream 类包括以下 5 个直接子类。

(1) FileOutputStream：文件输出流，通过该类向文件写入数据。

(2) PipedOutputStream：管道输出流，用于线程间的通信。一个线程的 PipedInputStream 对象从另外一个线程的 PipedOutputStream 对象读取输入。要使管道流有用，必须同时构造管道输入流和管道输出流。

(3) FilterOutputStream：此类是过滤输出流的所有类的父类。本书提供其三个直接子类：DataOutputStream 数据输出流、BufferedOutputStream 缓冲输出流、PrintStream 打印流。

(4) ByteArrayOutputStream：是在创建它的实例时，程序内部创建一个 byte 型数组的缓冲区，缓冲区会随着数据的不断写入而自动增长，可使用 toByteArray()和 toString()获取数据。

(5) ObjectOutputStream：将对象写入字节流中，所写的对象必须实现 Serializable 接口。

图 7.2 中，InputStream 类包括以下 6 个直接子类。

(1) FileInputStream：文件输入流，从文件系统中的某个文件中获得输入字节。

(2) PipedInputStream：管道输入流，应该连接到管道输出流，管道输入流提供要写入管道输出流的所有数据字节。通常，数据由某个线程从 PipedInputStream 对象读取，并由其他线程将其写入到相应的 PipedOutputStream。

(3) FilterInputStream：是所有输入流过滤器类的父类。这些流位于一个已存在的输入流(基本的输入流)的上层,但是提供了附加功能。该类简单地覆盖了 InputStream 的所有方法,使之用于向基本输入流发出各种请求,它的子类可以进一步重写其中的某些方法,并可提供额外的方法和字段。

(4) ByteArrayInputStream:将从流中读取的字节放入内部缓冲区(字节数组)中。

(5) SequenceInputStream:表示其他输入流的逻辑串联。它从输入流的有序集合开始,并从第一个输入流开始读取,直到到达文件末尾,接着从第二个输入流读取,以此类推,直到到达包含的最后一个输入流的文件末尾为止。

(6) ObjectInputStream:对以前使用 ObjectOutputStream 写入的基本数据和对象进行反序列化,只有支持 Serializable 或 Externalizable 接口的对象才能从流读取。

2. FileOutputStream 和 FileInputStream

FileOutputStream 即文件输出流,是向 File 或 FileDescriptor 输出数据的一个输出流,若文件不存在,则先创建文件,构造方法如下。

1) FileOutputStream(File)

创建一个文件输出流,向指定的 File 对象输出数据。

例 7-8 向文件中写入字符串。

源文件为 Sample7_8.java,代码如下。

```
import java.io.*;
class Sample7_8{
    public static void main(String[] args) throws IOException {
        String fileName = "D:" + File.separator + "Project.txt";
        File f = new File(fileName);
        FileOutputStream out  = new FileOutputStream(f);
        String str = "项目编号";
        byte[] b = str.getBytes();
        out.write(b);
        out.close();
    }
}
```

运行后,打开 D 盘 Project.txt 文件,会出现"项目编号"字样。

2) FileOutputStream(String)

创建一个文件输出流,向指定名称的文件输出数据。

例 7-9 向文件中写入字符串。

源文件为 Sample7_9.java,代码如下。

```
import java.io.*;
class Sample7_9{
    public static void main(String[] args) throws IOException {
        String fileName = "D:" + File.separator + "Project.txt";
        FileOutputStream out  = new FileOutputStream(fileName);
        String str = "项目编号";
        byte[] b = str.getBytes();
        out.write(b);
```

```
            out.close();
        }
    }
```

运行结果和例 7-8 相同，当然也可以一个字节一个字节地写。

例 7-10 向文件中写入字符串。

源文件为 Sample7_10.java，代码如下。

```
import java.io.*;
class Sample7_10{
    public static void main(String[] args) throws IOException {
        String fileName = "D:" + File.separator + "Project.txt";
        FileOutputStream out  = new FileOutputStream(fileName);
        String str = "项目编号";
        byte[] b = str.getBytes();
        for (int i  = 0; i < b.length; i++) {
            out.write(b[i]);
        }
        out.close();
    }
}
```

运行结果同上。

3) FileOutputStream(String name, boolean append)

创建一个向具有指定 name 的文件中写入数据的输出文件流。如果第二个参数为 true，则将字节写入文件末尾处，而不是写入文件开始处。

例 7-11 向文件中追加新内容。

源文件为 Sample7_11.java，代码如下。

```
import java.io.*;
class Sample7_11{
    public static void main(String[] args) throws IOException {
        String fileName = "D:" + File.separator + "Project.txt";
        FileOutputStream out  = new FileOutputStream(fileName,true);
        String str = " L2014101";
        byte[] b = str.getBytes();
        for (int i  = 0; i < b.length; i++) {
            out.write(b[i]);
        }
        out.close();
    }
}
```

程序运行后，将在例 7-10 产生的文件中添加“L2014101”。

FileInputStream 即文件输入流，提供了对文件读取的操作，创建 FileInputStream 实例对象时，指定的文件应当是存在和可读的，构造方法如下。

1) public FileInputStream(String name)

通过打开一个到实际文件的连接来创建一个文件输入流 FileInputStream，该文件通过文件系统中的路径名 name 指定，如果指定文件不存在，或者它是一个目录，而不是一个常规文件，抑或因为其他某些原因而无法打开，则抛出 FileNotFoundException。

2) public FileInputStream(File file)

该方法与第一个方法类似，区别在于连接文件通过文件系统中的 File 对象 file 指定。

例 7-12 读入 Project 文件内容。

源文件为 Sample7_12.java，代码如下。

```
import java.io.*;
class Sample7_12{
    public static void main(String[] args) throws IOException {
        String fileName = "D:" + File.separator + "Project.txt";
        File f = new File(fileName);
        FileInputStream in = new FileInputStream(f);
        byte[] b = new byte[1024];
        int len = in.read(b);
        in.close();
        System.out.println("读入长度为: " + len);
        System.out.println(new String(b,0,len));
    }
}
```

运行结果：

```
读入长度为: 17
项目编号 L2014101
```

上面的例子可以看出，程序中预先申请了一个指定大小的空间，但是有时候这个空间并不合适，若需要准确的空间大小，可以改写例 7-12。

例 7-13 改写例 7-12，节省空间。

源文件为 Sample7_13.java，代码如下。

```
import java.io.*;
class Sample7_13{
    public static void main(String[] args) throws IOException {
        String fileName = "D:" + File.separator + "Project.txt";
        File f = new File(fileName);
        FileInputStream in = new FileInputStream(f);
        byte[] b = new byte[(int)f.length()];
        in.read(b);
        in.close();
        System.out.println("读入长度为: " + f.length());
        System.out.println(new String(b));
    }
}
```

运行结果与例 7-12 相同。

对于未知文件大小的情况，需要通过 read 方法的返回值判断是否读到文件的末尾，当读到文件末尾的时候会返回－1。

例 7-14 通过 read 返回值判断是否读到文件的末尾。

源文件为 Sample7_14. java,代码如下。

```
import java.io. * ;
class Sample7_14{
    public static void main(String[ ] args) throws IOException {
        String fileName = "D:" + File.separator + "Project.txt";
        File f = new File(fileName);
        FileInputStream in = new FileInputStream(f);
        byte[ ] b = new byte[1024];
        int count  = 0;
        int temp = 0;
        while((temp = in.read())!= ( - 1)){
            b[count++ ] = (byte)temp;
        }
        in.close();
        System.out.println(new String(b));
    }
}
```

运行后,在控制台上打印 Project. txt 文件的所有内容,再看一个例子。

例 7-15 将 D 盘 Project. txt 的内容复制到 E 盘 Backup. txt。

源文件为 Sample7_15. java,代码如下。

```
import java.io. * ;
class Sample7_15{
    public static void main(String[ ] args) throws IOException {
        String fileName1 = "D:" + File.separator + "Project.txt";
        String fileName2 = "E:" + File.separator + "Backup.txt";
        File fin = new File(fileName1);
        File fout = new File(fileName2);
        FileInputStream fis  =  new FileInputStream(fin);
        FileOutputStream fos  =  new FileOutputStream(fout);
        byte[ ] b  =  new byte[1024];
        int length  =  0;
        while ((length  =  fis.read(b)) !=  - 1) {
            System.out.println(length);
            fos.write(b, 0, length);
        }
        fis.close();
        fos.close();
    }
}
```

运行后 D 盘 Project. txt 的内容和 E 盘 Backup. txt 的内容完全相同。

3. PipedOutputStream 和 PipedInputStream

当需要在两个线程中读写数据的时候,由于线程的并发执行,读写的同步问题可能会发生困难,这时候可以使用管道。PipedInputStream 类与 PipedOutputStream 类用于在应用程序中创建管道通信,一个 PipedInputStream 实例对象必须和一个 PipedOutputStream 实例对象进行连接而产生一个通信管道，管道是由系统维护的一个缓冲区，PipedOutputStream可以向管道中写入数据，PipedIntputStream可以读取PipedOutputStream向管道中写入的数据，这两个类主要用来完成线程之间的通信，一个线程的PipedInputStream对象能够从另外一个线程的PipedOutputStream对象中读取数据。

PipedInputStream和PipedOutputStream的实现原理类似于“生产者-消费者”原理，PipedOutputStream是生产者，PipedInputStream是消费者，在PipedInputStream中有一个buffer字节数组，默认大小为1024，作为缓冲区，存放“生产者”生产出来的数据。因为生产和消费的方法都是synchronized的，所以肯定是生产者先生产出一定数量的东西，消费者才可以开始消费，因此消费者最多可以消费和生产的数量相等的东西，而不会超出。

PipedOutputStream构造方法如下。

1) public PipedOutputStream()

创建尚未连接到管道输入流的管道输出流，必须在使用之前将管道输出流连接到管道输入流。

2) public PipedOutputStream(PipedInputStream snk)

创建连接到指定管道输入流的管道输出流，写入此流的数据字节稍后将用作管道输入流snk的输入。

PipedInputStream构造方法如下。

1) public PipedInputStream()

创建尚未连接的PipedInputStream，在使用前必须将其连接到PipedOutputStream。

2) public PipedInputStream(int pipeSize)

创建一个尚未连接的PipedInputStream，并对管道缓冲区使用指定的管道大小，在使用前必须将其连接到PipedOutputStream。

3) public PipedInputStream(PipedOutputStream src)

创建PipedInputStream，使其连接到管道输出流src。

4) public PipedInputStream(PipedOutputStream src,int pipeSize)

创建一个PipedInputStream，使其连接到管道输出流src，并对管道缓冲区使用指定的管道大小。

管道的连接方法有以下两种。

一是通过构造方法直接将某一个程序的输出作为另一个程序的输入，在定义对象时指明目标管道对象：

```
PipedInputStream pin = new PipedInputStream();
PipedOutputStreampout =  new PipedOutputStream(pin);
```

二是利用双方类中的connect()方法相连接：

```
PipedInputStream pin = new PipedInputStream();
PipedOutputStreampout =  new PipedOutputStream();
pin.connect(pout);
```

例7-16 使用管道流输出字符串。

源文件为Sample7_16.java，代码如下。

```
import java.io.PipedInputStream;
import java.io.PipedOutputStream;
public class Sample7_16 {
    public static void main(String[ ] args) {
        PipedInputStream pis = new PipedInputStream();
        PipedOutputStream pos = new PipedOutputStream();
        try {
            pos.connect(pis);                    //管道连接
        } catch (Exception e) {
            e.printStackTrace();
        }
        Producer producer = new Producer(pos);
        Consumer con = new Consumer(pis);
        producer.run();
        con.run();
    }
}
//生产者,实现 Runnable 接口
class Producer implements Runnable {
    PipedOutputStream pos;
    public Producer(PipedOutputStream pos){
        this.pos = pos;
    }
    public void run() {
        try {
            pos.write("项目编号 L2014101".getBytes());
            pos.close();
        } catch (Exception e) {
            e.printStackTrace();
        }
    }
}
//消费者,实现 Runnable 接口
class Consumer implements Runnable {
    PipedInputStream pis;
    public Consumer(PipedInputStream pis){
        this.pis = pis;
    }
    public void run() {
        try {
            byte[ ] bytes = new byte[100];
            int length = pis.read(bytes);
            System.out.println(new String(bytes, 0, length));
        } catch (Exception e) {
            e.printStackTrace();
        }
    }
}
```

运行结果：在控制台上输出“项目编号 L2014101”。也可以和文件输入输出流配合使用,实现例 7-14 的功能。

例 7-17 将 D 盘 Project.txt 的内容复制到 E 盘 Backup.txt。

源文件为 Sample7_17.java,代码如下。

```
import java.io.*;
public class Sample7_17{
    public static void main(String args[]) {
        String fileName1 = "D:" + File.separator + "Project.txt";
        String fileName2 = "E:" + File.separator + "Backup.txt";
        try {
            PipedInputStream pis = new PipedInputStream();
            PipedOutputStream pos = new PipedOutputStream();
            pos.connect(pis);
            new Sender(pos, fileName1).start();
            new Receiver(pis, fileName2).start();
        }
        catch(IOException e) {
            System.out.println("Pipe Error" +  e);
        }
    }
}
//生产者,继承 Thread 类
class Sender extends Thread {
    PipedOutputStream pos;
    File file;
    Sender(PipedOutputStream pos, String fileName) {
        this.pos = pos;
        file = new File(fileName);
    }
    public void run() {
        try {
            FileInputStream fis = new FileInputStream(file);
            int data;
            while((data = fis.read())!= -1) {
                pos.write(data);
            }
            pos.close();
        }
        catch(IOException e) {
            System.out.println("Sender Error"  + e);
        }
    }
}
//消费者,继承 Thread 类
class Receiver extends Thread {
    PipedInputStream pis;
    File file;
    Receiver(PipedInputStream pis, String fileName) {
        this.pis = pis;
        file = new File(fileName);
    }
```

```
    public void run() {
        try {
            FileOutputStream fos = new FileOutputStream(file);
            int data;
            while((data = pis.read())!= - 1) {
                fo s.write(data);
            }
            pis.close();
        }
        catch(IOException e) {
            System.out.println("Receiver Error" + e);
        }
    }
}
```

运行后,将在 E 盘创建 Backup.txt,其内容与 Project.txt 一致。

4. ByteArrayOutputStream 和 ByteArrayInputStream

流的来源或目的地也可以是内存中的一个空间,例如一个数组,ByteArrayInputStream 和 ByteArrayOutputStream 类便是将数组当作流输入来源、输出目的地的类。

ByteArrayOutputStream 类是在创建它的实例时,程序内部创建一个字节型数组的缓冲区,然后利用 ByteArrayOutputStream 和 ByteArrayInputStream 的实例向数组中写入或读出 byte 型数据,在网络传输中往往要传输很多变量,可以利用 ByteArrayOutputStream 把所有的变量收集到一起,然后一次性把数据发送出去。

ByteArrayOutputStream 类的构造方法如下。

1) public ByteArrayOutputStream()

创建一个 32 字节的缓冲区。

2) public ByteArrayOutputStream(int size)

根据参数指定大小创建缓冲区。

这两个构造方法创建的缓冲区大小在数据过多的时候都会自动增长,如果创建缓冲区以后,程序就可以把它像虚拟文件一样似的往它里面写入内容,当写完内容以后调用该输出流中的 toByteArray()方法就可以把其中的内容当作字节数组返回。

ByteArrayInputStream 类的构造方法如下。

1) public ByteArrayInputStream(byte[] buf)

创建一个 ByteArrayInputStream,使用 buf 当中所有的数据作为数据源,程序可以像输入流方式一样读取字节,可以看作一个虚拟的文件,用文件的方式去读取它里面的数据。

2) public ByteArrayInputStream(byte[] buf, int offset, int length)

从数组当中的第 offset 位置开始,一直取出 length 个字节作为数据源,若 offset+length 大于数组长度,则取 buf.length−offset 个字节。

例 7-18 输出项目编号。

源文件为 Sample7_18.java,代码如下。

```
import java.io.*;
```

```
public class Sample7_18 {
    //利用缓冲的方法从输入流存到字节输出流中
    public static void show() throws IOException {
        ByteArrayInputStream bis = new
ByteArrayInputStream("项目编号 L2014101".getBytes());
        ByteArrayOutputStream bos = new ByteArrayOutputStream();
        byte[] b = new byte[1024];
        int len;
        //将缓冲区的字节数据读入到字节数组 b 中
        while((len = bis.read(b))!= -1){
            //将字节数组 b 中的数据写到字节数组输出流中
            bos.write(b, 0, len);
    }
        System.out.println(bos.toString());
    }
    public static void main(String[] args) throws IOException {
        show();
    }
}
```

运行结果：在控制台上输出“项目编号 L2014101”。

5. DataOutputStream 和 DataInputStream

可以使用 DataOutputStream 和 DataInputStream 写入和读取数据，通常情况下数据输出流按照一定格式将数据输出，再通过数据输入流按照一定格式读取数据。

构造方法如下：

```
public DataOutputStream(OutputStream out)
```

创建一个新的数据输出流，将数据写入指定基础输出流。

```
public DataInputStream(InputStream in)
```

使用指定的底层 InputStream 创建一个 DataInputStream。

DataOutputStream 和 DataInputStream 类分别实现了 DataOutput 和 DataInput 接口，这两个接口提供了多种对文件的写入和读取方法，如 writeBoolean()，writeUTF()，writeChar()，writeByte()，writeDouble()等和对应的 read 方法，这些方法极大地方便了写入和读取操作。

例 7-19 将如表 7.1 所示数据格式写入文件中。

表 7.1 例 7-19 数据

项目名称	分隔符	资助金额/万元	分隔符	执行时间/年	分隔符
项目管理系统的研发设计	\t	9.3	\t	1	\n
Java 课程管理系统的研发设计	\t	3.3	\t	2	\n
学生档案管理系统的研发设计	\t	5.5	\t	3	\n

每条数据用“\n”分隔，数据中的每项内容中间用“\t”分隔。

源文件为 Sample7_19. java，代码如下。

```
import java.io. * ;
public class Sample7_19{
    public static void main(String args[ ]) throws Exception{
        DataOutputStream dos = null ;
        File f = new File("d:" + File.separator + "Project.txt") ;
        dos = new DataOutputStream(new FileOutputStream(f)) ;
        String items[ ] = {"项目管理系统的研发设计",
                          "Java 课程管理系统的研发设计",
                          "学生档案管理系统的研发设计"} ;
        float grants[ ] = {9.3f,3.3f,5.5f} ;
        int years[ ] = {1,2,3} ;
        for(int i = 0;i < items.length;i++){
            dos.writeChars(items[i]) ;        //写入字符串
            dos.writeChar('\t') ;             //写入分隔符
            dos.writeFloat(grants[i]) ;       //写入资助金额
            dos.writeChar('\t') ;             //写入分隔符
            dos.writeInt(years[i]) ;          //写入数量
            dos.writeChar('\n') ;             //换行
        }
        dos.close() ;
    }
}
```

运行后，再使用 DataInputStream 将 Project. txt 文件的内容打印在控制台上。

例 7-20 将例 7-19 文件内容通过控制台输出。

源文件为 Sample7_20. java，代码如下。

```
import java.io. * ;
public class Sample7_20{
    public static void main(String args[ ]) throws Exception{
        DataInputStream dis = null ;
        File f = new File("d:" + File.separator + "Project.txt") ;
        dis = new DataInputStream(new FileInputStream(f)) ;
        String item = null ;
        float grant = 0.0f ;
        int year = 0 ;
        char temp[ ] = null ;
        int len = 0 ;
        char c = 0 ;
        try{
            while(true){
                temp = new char[200] ;
                len = 0 ;
                while((c = dis.readChar())!= '\t'){
                    temp[len] = c ;
                    len ++;
                }
```

```
                item = new String(temp,0,len) ;
                grant = dis.readFloat() ;
                dis.readChar() ;
                year = dis.readInt() ;
                dis.readChar() ;
                System.out.printf("项目名称: %s;
                资助金额: %5.2f; 执行时间: %d\n",item,grant,year) ;
            }
        }catch(Exception e){}
        dis.close() ;
    }
}
```

运行结果：

```
项目名称：项目管理系统的研发设计；资助金额：9.30；执行时间：1
项目名称：Java课程管理系统的研发设计；资助金额：3.30；执行时间：2
项目名称：学生档案管理系统的研发设计；资助金额：5.50；执行时间：3
```

6. ObjectInputStream和ObjectOutputStream

ObjectInputStream和ObjectOutputStream类用于从底层输入流中读取对象类型的数据和将对象类型的数据写入到底层输出流，将对象中所有成员变量的取值保存起来就等于保存了对象，将对象中所有成员变量的取值还原就相当于读取了对象。

ObjectInputStream和ObjectOutputStream类所读写的对象必须实现Serializable接口。对象中的transient(一种标记，表示变量是临时的)和static类型的成员变量不会被读取和写入，这两个类可以用于网络流中传送对象。

Java的序列化提供了一种持久化对象实例的机制。当持久化对象时，可能有一个特殊的对象数据成员，不需要用序列化机制来保存，为了在一个特定对象的一个域上关闭序列化，可以在这个域前加上关键字transient。当一个对象被序列化的时候，transient型变量的值不包括在序列化的表示中，然而非transient型的变量是被包括进去的。

一个可以被序列化的MyClass类的定义：

```
public class MyProject implements Serializable{
    public transient Thread t;                  //t不会被序列化
    private String item;
    private int year;
}
```

构造方法如下：

```
public ObjectOutputStream(OutputStream out) throws IOException
```

创建写入指定OutputStream的ObjectOutputStream。此构造方法将序列化流部分写入底层流。

```
public ObjectInputStream(InputStream in) throws IOException
```

创建从指定InputStream读取的ObjectInputStream。

例 7-21 创建一个可序列化的科研项目对象，并用 ObjectOutputStream 类把它存储到一个文件(project.txt)中，然后再用 ObjectInputStream 类把存储的数据读取到一个学生对象中，即恢复保存的学生对象。

源文件为 Sample7_21.java，代码如下。

```
import java.io.*;
class Project implements Serializable {
    String itemid;
    String item;
    int year;
    String department;
    public Project(String itemid, String item, int year, String department) {
        this.itemid = itemid;
        this.item = item;
        this.year = year;
        this.department = department;
    }
}
public class Sample7_21 {
    public static void main(String[] args) {
        Project Project1 = new Project("L2014101", "项目管理系统的研发设计", 1, "省科技
厅");
        Project Project2 = new Project("L2014102", "Java课程管理系统的研发设计", 2, "省教
育厅");
        try {
            FileOutputStream fos = new FileOutputStream("Project.txt");
            ObjectOutputStream os = new ObjectOutputStream(fos);
            os.writeObject(Project1);
            os.writeObject(Project2);
            os.close();
            FileInputStream fis = new FileInputStream("Project.txt");
            ObjectInputStream is = new ObjectInputStream(fis);
            try {
                Project1 = (Project) is.readObject();
                Project2 = (Project) is.readObject();
                is.close();
                System.out.println("项目编号: " + Project1.itemid);
                System.out.println("项目名称: " + Project1.item + "\r\n");
                System.out.println("项目编号: " + Project2.itemid);
                System.out.println("项目名称: " + Project2.item);
            } catch (ClassNotFoundException e) {
                    e.printStackTrace();
            }
        } catch (FileNotFoundException e) {
            e.printStackTrace();
        } catch (IOException e) {
            e.printStackTrace();
        }
    }
}
```

运行结果：

```
项目编号: L2014101
项目名称: 项目管理系统的研发设计

项目编号: L2014102
项目名称: Java 课程管理系统的研发设计
```

本例中输出了项目编号、项目名称两项内容，若将 Project 类的 itemid 属性关闭序列化，可以在其前面加上 transient，此时系统将不再输出项目编号，运行结果如下：

```
项目编号: null
项目名称: 科研项目管理系统的研发设计

项目编号: null
项目名称: Java 课程管理系统的研发设计
```

7.2.2 字符流

字符流是针对字符数据的特点进行过优化的，因而提供一些面向字符的有用特性，字符流的源或目标通常是文本文件。Writer 和 Reader 是 java.io 包中所有字符流的父类，由于它们都是抽象类，所以应使用它们的子类来创建实体对象，利用对象来处理相关的读写操作。Writer 和 Reader 的子类又可以分为两大类：一类用来从数据源读入数据或往目的地写出数据（称为节点流），另一类对数据执行某种处理（称为处理流）。

1. Writer 和 Reader

Writer 类为所有写入字符流的抽象父类，提供写入字符流常用的方法，其中子类必须实现的方法仅有 write(char[], int, int)、flush()和 close()，Writer 类提供的方法定义如下。

1) public abstract void flush() throws IOException

刷新该流的缓冲，将该流缓冲区所有的字符立即写入预期目标，如果该目标是另一个字符或字节流，则将其刷新，因此一次 flush()调用将刷新 Writer 和 OutputStream 链中的所有缓冲区。

2) public abstract void close() throws IOException

关闭此流，但之前要刷新。

3) public void write(int c) throws IOException

写入单个字符，要写入的字符包含在给定整数值的 16 个低位中，16 个高位被忽略。

4) public abstract void write(char[] cbuf, int off, int len) throws IOException

写入字符数组的某一部分，其中，off 表示开始写入字符处的偏移量，len 表示要写入的字符数。

5) public void write(String str, int off, int len) throws IOException

写入字符串的某一部分，其中，off 表示开始写入字符处的偏移量，len 表示要写入的字符数。

6) public Writer append(char c) throws IOException

将指定字符添加到字符输出流。

Writer 的子类结构如图 7.3 所示。

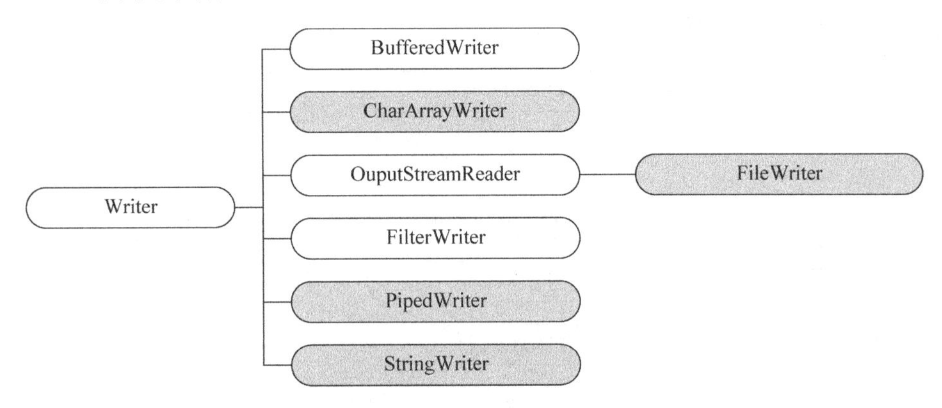

图 7.3　Writer 的子类结构

BufferedWriter：将文本写入字符输出流，缓冲各个字符，从而提供单个字符、数组和字符串的高效写入。

CharArrayWriter：此类实现一个可用作 Writer 的字符缓冲区，缓冲区会随向流中写入数据而自动增长，可使用 toCharArray()和 toString()获取数据。

FileWriter：将字符类型数据写入文件，使用默认字符编码和缓冲器大小。

FilterWriter：用于写入过滤字符流。

StringWriter：可以用其回收在字符串缓冲区中的输出来构造字符串。

Reader 用于读取字符流的抽象类，是所有面向字符的输入流类的父类，提供数据输入流的常用方法，但子类必须实现的方法只有 read(char[], int, int)和 close()，Reader 类提供的方法定义如下。

1) public abstract void close() throws IOException

关闭该流并释放与之关联的所有资源，在关闭该流后，再调用 read()、ready()、mark()、reset()或 skip()将抛出 IOException。

2) public void mark(int readAheadLimit) throws IOException

标记流中的当前位置，对 reset()的后续调用将尝试将该流重新定位到此点，并不是所有的字符输入流都支持 mark()操作，如果该流不支持 mark()，则抛出 IOException。

3) public boolean markSupported()

判断此流是否支持 mark()操作，当且仅当此流支持此 mark 操作时，返回 true，默认实现始终返回 false。

4) public long skip(long n) throws IOException

跳过字符，返回实际跳过字符数，如果 n 为负，则抛出 IllegalArgumentException。

5) public int read() throws IOException

读取单个字符，如果已到达流的末尾，则返回－1。

6) public int read(char[] cbuf) throws IOException

将字符读入数组，返回读取的字符数。

7) public abstract int read(char[] cbuf, int off, int len) throws IOException

将字符读入数组的某一部分，其中，off 表示开始存储字符处的偏移量，len 表示要读取的最多字符数。

Reader 类的子类结构如图 7.4 所示。

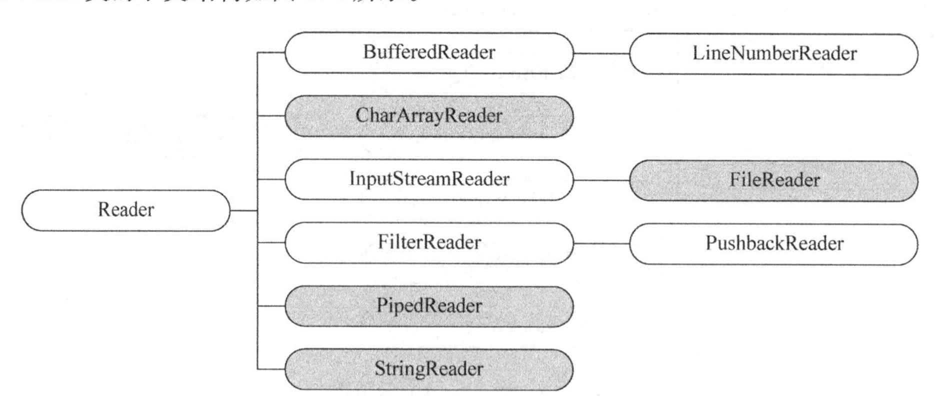

图 7.4 Reader 类的子类结构

BufferedReader：从字符输入流中读取文本，缓冲各个字符，从而实现字符、数组和行的高效读取。通常，Reader 所做的每个读取请求都会导致对底层字符或字节流进行相应的读取请求，因此，建议用 BufferedReader 包装所有其 read()操作可能开销很高的输入流。

CharArrayReader：此类实现一个可用作字符输入流的字符缓冲区。

FileReader：主要用来读取字符文件，使用默认的字符编码。

FilterReader：用于读取已过滤的字符流的抽象类，FilterReader 自身提供了一些将所有请求传递给所包含的流的默认方法，FilterReader 的子类应重写这些方法中的一些方法，并且还可以提供一些额外的方法和字段。

StringReader：从字符串读取的输入流。

2. FileReader 和 FileWriter

FileWriter 类是 Writer 子类 OutputStreamWriter 类的子类，用于将字符数据写入文件，构造方法如下。

1) public FileWriter(File file) throws IOException

根据给定的 File 对象构造一个 FileWriter 对象。

例 7-22 将字符串"项目编号"写入文件中。

源文件为 Sample7_22.java，代码如下。

```
import java.io.*;
class Sample7_22{
    public static void main(String[] args) throws IOException {
        String fileName = "D:" + File.separator + "Project.txt";
        File f = new File(fileName);
        FileWriter out  = new FileWriter(f);
        String str = "项目编号";
        out.write(str);
        out.close();
    }
}
```

运行结果：当打开 Project. txt 的时候，会看到“项目编号”。

其实这个例子和例 7-8 没什么区别，只是可以直接输入字符串，而不需要将字符串转化为字节数组。如果需要向文件中追加内容的时候，可以使用以下构造方法。

2) public FileWriter(File file, boolean append) throws IOException

根据给定的 File 对象构造一个 FileWriter 对象，如果第二个参数为 true，则将字节写入文件末尾处，而不是写入文件开始处。

例 7-23　向 Project. txt 中添加“项目名称”。

源文件为 Sample7_23. java，代码如下。

```
import java.io. * ;
class Sample7_23{
    public static void main(String[ ] args) throws IOException {
        String fileName = "D:" + File.separator + "Project.txt";
        File f = new File(fileName);
        FileWriter out  = new FileWriter(f,true);
        String str = " 项目名称";
        out.write(str);
        out.close();
    }
}
```

这样，当运行程序的时候，会发现文件内容变为：项目编号项目名称，如果想在文件中换行，需要使用“\r\n”比如将"项目名称"变成"\r\n 项目名称"；这样文件追加的内容就会换行了。

FileReader 类是 Reader 子类 InputStreamReader 类的子类，是用来创建磁盘文件的字符输入流对象，它的构造函数指定了文件路径和文件名。

1) public FileReader(String fileName) throws FileNotFoundException

在给定从中读取数据的文件名的情况下创建一个新 FileReader，文件名由参数 fileName 指定。

2) public FileReader(File file) throws FileNotFoundException

在给定从中读取数据的 File 的情况下创建一个新 FileReader。

例 7-24　读取 Project. txt 内容，并将结果打印在控制台上。

源文件为 Sample7_24. java，代码如下。

```
import java.io. * ;
class Sample7_24{
    public static void main(String[ ] args) throws IOException {
        String fileName = "D:" + File.separator + "Project.txt";
        File f = new File(fileName);
        char[ ] ch = new char[100];
        FileReader read = new FileReader(f);
        int temp = 0;
        int count = 0;
        while((temp = read.read())!= ( - 1)){
            ch[count++ ] = (char)temp;
        }
```

```
            read.close();
            System.out.println(new String(ch,0,count));
        }
    }
```

运行后，会在控制台上输出“项目编号项目名称”。

3. BufferedWriter 和 BufferedReader

BufferedWriter 类将文本写入字符输出流，缓冲各个字符，从而提供单个字符、数组和字符串的高效写入，可以指定缓冲区的大小，或者接受默认的大小，在大多数情况下，默认值就足够大了。

该类提供 newLine()方法，它使用平台自己的行分隔符概念，此概念由系统属性 line.separator 定义。并非所有平台都使用新行符('\n')来终止各行，因此调用此方法来终止每个输出行要优于直接写入新行符。通常 Writer 将其输出立即发送到底层字符或字节流，除非要求提示输出，否则建议用 BufferedWriter 包装所有其写入操作可能开销很高的字符输出流。构造方法如下。

1) public BufferedWriter(Writer out)

创建一个使用默认大小输出缓冲区的缓冲字符输出流。

2) public BufferedWriter(Writer out, int sz)

创建一个使用给定大小输出缓冲区的新缓冲字符输出流，缓冲区大小由参数 sz 指定。

BufferedReader 从字符输入流中读取文本，缓冲各个字符，从而实现字符、数组和行的高效读取。通常，Reader 所做的每个读取请求都会导致对底层字符或字节流进行相应的读取请求，如果没有缓冲，则每次调用 read()或 readLine()都会导致从文件中读取字节，并将其转换为字符后返回，而这是极其低效的，因此，建议用 BufferedReader 包装所有其读取操作可能开销很高的字符输入流。构造方法如下。

(1) public BufferedReader(Reader in)

创建一个使用默认大小输入缓冲区的缓冲字符输入流。

(2) public BufferedReader(Reader in, int sz)

创建一个使用指定大小输入缓冲区的缓冲字符输入流。

例 7-25 使用 BufferedReader 和 BufferedWriter 进行文件复制。D 盘 Project 文件内容如下：

```
项目编号 项目名称
L2014101 项目管理系统的研发与设计
```

将该文件复制到 E 中备份。

源文件为 Sample7_25.java，代码如下。

```
import java.io.*;
class Sample7_25{
    public static void main(String[] args) {
        String fileName1 = "d:" + File.separator + "Project.txt";
        String fileName2 = "e:" + File.separator + "Backup.txt";
        try{
```

```
            FileReader fr = new FileReader(fileName1);
            BufferedReader br = new BufferedReader(fr);
            FileWriter fw = new FileWriter(fileName2);
            BufferedWriter bw = new BufferedWriter(fw);
            String s = br.readLine();
            while(null!= s){
                bw.write(s);
                bw.newLine();
                s = br.readLine();
            }
            br.close();
            bw.close();
        }
        catch (IOException e){
            e.printStackTrace();
        }
    }
}
```

例中，由于 BufferedReader 的 rendLine()是不读入换行符的，所以写入换行时须调用 newLine()方法，运行程序后，会在 E 盘生成 Backup.txt 文件，且内容与源文件一致。

4. OutputStreamWriter 和 InputStreamReader

OutputStreamWriter 是字符流通向字节流的桥梁，每次调用 write()方法都会导致在给定字符（或字符集）上调用编码转换器，为了获得最高效率，可考虑将 OutputStreamWriter 包装到 BufferedWriter 中，以避免频繁调用转换器。

InputStreamReader 是字节流通向字符流的桥梁，可以通过构造方法重新指定编码的方式，如果不指定将采用底层操作系统的默认编码方式，例如 GBK 等。要启用从字节到字符的有效转换，可以提前从底层流读取更多的字节，使其超过满足当前读取操作所需的字节，为了达到最高效率，可以考虑在 BufferedReader 内包装 InputStreamReader。

例 7-26 使用 OutputStreamWriter 和 InputStreamReader 实现例 7-22 的功能。

源文件为 Sample7_26.java，代码如下。

```
import java.io.*;
public class Sample7_26 {
    public static void main(String[] args) {
        String fileName1 = "d:" + File.separator + "Project.txt";
        String fileName2 = "e:" + File.separator + "Backup.txt";
        try {
            //文件输入流，读取源文件
            FileInputStream fis = new FileInputStream(fileName1);
            //字节流向字符流转换
            InputStreamReader isr = new InputStreamReader(fis);
            //封装到 BufferedReader 中
            BufferedReader bufr = new BufferedReader(isr);
            //文件输出流
            FileOutputStream fos = new FileOutputStream(fileName2);
```

```
                //为 FileOutputStream 加上字符处理功能
                OutputStreamWriter osw = new OutputStreamWriter(fos);
                //封装到 BufferedWriter 中
                BufferedWriter bufw = new BufferedWriter(osw);
                int ch = 0;
                while((ch = bufr.read()) != -1) {
                    System.out.print((char)ch);
                    osw.write(ch);
                }
                bufr.close();
                bufw.close();
            } catch(ArrayIndexOutOfBoundsException e) {
                e.printStackTrace();
            } catch(IOException e) {
                e.printStackTrace();
            }
        }
}
```

运行后会在E盘生成与源文件内容相同的备份文件，并在控制台输出如下内容：

```
项目编号项目名称
L2014101 项目管理系统的研发设计
```

7.3 RandomAccessFile 类

java.io 包提供了 RandomAccessFile 类用于对文件的读写操作，该类是 Object 类的直接子类，不属于 InputStream 和 OutputStream 类系，实际上除了实现 DataInput 和 DataOutput 接口之外(DataInputStream 和 DataOutputStream 也实现了这两个接口)，它和这两个类系毫不相干，甚至不使用 InputStream 和 OutputStream 类中已经存在的任何功能。它是一个完全独立的类，所有方法都是该类内部定义的，这可能是因为 RandomAccessFile 能在文件里面前后移动，所以它的行为与其他的 I/O 类有些根本性的不同。

相比 FileOutputStream 和 FileInputStream 的对磁盘文件的顺序读写且须分别创建不同对象，RandomAccessFile 类则可对文件实现随机读写操作。随机访问文件的行为类似存储在文件系统中的一个大型字节数组，存在指向该隐含数组的光标或索引，称为文件指针，输入操作从文件指针开始读取字节，并随着对字节的读取而前移此文件指针；如果随机访问文件以读取/写入模式创建，则也可进行输出操作，输出操作从文件指针开始写入字节，并随着对字节的写入而后移此文件指针。RandomAccessFile 包含以下两个方法来操作文件指针。

1. long getFilePoint()

记录文件指针的当前位置。

2. void seek(long pos)

将文件记录指针定位到 pos 位置。只有 RandomAccessFile 才有 seek 搜寻方法，而这个方法也只适用于文件。

此外，RandomAccessFile 包含诸如 InputStream 的三个 read 方法，也包含 OutputStream 的三个 write 方法，同时 RandomAccessFile 还包含一系列的 readXxx 和 writeXxx 方法完成输入输出。

RandomAccessFile 类构造方法如下。

1. public RandomAccessFile(File file, String mode)

创建从文件读取和向其中写入(可选)的随机访问文件流，该文件由 File 参数指定，mode 参数指定用以打开文件的访问模式。允许的值及其含义如表 7.2 所示。

表 7.2 mode 含义表

值	含 义
"r"	以只读方式打开
"rw"	以读写方式打开，如果该文件尚不存在，则尝试创建该文件

2. public RandomAccessFile(String name, String mode)

创建从文件中读取和向其中写入(可选)的随机访问文件流，该文件名称由参数 name 指定，mode 参数指定用以打开文件的访问模式，具体含义如表 7.2 所示。

例 7-27 从文件中间读取数据。已知 Project. txt 文件内容与例 7-25 相同，实现从该文件的第 4 个字节后读取文件。

源文件为 Sample7_27. java，代码如下。

```
import java.io.*;
public class Sample7_27 {
    public static void main(String[] args) throws Exception{
        String fileName = "d:" + File.separator + "Project.txt";
        RandomAccessFile raf = new RandomAccessFile(fileName,"r");
        raf.seek(4);
        byte []buffer = new byte[100];
        int len = 0;
        while((len = raf.read(buffer, 0, 100))!= -1) {
            System.out.println(new String(buffer,0,len));
        }
    }
}
```

运行结果如下。

```
编号 项目名称
L2014101 项目管理系统的研发设计
```

例 7-28 在文件后添加内容。已知在 D 盘根目录下存在 Project. txt 文件，将"L2014101 Java 课程管理系统的研发设计"添加到文件中。

源文件为 Sample7_28. java，代码如下。

```
import java. io. * ;
public class Sample7_28{
    public static void main(String[ ] args) throws Exception{
        String fileName =  "d:" + File. separator + "Project. txt";
        String appendString = "\r\nL2014102 Java 课程管理系统的研发设计";
        RandomAccessFile raf = new RandomAccessFile(fileName,"rw");
        byte [ ]buffer = appendString. getBytes();
        raf. seek(raf. length());
        raf. write(buffer);
        raf. close();
    }
}
```

运行结果如下。

```
项目编号 项目名称
L2014101 项目管理系统的研发设计
L2014102 Java 课程管理系统的研发设计
```

至于向文件中间添加内容的话，先将指针移到指定位置，把后面的保存到临时文件，再将指针移到指定位置，添加内容，然后再将临时文件的内容加到后面就可以了。

7.4 标准输入输出与 Scanner 类

7.4.1 标准输入输出

计算机系统都有标准的输入设备和标准的输出设备，对一般系统而言，标准的输入设备是键盘，而标准输出设备是显示屏。Java 程序经常要从键盘上输入数据，从屏幕上输出数据，为此频繁创建输入输出流对象将很不方便，因此 Java 语言事先定义好两个对象，分别对系统的标准输入和标准输出相联系，提供了 Syetem. in，System. out，以及 System. err。

Syetem. in 是标准输入流，是 InputStream 类的实例，定义如下。

```
public static final InputStream in
```

可以使用 read()方法在键盘上读取字节，也可以把它包装成数据流读取各种类型的数据和字符串，比如想一行一行读取时，需如下包装：

```
BufferedReader in  =  new BufferedReader(new InputStreamReader(System. in));
```

在使用 Syetem. in 的 read()方法时，由于 read()方法在定义时抛出了 IOException，所以必须使用 try-catch 结构捕获异常或声明抛出异常。

System. out 和 System. err 是标准输入流和标准错误流，是 PrintStream 的实例，定义

如下。

```
public static final PrintStream out
public static final PrintStream err
```

二者的区别是：标准输出往往是带缓存的，而标准错误默认情况下是没有缓存的，所以如果使用标准错误打印出来的东西可以马上显示在屏幕上，而标准输出打印出来的东西可能要再积累几个字符才能一起打印出来。在应用中混用标准输出和标准错误就可能看到这个问题：System. err 打出来的信息常常会跑到 System. out 信息的前面去。另外，在 Eclipse 打印时标准错误流会以红色字符打印。

例 7-29 从标准输入中读取数据。

源文件为 Sample7_29. java，代码如下。

```
import java.io. * ;
public class Sample7_29 {
    public static void main(String[ ] args) {
        BufferedReader in =
                    new BufferedReader(new InputStreamReader(System.in));
        String s;
        try {
            while((s = in.readLine()).length() != 0)
            System.out.println(s);
        } catch(IOException e) {
            e.printStackTrace();
        }
    }
}
```

System. in 是一个原始的 InputStream，未进行任何封装处理，这意味着尽管能直接使用 System. out 和 System. err，但必须事先封装 System. in，否则不能从中读取数据。本例中使用 readLine()每次读取一行输入信息，所以需要将 System. in 封装到 BufferedReader 中。

7.4.2 Scanner 类

java. util. Scanner 是 SDK 1.5 新增的一个类，主要功能是简化文本扫描。这个类最实用的地方表现在获取控制台输入，当通过 new Scanner(System. in)创建一个 Scanner，控制台会一直等待输入，直到按回车键结束，把所输入的内容传给 Scanner，作为扫描对象。如果要获取输入的内容，则只需要调用 Scanner 的 nextLine()方法即可。

例 7-30 扫描控制台输入。

源文件为 Sample7_30. java，代码如下。

```
import java.util. * ;
public class Sample7_30{
    public static void main(String[ ] args) {
        Scanner s = new Scanner(System.in);
```

```
            System.out.println("请输入字符串：");
            while (true) {
            String line = s.nextLine();
                if (line.equals("exit"))
                    break;
                System.out.println("您输入的是：" + line);
            }
        }
    }
```

运行结果如下。

```
D:\example>java Test
请输入字符串：
项目名称
您输入的是：项目名称
项目管理系统的设计与实现
您输入的是：项目管理系统的设计与实现
```

Scanner的构造方法支持多种方式，构建Scanner的对象很方便，可以从字符源、输入流、文件等来直接构建Scanner对象，有了Scanner，就可以逐段（根据正则分隔式）来扫描整个文本，并对扫描后的结果做想要的处理。Scanner的构造方法定义如下。

1. public Scanner(Readable source)

构造一个新的Scanner，它生成的值是从指定源扫描的。

2. public Scanner(File source)

构造一个新的Scanner，它生成的值是从指定文件扫描的。来自该文件的字节通过底层平台的默认字符集转换成字符。也可以指定字符集，在该构造方法上添加一个参数即可。

3. public Scanner(InputStream source)

构造一个新的Scanner，它生成的值是从指定的输入流扫描的。取自该流的字节通过底层平台的默认字符集转换成字符。

常用方法如下。

1. delimiter()

返回此Scanner当前正在用于匹配分隔符的Pattern。

2. hasNext()

判断扫描器中当前扫描位置后是否还存在下一段。

3. hasNextLine()

如果在此扫描器的输入中存在另一行，则返回true。

4. next()

查找并返回来自此扫描器的下一个完整标记。

5. nextLine()

此扫描器执行当前行，并返回跳过的输入信息。

6. useDelimiter(Pattern pattern)

将此扫描器的分隔模式设置为指定模式。

Scanner 使用分隔符模式将其输入分解为标记，默认情况下该分隔符模式与空白匹配，然后可以使用不同的 next 方法将得到的标记转换为不同类型的值。

例 7-31 使用默认的空格分隔符。

源文件为 Sample7_31.java，代码如下。

```
import java.util. * ;
import java.io. * ;
public class Sample7_31 {
    public static void main(String[] args) throws FileNotFoundException {
        Scanner s = new Scanner("1 项目编号 2 项目名称 3 资助金额,资助期限");
        while (s.hasNext()) {
            System.out.println(s.next());
        }
    }
}
```

运行结果：

```
1
项目编号
2
项目名称
3
资助金额,资助期限
```

扫描器还可以使用不同于空白的分隔符，在上例中，添加一行代码：

```
s.useDelimiter(" |,|\\.");
```

使用空格或逗号或点号作为分隔符，输出结果如下。

```
1
项目编号
2
项目名称
3
资助金额
资助期限
```

小结

Java 的输入与输出是学习的难点，本章首先介绍了 File 类，Java File 类的功能非常强大，利用 Java 基本上可以对文件进行所有的操作。文中对 File 类的常用方法进行详细介绍，并通过实例进行验证，读者可以进行上机实验，从而加深对 File 类的理解。

其次介绍了流的概念，IO 流是本章核心，Java 流在处理上分为字符流和字节流，字符流和字节流的主要区别如下。

(1) 字节流读取的时候，读到一个字节就返回一个字节；字符流使用了字节流读到一个或多个字节(中文对应的字节数是两个，在 UTF-8 码表中是三个字节)时，先去查指定的编码表，将查到的字符返回。

(2) 字节流可以处理所有类型数据，如图片、MP3、AVI 视频文件；而字符流只能处理字符数据。

只要是处理纯文本数据，就要优先考虑使用字符流，除此之外都用字节流。本章介绍了多组字符流和字节流，包括其构造方法和常用方法的使用，通过实例分析每组流的应用范围等。

再次介绍了 RandomAccessFile 类，该类唯一父类是 Object，与其他流父类不同，是用来访问那些保存数据记录的文件的，这样就可以用 seek( )方法来访问记录，并进行读写了。这些记录的大小不必相同，但是其大小和位置必须是可知的。只有 RandomAccessFile 才有 seek 方法，而这个方法也只适用于文件。

最后介绍了标准输入输出与 Scanner 类，Java 遵循标准 I/O 的模型，提供了 Syetem. in，System. out 以及 System. err。System. out 是一个已经预先处理过的，被包装成 PrintStream 的对象，和 System. out 一样，System. err 也是一个 PrintStream，但是 System. in 是一个未经处理的 InputStream，要想读 System. in，就必须先做处理。Java 5 添加了 java. util. Scanner 类，这是一个用于扫描输入文本的新的实用程序，借助于 Scanner，可以针对任何要处理的文本内容编写自定义的语法分析器。

思考练习

1. 思考题

(1) 请写出 File 类的构造方法定义。

(2) 请写出 File 中常见的方法定义。

(3) 简要说明流的原理。

(4) 字符类输入输出流有哪些？

(5) 如果要利用 read()方法取得输入数据流的下一个字节数据，并希望可以将所取得的数据转存成字符(char)数据类型，应该如何做？

(6) 什么是 Java 序列化？如何实现 Java 序列化？

2. 拓展训练题

(1) 编写一个程序,将一段文字写入到一个名为 text.dat 的文件中,然后使用文件输入输出流对象将写入的文字读出来并打印到屏幕上。

(2) 编写一个程序,将一段文字写入到一个名为 text.dat 的文件中,然后使用 RandomAccessFile 对象将写入的文字读出来并打印到屏幕上。

(3) 有 5 个学生,每个学生有三门课的成绩,从键盘输入以上数据(包括学生号,姓名,三门课成绩),计算出平均成绩,把原有的数据和计算出的平均分数存放在磁盘文件 stud 中。

第8章 网络编程

本章导读

Java 最出色的一个地方就是它的网络编程。以往的网络编程都比较困难、复杂，而且极易出错，必须掌握与网络有关的大量细节，有时甚至要对硬件有深刻的认识。一般地，需要理解网络协议中不同的"层"(Layer)，而且对于每个网络库，一般都包含数量众多的函数，分别涉及信息块的连接、打包和拆包，这些块的来回运输以及握手等。

但是，网络本身的概念并不是很难，比如想获得位于其他地方某台机器上的信息，并把它们移到这里，或者相反。这与读写文件非常相似，只是文件存在于远程机器上，而且远程机器有权决定如何处理请求或者发送的数据。

在 Java 中，有关网络的基层细节已被尽可能地提取出去，并隐藏在 JVM 以及 Java 的本机安装系统里进行控制。Java 使用的编程模型是一个文件的模型，事实上，网络连接(一个"套接字")已被封装到系统对象里，所以可像对其他数据流那样采用同样的方法调用。除此以外，在处理另一个网络问题——同时控制多个网络连接——的时候，Java 内建的多线程机制也是十分方便的。本章将用一系列易懂的例子解释 Java 的网络编程。

本章要点

- URL 类的使用方法。
- InetAddress 类的使用方法。
- 基于 TCP 的网络编程的原理和用法。
- 基于 UDP 的网络编程的原理和用法。

8.1 URL 类

1. URL 描述

URL 是统一资源定位符(Uniform Resource Locator)的简称，它表示互联网上某一资源的地址，浏览器通过给定的 URL 可以找到相应的文件或其他资源。在某些情况下，URL 中除 IP 地址以外的部分可以省略，例如，在浏览器地址栏中输入"java. sun. com"，浏览器会默认使用 HTTP 及相应的端口号，并使用 Web 服务器提供的默认的文件。在 Java 中，使用 java. net 包中的 URL 类可以创建代表互联网上某一具体资源的 URL 对象，通过此对象，利用相关的方法可以轻松地进行网络资源的存取。

2. URL 的组成

简单地可以把 URL 理解为由协议名和资源名组成的，每一段可以独立设置。协议名指明获取资源所使用的传输协议，如 http、ftp、gopher、file 等，资源名则应该是资源的完整地址，包括主机名、端口号、文件名或文件内部的一个引用。例如：

```
http://www.myjava.com/ 协议名://主机名
http://www.myjava.com/home/index.html 协议名://机器名 + 文件名
http://www.myjava.com:8080/ home/index.html 协议名://机器名 + 端口号 + 文件名
```

3. URL 类

java.net 包提供 URL 类，用 URL 对象表示 URL 地址。

1) URL 类的构造方法

URL 类提供多种不同的构造方法，用于以不同形式创建 URL 对象。

(1) public URL(String spec)

(2) public URL(URL context, String spec)

(3) public URL(String protocol, String host, String file) throws

(4) public URL(String protocol, String host, int port, String file)

其中，参数 spec 是由协议名、主机名、端口号、文件名组成的字符串；参数 context 是已建立的 URL 对象；参数 protocol 是协议名；参数 host 是主机名；参数 file 是文件名；参数 port 是端口号。

下面通过各种构造方法创建 URL 对象，分别以不同的方式提供 URL 地址的各部分信息。

```
URL myURL1 = new URL("http://www.myjava.com/");
URL myURL2 = new URL("myURL1","home/index.html");
URL myURL3 = new URL("http","www.myjava.com","home/index.html");
URL myURL4 = new URL("http","www.myjava.com",8080, "home/index.html");
```

注意：创建 URL 对象时，会抛出 MalformedURLException 异常，使用时需要异常捕获。上面的 myURL2 地址是由 myURL1 地址和用相对路径表示的文件名合成的，代表的 URL 地址是 http://www.myjava.com/home/index.html。

2) 获取 URL 对象的属性

一个 URL 对象中包括各种属性，属性不能被改变，但可以通过下面的方法获取属性。

```
public String getProtocol()            //获取 URL 的协议名
public String getHost()                //获取 URL 的主机名
public int getPort()                   //获取 URL 的端口号
public String getPath()                //获取 URL 的文件路径
public String getFile()                //获取 URL 的文件名
public String getRef()                 //获取 URL 在文件中的相对位置
public String getQuery()               //获取 URL 的查询名
```

例 8-1　获取新浪网主页各种信息。

源文件为 Sample8_1.java，代码如下。

```
import java.io.*;
import java.net.*;
public class Sample8_1{
    public static void main(String[] args){
        try{
            URL myUrl = new URL("http://www.sina.com.cn");
            System.out.println(myUrl.getContent());
            System.out.println(myUrl.getHost());
            System.out.println(myUrl.getPort());
            System.out.println(myUrl.getProtocol());
            System.out.println(myUrl.getFile());
            System.out.println(myUrl.getPath());
            System.out.println(myUrl.getAuthority());
            System.out.println(myUrl.getDefaultPort());
            System.out.println(myUrl.getQuery());
            System.out.println(myUrl.getRef());
            System.out.println(myUrl.getUserInfo());
            System.out.println(myUrl.getClass());
        }
        catch (Exception e){
            e.printStackTrace();
        }
    }
}
```

运行结果：

```
sun.net.www.protocol.http.HttpURLConnection$HttpInputStream@25154f
www.sina.com.cn
-1
http


www.sina.com.cn
80
null
null
null
class java.net.URL
```

3）利用 URL 访问网上资源

一个 URL 对象对应一个网址，生成 URL 对象后，就可以调用 URL 对象的 openStream()方法读取网址中的信息，openStream()方法的原型如下：

```
public final InputSream openStream()
```

调用 openStream()方法获取的是一个 InputSream 输入流对象，通过 read()方法只能从这个输入流中逐字节读取数据，也就是从 URL 网址中逐字节读取信息，为了能方便地从 URL 读取信息，通常将原始的 InputSream 输入流转变为其他类型的输入流，如 BufferedReader 等。

例 8-2　读出网址 www.sina.com.cn 的主页内容。

源文件为 Sample8_2.java,代码如下。

```
import java.net.*;
import java.io.*;
public class Sample8_2 {
    public static void main(String[] args) {
        URL url = null;
        InputStream is = null;
        try{
            url = new URL("http://www.sina.com.cn");
            is = url.openStream();
            BufferedReader br = new BufferedReader(new InputStreamReader(is));
            String line;
            while((line = br.readLine())!= null)
                System.out.println(line);
        }
        catch(Exception ex){
            ex.printStackTrace();
        }finally{
            try {
                if (is != null)
                    is.close();
            } catch (Exception e) {
                e.printStackTrace();
            }
        }
    }
}
```

从以上实现网络资源的存取程序代码来看,使用 java.net 中的 URL 类可以轻松实现网络资源的存取。

8.2　InetAddress 类

1. IP 地址

为了分辨来自别处的一台机器,以及为了保证自己连接的是希望的那台机器,必须有一种机制能独一无二地标识出网络内的每台机器。早期网络只解决了如何在本地网络环境中为机器提供唯一的名字,但 Java 面向的是整个因特网,这要求用一种机制对来自世界各地的机器进行标识,为达到这个目的,采用了 IP(互联网地址)的概念,IP 以以下两种形式存在着。

(1) DNS(域名服务)形式。假设存在域名是 myjava.com,在该域内有一台名为 opus 的计算机,那么它的域名就可以是 Opus.myjava.com。这正是发送电子函件时所采用的名字,而且通常集成到一个万维网(WWW)地址里。

(2) 此外,也可采用"四点"格式,亦即由点号(.)分隔的 4 组数字,比如 202.98.32.111。

不管哪种情况，IP 地址在内部都表达成一个由 32 个二进制位(bit)构成的数字，所以 IP 地址的每一组数字都不能超过 255。

2. InetAddress 类

Java 中，利用 java.net 包中提供的 InetAddress 类来表示互联网协议(IP)地址。该类对象有一个 Internet 主机地址的域名和 IP 地址，例如：

```
www.sina.com.cn/218.60.32.28
```

获取 Internet 上主机的地址可以使用 InetAddress 类的静态方法：

```
getByName(String s)
```

比如知道主机的域名，获取相应的 IP 地址：

```
InetAddress address = InetAddress.getByName("www.sina.com.cn");
System.out.println(address.toString());
```

输出结果：

```
www.sina.com.cn/218.60.32.28
```

相反地，在知道某主机的 IP 地址时，同样可以通过该方法获取相应的域名。这个方法必须是用户已经连接到 Internet 上之后才能正确执行。

另外，为获取主机的域名和地址，InetAddress 类还有以下两个实例方法。

```
public String getHostName()
public String getHostAddress()
```

可以使用 InetAddress 类的静态方法 getLocalhost()获得一个 InetAddress 对象，该对象含有本地机的域名和 IP 地址。

作为运用 InetAddress.getByName()的一个简单的例子，假设有一家拨号连接因特网服务提供者(ISP)，每次拨号连接的时候，都会分配得到一个临时 IP 地址，但在连接期间，那个 IP 地址拥有与因特网上其他 IP 地址一样的有效性，如果有人按照你的 IP 地址连接你的机器，他们就有可能使用在你机器上运行的 Web 或者 FTP 服务器程序。当然这有个前提，对方必须准确地知道你目前分配到的 IP。

由于每次拨号连接获得的 IP 都是随机的，下面这个程序利用 InetAddress.getByName()来产生本机的 IP 地址。为了让它运行起来，事先必须知道计算机的名字。

例 8-3 产生本机的 IP 地址。

源文件为 Sample8_3.java，代码如下。

```
import java.net.*;
public class Sample8_3{
    public static void main(String[] args) throws Exception {
        if(args.length != 1) {
            System.err.println("没有输入主机名!");
            System.exit(1);
        }
```

```
        //获得 args[0]的域名和 IP
        InetAddress a = InetAddress.getByName(args[0]);
        System.out.println(a);
    }
}
```

假如当前机器的名字叫做“Sys”,所以一旦连通 ISP,就像下面这样执行程序:

```
…> java MyHost Sys
```

得到的结果像下面这个样子(当然,这个地址可能每次都是不同的):

```
Sys /202.204.43.152
```

如果把这个地址告诉其他人,他就可以立即登录到该机器的 Web 服务器,只需指定目标地址 http://202.204.43.152 即可(当然,本机此时不能断线)。有些时候,这是向其他人发送信息或者在自己的 Web 站点正式出台以前进行测试的一种方便手段。

8.3 基于 TCP 的网络编程

1. 端口

有些时候,一个 IP 地址并不足以完整标识一个服务器,这是由于在一台物理性的机器中,往往运行着多个服务器(程序)。由 IP 表达的每台机器也包含“端口”(Port),一般每个端口都运行着一种服务,一台机器可能提供了多种服务,比如 HTTP 和 FTP 等。设置一个客户机或者服务器的时候,必须选择一个无论客户机还是服务器都认可连接的端口,就像去拜会某人时,IP 地址是他居住的房子,而端口是他在的那个房间。

注意:端口并不是机器上一个物理上存在的场所,而是一种软件抽象。客户程序知道如何通过机器的 IP 地址同它连接,而通过端口编号才能同自己真正需要的那种服务连接,端口编号是必需的一种二级定址措施,也就是说,请求一个特定的端口,便相当于请求与那个端口编号关联的服务。通常,每个服务都同一台特定服务器机器上的一个独一无二的端口编号关联在一起,客户程序必须事先知道自己要求的那项服务的运行端口号。

系统服务保留了使用端口 1 到端口 1024 的权力,所以不应让自己设计的服务占用这些以及其他任何已知正在使用的端口。

2. Socket 通信

网络上的两个程序通过一个双向的通信连接实现数据的交换,这个双向链路的一端称为一个 Socket。Socket 通常用来实现客户端和服务端的连接,它是 TCP/IP 的一个十分流行的编程界面,一个 Socket 由一个 IP 地址和一个端口号唯一确定。

在传统的 UNIX 环境下可以操作 TCP/IP 的接口不止 Socket 一个,Socket 所支持的协议种类也不仅 TCP/IP 一种,因此两者之间是没有必然联系的。在 Java 环境下,Socket 编程主要是指基于 TCP/IP 的网络编程。

Socket 编程是低层次网络编程并不等于它功能不强大,恰恰相反,正因为层次低,

Socket 编程比基于 URL 的网络编程提供了更强大的功能和更灵活的控制，但是却要更复杂一些。由于 Java 本身的特殊性，Socket 编程在 Java 中可能已经是层次最低的网络编程接口，在 Java 中要直接操作协议中更低的层次，需要使用 Java 的本地方法调用(JNI)，在这里就不予讨论了。

3. Socket 通信的过程

前面已经提到 Socket 通常用来实现“客户/服务器”结构。使用 Socket 进行 Client/Server 程序设计的一般连接过程是这样的：Server 端 Listen(监听)某个端口是否有连接请求，Client 端向 Server 端发出 Connect(连接)请求，Server 端向 Client 端发回 Accept(接受)消息，一个连接就建立起来了。Server 端和 Client 端都可以通过 Read、Write 等方法与对方通信。

对于一个功能齐全的 Socket，都要包含以下基本结构，其工作过程包含以下 4 个基本的步骤。

(1) 创建 Socket；

(2) 打开连接到 Socket 的输入/输出流；

(3) 按照一定的协议对 Socket 进行读/写操作；

(4) 关闭 Socket。

第(3)步是程序员用来调用 Socket 和实现程序功能的关键步骤，其他三步在各种程序中基本相同。以上 4 个步骤是针对 TCP 传输而言的，使用 UDP 进行传输时略有不同，在后面会有具体讲解。

1) 创建 Socket

java 在包 java.net 中提供了两个类 Socket 和 ServerSocket，分别用来表示双向连接的客户端和服务端。这是两个封装得非常好的类，使用很方便。其构造方法如下。

(1) Socket(InetAddress address, int port);

(2) Socket(InetAddress address, int port, boolean stream);

(3) Socket(String host, int port);

(4) Socket(String host, int port, boolean stream);

(5) Socket(SocketImpl impl)

(6) Socket(String host, int port, InetAddress localAddr, int localPort)

(7) Socket(InetAddress address, int port, InetAddress localAddr, int localPort)

(8) ServerSocket(int port);

(9) ServerSocket(int port, int backlog);

(10) ServerSocket(int port, int backlog, InetAddress bindAddr);

其中，address、host 和 port 分别是双向连接中另一方的 IP 地址、主机名和端口号，stream 指明 socket 是流 socket 还是数据报 socket，localPort 表示本地主机的端口号，localAddr 和 bindAddr 是本地机器的地址(ServerSocket 的主机地址)，impl 是 socket 的父类，既可以用来创建 serverSocket 又可以用来创建 Socket。count 则表示服务端所能支持的最大连接数。例如：

```
Socket client = new Socket("127.0.01.", 8000);
```

```
ServerSocket server = new ServerSocket(8000);
```

注意：在选择端口时，必须小心，每一个端口提供一种特定的服务，只有给出正确的端口，才能获得相应的服务。0～1023 的端口号为系统所保留，例如，HTTP 服务的端口号为 80，Telnet 服务的端口号为 21，FTP 服务的端口号为 23，所以在选择端口号时，最好选择一个大于 1023 的数以防止发生冲突。

在创建 socket 时如果发生错误，将产生 IOException，在程序中必须对之做出处理，所以在创建 Socket 或 ServerSocket 时必须捕获或抛出例外。

(1) 客户端的 Socket

下面是一个典型的创建客户端 Socket 的过程。

```
try{
    Socket socket = new Socket("127.0.0.1",4700);
    //127.0.0.1 是 TCP/IP 中默认的本机地址
}catch(IOException e){
    System.out.println("Error:" + e);
}
```

这是最简单的在客户端创建一个 Socket 的一个小程序段，也是使用 Socket 进行网络通信的第一步，在后面的程序中会用到该小程序段。

(2) 服务器端的 ServerSocket

下面是一个典型的创建 Server 端 ServerSocket 的过程。

```
ServerSocket server = null;
try {
    server = new ServerSocket(4700);
    //创建一个 ServerSocket 在端口 4700 监听客户请求
}catch(IOException e){
    System.out.println("can not listen to :" + e);
}
Socket socket = null;
try {
    socket = server.accept();
    //accept()是一个阻塞的方法，一旦有客户请求，它就会返回一个 Socket 对象用于同客户进行
交互
}catch(IOException e){
    System.out.println("Error:" + e);
}
```

以上的程序是 Server 的典型工作模式，只不过在这里 Server 只能接收一个请求，接收完后 Server 就退出了，实际的应用中总是让它不停地循环接收，一旦有客户请求，Server 总是会创建一个服务线程来服务新来的客户，而自己继续监听。程序中 accept()是一个阻塞方法，所谓阻塞性方法就是说该方法被调用后，将等待客户的请求，直到有一个客户启动并请求连接到相同的端口，然后 accept()返回一个对应于客户的 socket。这时，客户方和服务方都建立了用于通信的 socket，接下来就是由各个 socket 分别打开各自的输入/输出流。

2) 打开输入/出流

Socket 类提供了方法 getInputStream()和 getOutStream()来得到对应的输入/输出流

以进行读/写操作，这两个方法分别返回 InputStream 和 OutputSteam 类对象。

为了便于读/写数据，可以在返回的输入/输出流对象上建立过滤流，如 DataInputStream、DataOutputStream 或 PrintStream 类对象，对于文本方式流对象，可以采用 InputStreamReader 和 OutputStreamWriter、PrintWirter 等处理。

例如：

```
PrintStream os = new PrintStream(
    newBufferedOutputStreem(socket.getOutputStream()));
DataInputStream is = new DataInputStream(socket.getInputStream());
PrintWriter out = new PrintWriter(socket.getOutStream(),true);
BufferedReader in = new ButfferedReader(
    new InputSteramReader(Socket.getInputStream()));
```

输入/输出流是网络编程的实质性部分，具体如何构造所需要的过滤流，要根据需要而定，能否运用自如主要看对 Java 中输入输出部分掌握如何。

3) 关闭 Socket

每一个 Socket 存在时，都将占用一定的资源，在 Socket 对象使用完毕时，要其关闭。关闭 Socket 可以调用 Socket 的 close()方法。在关闭 Socket 之前，应将与 Socket 相关的所有的输入/输出流全部关闭，以释放所有的资源，而且要注意关闭的顺序，与 Socket 相关的所有的输入/输出该首先关闭，然后再关闭 Socket，例如：

```
os.close();
is.close();
socket.close();
```

尽管 Java 有自动回收机制，网络资源最终是会被释放的，但是为了有效地利用资源，建议按照合理的顺序主动释放资源。

4. 简单的 Client/Server 程序设计

下面给出一个用 Socket 实现的客户和服务器交互的典型的 C/S 结构的演示程序，通过仔细阅读该程序，会对前面所讨论的各个概念有更深刻的认识，程序的意义请参考注释。

例 8-4 在项目管理系统中建立留言板，教师可以在留言板上提出疑问，专家可以在留言板上进行解答。

1) 客户端程序

源文件为 Teacher.java，代码如下。

```
import java.io.*;
import java.net.*;
public class Teacher {                                    //教师类
    public static void main(String args[]) {
        try{
            Socket socket = new Socket("127.0.0.1",4700);
            //向本机的 4700 端口发出客户请求
            BufferedReader sin = new BufferedReader
(new InputStreamReader(System.in));
            //由系统标准输入设备构造 BufferedReader 对象
```

```
            PrintWriter os = new PrintWriter(socket.getOutputStream());
            //由 Socket 对象得到输出流,并构造 PrintWriter 对象
            BufferedReader is = new BufferedReader
(new InputStreamReader(socket.getInputStream()));
            //由 Socket 对象得到输入流,并构造相应的 BufferedReader 对象
            String readline;
            readline = sin.readLine();          //从系统标准输入读入一字符串
            while(!readline.equals("bye")){
                //若从标准输入读入的字符串为"bye"则停止循环
                os.println(readline);
                //将从系统标准输入读入的字符串输出到 Server
                os.flush();
                //刷新输出流,使 Server 马上收到该字符串
                System.out.println("教师:" + readline);
                //在系统标准输出上打印读入的字符串
                System.out.println("专家:" + is.readLine());
                //从 Server 读入一字符串,并打印到标准输出上
                readline = sin.readLine();  //从系统标准输入读入一字符串
            }                               //继续循环
            os.close();                     //关闭 Socket 输出流
            is.close();                     //关闭 Socket 输入流
            socket.close();                 //关闭 Socket
        }catch(Exception e) {
            System.out.println("Error" + e); //出错,则打印出错信息
        }
    }
}
```

2) 服务器端程序

源文件为 Expert.java,代码如下。

```
import java.io.*;
import java.net.*;
public class Expert{                        //专家类
    public static void main(String args[]) {
        try{
            ServerSocket server = null;
            try{
                server = new ServerSocket(4700);
                //创建一个 ServerSocket 在端口 4700 监听客户请求
            }catch(Exception e) {
                System.out.println("can not listen to:" + e);
                //出错,打印出错信息
            }
            Socket socket = null;
            try{
                socket = server.accept();
                //使用 accept()阻塞等待客户请求,有客户
                //请求到来则产生一个 Socket 对象,并继续执行
            }catch(Exception e) {
                System.out.println("Error." + e);
```

```
                //出错,打印出错信息
            }
            String line;
            BufferedReader is = new BufferedReader
(new InputStreamReader(socket.getInputStream()));
            //由 Socket 对象得到输入流,并构造相应的 BufferedReader 对象
            PrintWriter os = new PrintWriter(socket.getOutputStream());
            //由 Socket 对象得到输出流,并构造 PrintWriter 对象
            BufferedReader sin = new BufferedReader
(new InputStreamReader(System.in));
            //由系统标准输入设备构造 BufferedReader 对象
            System.out.println("教师:" + is.readLine());
            //在标准输出上打印从客户端读入的字符串
            line = sin.readLine();
            //从标准输入读入一字符串
            while(!line.equals("bye")){
                //如果该字符串为"bye",则停止循环
                os.println(line);
                //向客户端输出该字符串
                os.flush();
                //刷新输出流,使 Client 马上收到该字符串
                System.out.println("专家:" + line);
                //在系统标准输出上打印读入的字符串
                System.out.println("教师:" + is.readLine());
                //从 Client 读入一字符串,并打印到标准输出上
                line = sin.readLine();
                //从系统标准输入读入一字符串
            }                               //继续循环
            os.close();                     //关闭 Socket 输出流
            is.close();                     //关闭 Socket 输入流
            socket.close();                 //关闭 Socket
            server.close();                 //关闭 ServerSocket
        }catch(Exception e){
            System.out.println("Error:" + e);
            //出错,打印出错信息
        }
    }
}
```

运行结果如下。

客户端:

```
E:\example>java Teacher
您好
教师:您好
专家:您好，请问有什么问题吗?
我的课题申报书已发给您，请提出宝贵意见，谢谢!
教师:我的课题申报书已发给您，请提出宝贵意见，谢谢!
专家:好的，我看一下
```

服务端:

```
E:\example>java Expert
教师:您好
您好，请问有什么问题吗?
专家:您好，请问有什么问题吗?
教师:我的课题申报书已发给您，请提出宝贵意见，谢谢!
好的，我看一下
专家:好的，我看一下
```

从上面的两个程序中可以看到 socket 4 个步骤的使用过程，可以分别将 Socket 使用的 4 个步骤的对应程序段选择出来，这样便于对 socket 的使用有进一步的了解。

可以在单机上试验该程序，最好是能在真正的网络环境下试验该程序，这样更容易分辨输出的内容和客户机、服务器的对应关系，同时也可以修改该程序，提供更为强大的功能，或更加满足自己的需要。

5. 支持多客户的 Client/Server 程序设计

前面提供的 Client/Server 程序只能实现 Server 和一个客户的对话。在实际应用中，往往是在服务器上运行一个永久的程序，它可以接收来自其他多个客户端的请求，提供相应的服务。为了实现在服务器方给多个客户提供服务的功能，需要对上面的程序进行改造，利用多线程实现多客户机制。服务器总是在指定的端口上监听是否有客户请求，一旦监听到客户请求，服务器就会启动一个专门的服务线程来响应该客户的请求，而服务器本身在启动完线程之后马上又进入监听状态，等待下一个客户的到来。

例 8-5 在项目管理系统中建立留言板，为广大教师提供交流平台。

1) 客户端端程序

源文件为 Teacher.java，代码如下。

```
import java.net.*;
import java.io.*;
public class Teacher {
    public static void main(String[] args)throws Exception {
        Socket server = new Socket("localhost",4700);
        //向本机的 4700 端口发出客户请求
        BufferedReader in = new BufferedReader(
new InputStreamReader(server.getInputStream()));
        //由 Socket 对象得到输入流,并构造相应的 BufferedReader 对象
        PrintWriter out = new PrintWriter(server.getOutputStream());
        //由 Socket 对象得到输出流,并构造 PrintWriter 对象
        BufferedReader br = new BufferedReader(new InputStreamReader(System.in));
        //由系统标准输入设备构造 BufferedReader 对象
        while(true) {
            String str = br.readLine();
            //从系统标准输入读入一字符串
            out.println(str);
            //将从系统标准输入读入的字符串输出到 Server
            out.flush();
            //刷新输出流,使 Server 马上收到该字符串
            if(str.equals("bye")){
                //若从标准输入读入的字符串为"bye"则停止循环
                break;
            }
            System.out.println(in.readLine());
            //从 Server 读入一字符串,并打印到标准输出上
        }
        server.close();
        //关闭 Socket
```

```
    }
}
```

2) 服务器端程序

源文件为 Board.java,代码如下。

```
import java.net.*;
import java.io.*;
public class Board extends Thread{                    //多线程
    private Socket socket;
    public Board (Socket socket) {
        this.socket = socket;
    }
    public void run() {                               //线程主体
        try {
            BufferedReader in = new BufferedReader
(new InputStreamReader(socket.getInputStream()));
            //由 Socket 对象得到输入流,并构造相应的 BufferedReader 对象
            PrintWriter out = new PrintWriter(socket.getOutputStream());
            //由 Socket 对象得到输出流,并构造 PrintWriter 对象
            while(true) {
                String str = in.readLine();
                System.out.println("教师说: " + str);
                //在标准输出上打印从客户端读入的字符串
                out.println("教师: " + str);
                //向客户端输出该字符串
                out.flush();
                //刷新输出流,使 Client 马上收到该字符串
                if(str.equals("bye"))
                    break;
            }
        }
        catch(IOException e) {
            System.out.println(e.getMessage());
            //出错,打印出错信息
        }
    }
    public static void main(String[] args) throws IOException{
        ServerSocket server = new ServerSocket(4700);
        //创建一个 ServerSocket 在端口 4700 监听客户请求
        while(true) {
            Socket s = server.accept();
            //使用 accept()阻塞等待客户请求,有客户请求到来则产生一个 Socket 对象,并继续
执行
            new Board (s).start();
        }
    }
}
```

运行结果如下。

客户端一:

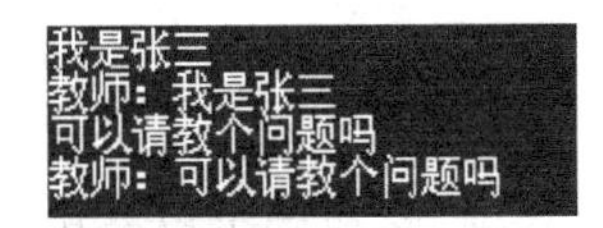

客户端二：

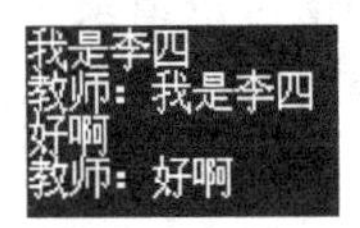

服务端(留言板)：

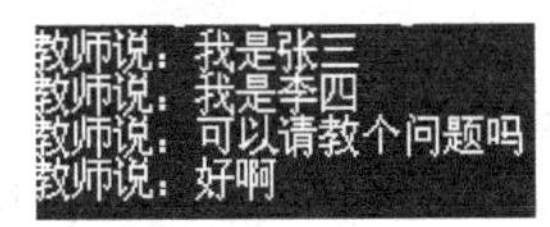

8.4 基于 UDP 的网络编程

UDP 的全称是用户数据报，在网络中它与 TCP 一样用于处理数据报。UDP 在 OSI 模型中，在第 4 层——传输层，处于 IP 的上一层。UDP 有不提供数据报分组、组装和不能对数据包排序的缺点，也就是说，当报文发送之后，是无法得知其是否安全完整到达的。

在选择使用协议的时候，选择 UDP 必须要谨慎，在网络质量不好的环境下，UDP 数据报丢失会比较严重，但是由于 UDP 的特性——不属于连接型协议，因而具有资源消耗小、处理速度快的优点，所以通常音频、视频和普通数据在传送时使用 UDP 较多，因为它们即使偶尔丢失一两个数据报，也不会对接收结果产生太大影响。例如，聊天用的 ICQ 和 OICQ 就是使用的 UDP。

使用位于 JDK 中 java.net 包下的 DatagramSocket 和 DatagramPacket 类，可以非常方便地控制用户数据报文。

1. Java 数据报类

不像面向连接的类，数据报的客户端和服务器端的类在表面上是一样的，DatagramSocket 类表示用来发送和接收数据报包的套接字。

先看一下 DatagramSocket 的构造方法。

DatagramSocket()：创建一个 DatagramSocket 实例，并将该对象绑定到本机默认 IP 地址、本机所有可用端口中随机选择的某个端口。

DatagramSocket(int prot)：创建一个 DatagramSocket 实例，并将该对象绑定到本机默认 IP 地址、指定端口。

DatagramSocket(int port, InetAddress laddr)：创建一个 DatagramSocket 实例，并将该对象绑定到指定 IP 地址、指定端口。

通过上面三个构造方法中任意一个即可创建一个 DatagramSocket 实例，通常在创建服务器时，需要指定端口的 DatagramSocket 实例，这样保证其他客户端可以将数据发送到该服务器。

下面的程序建立了一个客户端和服务器的数据报 sockets：

```
DatagramSocket serverSocket = new DatagramSocket(4545);
DatagramSocket clientSocket = new DatagramSocket();
```

服务器用参数4545来指定端口号，由于客户端将要呼叫服务器，客户端可以使用可用端口，如果省略这个参数，程序会让操作系统分配一个可用的端口。客户端可以请求一个指定的端口，但是如果其他的应用程序已经绑定到这个端口之上，请求将会失败。如果不是作为一个服务器，最好不要指定端口。

2. 接收数据报

DatagramPacket类是用来通过DatagramSocket类接收和发送数据的类。它包括连接信息和数据，就如前面所说的一样，数据报是自身独立的传输单元，DatagramPacket类压缩了这些单元。

下面看一下DatagramPacket的构造方法。

DatagramPacket(byte buf[],int length)：以一个空数组来创建DatagramPacket对象，该对象的作用是接收DatagramSocket中的数据。

DatagramPacket(byte buf[], int length, InetAddress addr, int port)：以一个包含数据的数组来创建DatagramPacket对象，创建该DatagramPacket时还指定了IP地址和端口——这就决定了该数据报的目的。

DatagramPacket(byte[] buf, int offset, int length)：以一个空数组来创建DatagramPacket对象，并指定接收到的数据放入buf数组中时从offset开始，最多放length个字节。

DatagramPacket(byte[] buf, int offset, int length, InetAddress address, int port)：创建一个用于发送的DatagramPacket对象，也多指定了一个offset参数。

在接收数据前，应该采用上面的第一个或第三个构造方法生成一个DatagramPacket对象，给出接收数据的字节数组及其长度。然后调用DatagramSocket的方法receive()等待数据报的到来，receive()将一直等待(也就是说会阻塞调用该方法的线程)，直到收到一个数据报为止。

下面的程序表示了用一个数据报socket来接收数据。

```
DatagramPacket packet = new DatagramPacket(new byte[512], 512);
clientSocket.receive(packet);
```

packet的构造方法需要知道将得到的数据放在哪儿，一个512字节的缓存被建立并且作为构造方法的第二个参数。就像ServerSocket类的accept()方法一样，receive()方法在数据可用之前将会阻塞。

3. 发送数据报

发送数据报是非常简单的，所有需要的只是一个地址，而这个地址是由InetAddress类来建立的，可以使用InetAddress类的静态方法getByName()获取主机地址，一旦一个地址被确定了，数据报就可以被送出了。下面的程序传输了一个字符串给目的socket。

```
String toSend = "This is the data to send!";
```

```
byte[] sendbuf = new byte[ toSend.length() ];
toSend.getBytes( 0, toSend.length(), sendbuf, 0 );
DatagramPacket sendPacket = new DatagramPacket( sendbuf, sendbuf.length, addr, port);
clientSocket.send(sendPacket);
```

首先,字符串必须被转换成一个字节数组。然后,建立一个新的 DatagramPacket 实例,注意构造方法的最后两个参数,因为要发送一个包,所以地址和端口必须给定。当任何一个包被接收以后,返回的地址和端口会被解压出来,并通过 getAddress()和 getPort()方法得到。下面的程序段就是一个服务器如何回应一个客户端的包。

```
DatagramPacket sendPacket = new DatagramPacket ( sendbuf, sendbuf.length, recvPacket.
getAddress(), recvPacket.getPort() );
serverSocket.send( sendPacket );
```

4. 简单的 UDP 编程

下面给出一个基于 UDP 的简单实例,实现两个同学相互交谈的功能。通过仔细阅读该程序,会对前面所讨论的各个概念有更深刻的认识,程序的意义请参考注释。

例 8-6　使用基于 UDP 的网络编程,实现聊天室功能。

1) 教师 A

源文件为 TeacherA.java,代码如下。

```
import java.net.*;
import java.io.*;
class TeacherA extends Thread{                              //实现多线程
    DatagramPacket pack = null;
    byte data[] = new byte[8192];
    public void run(){                                      //数据接收
        DatagramSocket recieve_data = null;
        try{
            recieve_data = new DatagramSocket(666); //接收端口 666
            pack = new DatagramPacket(data,data.length);
        }
        catch(Exception e){}
        while(true){
            if(recieve_data == null)
                break;
            else{
                try{
                    recieve_data.receive(pack);     //接收数据报 pack
                    int length = pack.getLength();
                    String message = new String(pack.getData(),0,length);
                    //将数据报转换为字符串
                    System.out.println("接收到 TeacherB 的数据: " + message);
                    //将字符串通过标准输出打印在控制台上
                }
                catch(Exception e){}
            }
        }
```

```
    }
    public static void main(String args[]) throws Exception{
        TeacherA s = new TeacherA();
        s.start();
        BufferedReader br = new BufferedReader(new InputStreamReader(System.in));
        //由系统标准输入设备构造 BufferedReader 对象
        while(true){
            String str = br.readLine();
            //从系统标准输入读入一字符串
            byte buffer[] = str.getBytes();
            InetAddress address = InetAddress.getByName("localhost");
            DatagramPacket data_pack = new DatagramPacket
                        (buffer,buffer.length,address,888);
            //将数据发送到本机 888 端口
            DatagramSocket sent_data = new DatagramSocket();
            sent_data.send(data_pack);              //发送数据报
        }
    }
}
```

2）教师 B

源文件为 TeacherB.java，代码如下。

```
import java.net.*;
import java.io.*;
class TeacherB extends Thread{                      //实现多线程
    DatagramPacket pack = null;
    byte data[] = new byte[8192];
    public void run(){                              //数据接收
        DatagramSocket recieve_data = null;
        try{
            recieve_data = new DatagramSocket(888); //接收端口 888
            pack = new DatagramPacket(data,data.length);
        }
        catch(Exception e){}
        while(true){
            if(recieve_data == null)
                break;
            else{
                try{
                    recieve_data.receive(pack);     //接收数据报 pack
                    int length = pack.getLength();
                    String message = new String(pack.getData(),0,length);
                    //将数据报转换为字符串
                    System.out.println("接收到 TeacherA 的数据: " + message);
                    //将字符串通过标准输出打印在控制台上
                }
                catch(Exception e){}
            }
        }
    }
```

```
    public  static void main(String args[]) throws Exception{
        TeacherB s = new TeacherB();
        s.start();
        BufferedReader br = new BufferedReader(new InputStreamReader(System.in));
        //由系统标准输入设备构造 BufferedReader 对象
        while(true){
            String str = br.readLine();
            //从系统标准输入读入一字符串
            byte buffer[] = str.getBytes();
            InetAddress address = InetAddress.getByName("localhost");
            DatagramPacket data_pack = new DatagramPacket
                                (buffer,buffer.length,address,666);
            //将数据发送到本机 666 端口
            DatagramSocket sent_data = new DatagramSocket();
            sent_data.send(data_pack);          //发送数据报
        }
    }
}
```

运行结果如下。

教师 A：

```
你好，最近忙吗
接收到TeacherB的数据：还可以，你呢
我也是，哈哈
```

教师 B：

```
接收到TeacherA的数据：你好，最近忙吗
还可以，你呢
接收到TeacherA的数据：我也是，哈哈
```

小结

本章主要讲述了 Java 网络编程基础，以及 java.net 包中常见的类，随后介绍了本章核心内容——基于 TCP/UDP 的网络编程，该部分也是学习难点，下面总结二者的编程要点。

(1) TCP 的特点是面向连接，建立连接稍消耗资源，有了连接，就有了数据信道，就可以在该信道进行数据的传输，涉及的类有 Socket、ServerSocket。

① 服务器端的要点：

- 建立服务端的 Socket 服务，需要监听一个端口。
- 通过 accept 方法获取客户端对象。
- 通过获取到的客户端对象的读取和写入流对象与对应的客户端进行通信。
- 关闭客户端，关闭服务端。

② 客户端的要点：

- 建立客户端的 Socket 服务，通常指定目的地址和端口。
- 通过建立好的通道中的 Socket 流的读取和写入对象对数据进行操作。
- 关闭客户端。

(2) UDP面向无连接,速度较快,数据不安全,是通过数据封包的形式进行数据的传输。每一个包最大是64k,数据包里封装了源地址、源端口、目的地址、目的端口、主体数据,涉及的对象有DatagramSocket、DatagramPacket。

① 发送端要点:

- 建立UDP的Socket服务。
- 将数据封装成数据包,并在包中指定目的地址和端口。
- 通过Socket服务的send方法将数据发出。
- 关闭Socket资源。

② 接收端要点:

- 建立UDP的Socket服务,并监听一个端口。
- 为了获取数据中的分类信息(包括源地址,数据主体),先定义好一个数据包,将一个字节数组作为缓冲区封装到数据包对象中。
- 通过Socket服务的receive方法将收到的数据存入到数据包中。
- 通过数据包的方法获取数据包中不同类别的数据。
- 关闭资源。

思考练习

1. 思考题

(1) 介绍使用Java Socket创建客户端Socket的过程。

(2) 介绍使用Java ServerSocket创建服务器端ServerSocket的过程。

(3) 对于建立功能齐全的Socket,其工作过程包含哪些步骤?

(4) 写出DatagramSocket的常用构造方法。

2. 拓展训练题

(1) 请编写Java程序,访问http://www.baidu.com所在的主页文件。

(2) 设服务器端程序监听端口为8629,当收到客户端信息后,首先判断是否是“BYE”,若是,则立即向对方发送“BYE”,然后关闭监听,结束程序。若不是,则在屏幕上输出收到的信息,并由键盘上输入发送到对方的应答信息。请编写程序完成此功能。

第9章 数据库操作

本章导读

如今，几乎所有的应用程序开发都要应用数据库访问技术，如何高效地访问数据库也是学习 Java 的一个重点。JDBC 技术是在 Java 语言中被广泛使用的一种操作数据库的技术，每个应用程序的开发都是使用数据库保存数据，而使用 JDBC 技术访问数据库可查找满足条件的记录，或者向数据库添加、修改、删除数据，本章将以 Access 2003 为例，介绍 Java 语言的数据库操作部分。

本章要点

- JDBC 的概念。
- Connection 接口的使用方法。
- Statement 接口的使用方法。
- PreparedStatement 接口的使用方法。
- CallableStatement 接口的使用方法。
- ResultSet 接口的使用方法。

9.1 JDBC 概述

JDBC 是一种可用于执行 SQL 语句的 Java API(Application Programming Interface，应用程序设计接口)，它由一些 Java 语言写的类、界面组成。JDBC 给数据库应用开发人员、数据库前台工具开发人员提供了一种标准的应用程序设计接口，使开发人员可以用纯 Java 语言编写完整的数据库应用程序。

JDBC 的最大特点是它独立于具体的关系数据库，JDBC API 访问数据库的过程如图 9.1 所示。

与 ODBC(Open DataBase Connectivity)类似，JDBC API 中定义了一些 Java 类和接口，分别用来实现与数据库的连接、发送 SQL 语句、获取结果集以及其他的数据库对象，使得 Java 程序能方便地与数据库交互并处理所得的结果。

JDBC 的 API 在 java. sql、javax. sql 等包中。

1. java. sql

这个包中的类和接口主要针对基本的数据库编程服务，如生成连接、执行语句以及准备语句和运行批处理查询等。同时也有一些高级的处理，比如批处理更新、事务隔离和可滚动结果集等。

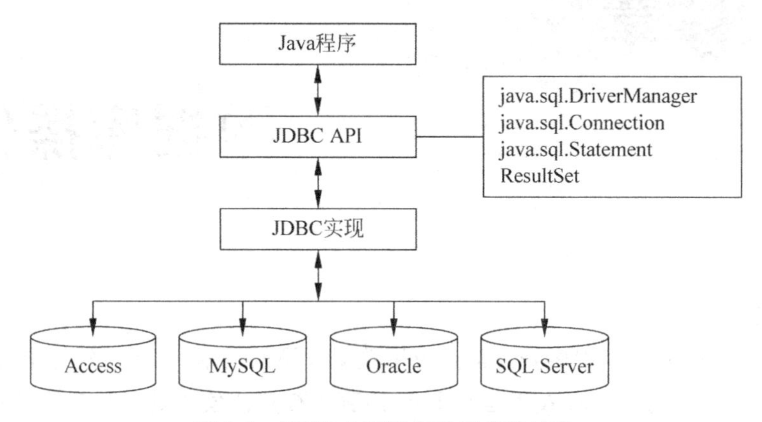

图 9.1　JDBC API 访问数据库的过程

2. javax.sql

它主要为数据库方面的高级操作提供了接口和类。如为连接管理、分布式事务和旧有的连接提供了更好的抽象，它引入了容器管理的连接池、分布式事务和行集等。

JDBC 的实现原理如图 9.2 所示。

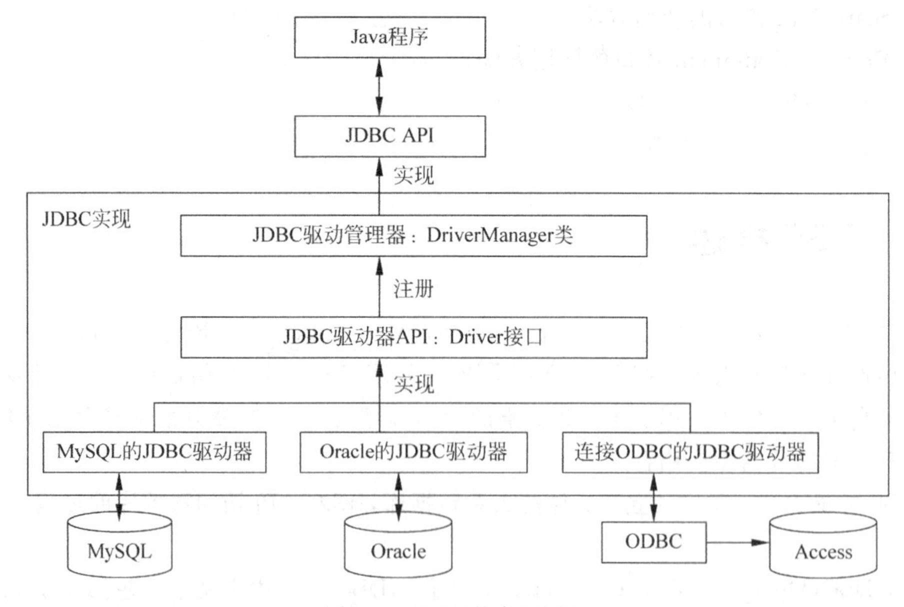

图 9.2　JDBC 的实现原理

(1) JDBC 驱动管理器：java. sql. DriverManager，负责注册 JDBC 驱动器，并为创建数据库连接提供支持，由 Sun 公司实现。

(2) JDBC 驱动器 API：java. sql. Driver，由 Sun 公司实现。

(3) JDBC 驱动器：由数据库供应商或者第三方工具提供商创建，也称为 JDBC 驱动程序。JDBC 驱动程序负责与特定的数据库连接，并处理通信细节，JDBC 驱动器可以分为以下 4 种类型。

1) JDBC-ODBC Bridge

在 JDBC 出现的初期，JDBC-ODBC 桥显然是非常有实用意义的，通过 JDBC-ODBC 桥，开发人员可以使用 JDBC 来存取 ODBC 数据源。不足的是，需要在客户端安装 ODBC 驱动程序，换句话说，必须安装 Microsoft Windows 的某个版本。使用这一类型需要牺牲 JDBC 的平台独立性，另外，ODBC 驱动程序还需要具有客户端的控制权限。

2) JDBC-native driver bridge

JDBC 本地驱动程序桥提供了一种 JDBC 接口，它建立在本地数据库驱动程序的顶层，而不需要使用 ODBC。JDBC 驱动程序将对数据库的 API 从标准的 JDBC 调用转换为本地调用，使用此类型需要牺牲 JDBC 的平台独立性，还要求在客户端安装一些本地代码。

3) JDBC-network bridge

JDBC 网络桥驱动程序不再需要客户端数据库驱动程序。它使用网络上的中间服务器来存取数据库，这种应用使得以下技术的实现有了可能，这些技术包括负载均衡、连接缓冲池和数据缓存等。由于这种类型往往只需要相对更少的下载时间，具有平台独立性，而且不需要在客户端安装并取得控制权，所以很适合于 Internet 上的应用。

4) Pure Java driver

第 4 种类型通过使用一个纯 Java 数据库驱动程序来执行数据库的直接访问。此类型实际上在客户端实现了两层结构，要在 *N*-层结构中应用，一个更好的做法是编写一个 EJB，让它包含存取代码并提供一个对客户端具有数据库独立性的服务。

9.2 访问数据库的步骤

Java 程序应用 JDBC，一般有以下步骤。

(1) 注册加载一个数据库驱动程序。

(2) 创建数据库连接(Connection)。

(3) 创建一个 Statement(发送 sql)。

(4) 用户程序处理执行 sql 语句的结果(包括结果集 ResultSet)。

(5) 关闭连接(Connection)等资源。

由于数据库不同，驱动程序的形式和内容也不相同，主要体现在获得连接的方式和相关参数的不同。

9.2.1 创建数据源

对于通过 JDBC-ODBC 方式直接连接这种方式，首先要建立 ODBC 数据源，选择“控制面板”→“管理工具”→“数据源(ODBC)”，打开数据源管理器，如图 9.3 所示。

在“系统 DSN”(或者“用户 DSN”)选项卡中，单击“添加”按钮，打开“创建新数据源”对话框，选择 Access 数据库的驱动程序 Microsoft Access Driver (*.mdb)，如图 9.4 所示。

单击“完成”按钮，出现如图 9.5 所示对话框。

在“数据源名”文本框中输入数据源的名字“project”，单击“选择”按钮，选择要操作的数

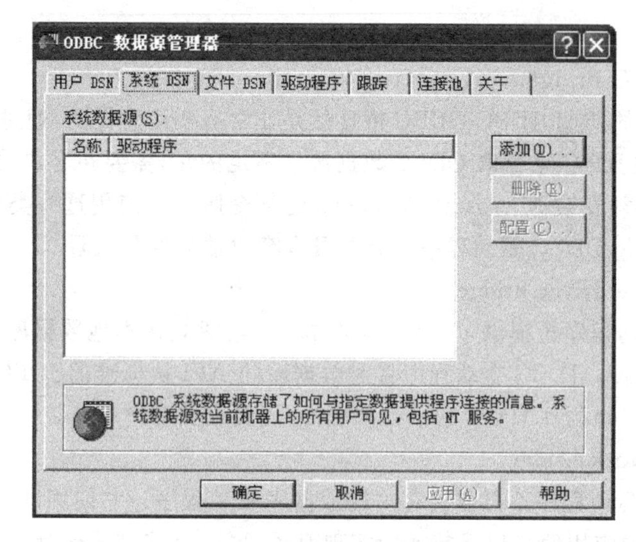

图 9.3 数据源管理器

图 9.4 选择 Access 数据库的驱动程序

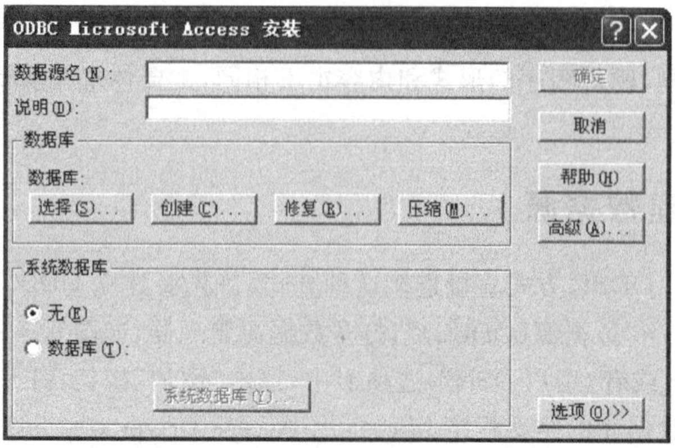

图 9.5 数据源设置

据库 Project.mdb,单击“确定”按钮完成数据源的配置,如图 9.6 所示。

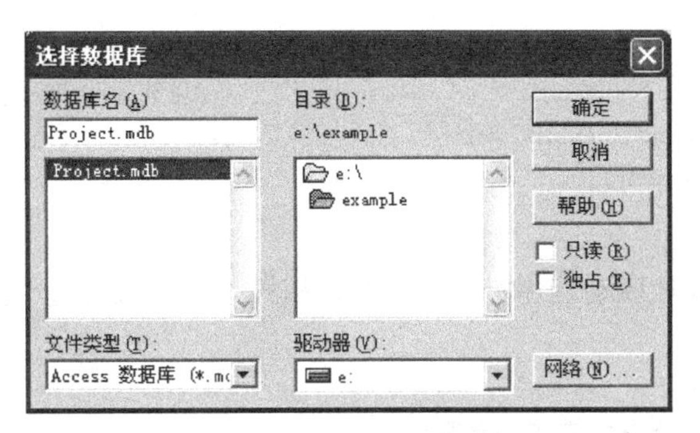

图 9.6 选择数据库

单击“高级”按钮,弹出如图 9.7 所示对话框,设置数据源的登录名称和密码,此步也可以不设置。

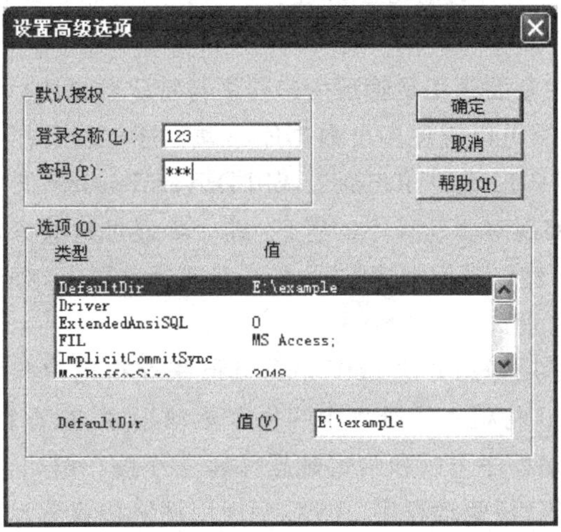

图 9.7 设置登录名称和密码

9.2.2 注册驱动程序

Driver 接口在 java.sql 包中定义,每种数据库的驱动程序都提供一个实现该接口的类,简称 Driver 类,应用程序必须首先加载它。加载的目的就是创建自己的实例并向 java.sql.DriverManager 类注册该实例,以便驱动程序管理类(DriverManager)对数据库驱动程序的管理。

通常情况下,通过 java.lang.Class 类的静态方法 forName(String className)加载欲连接的数据库驱动程序类,该方法的入口参数为欲加载的数据库驱动程序完整类名。如果使用 JDBC-ODBC 桥连接驱动程序,则其加载方法:

```
Class.forName("sun.jdbc.odbc.jdbcOdbcDriver");
```

若加载成功,系统会将驱动程序注册到 DriverManager 类中。如果加载失败,将抛出

ClassNotFoundException 异常。以下是加载驱动程序的代码。

```
try {
    Class.forName(driverName);                          //加载 JDBC 驱动器
} catch (ClassNotFoundException ex) {
    ex.printStackTrace();
}
```

需要注意的是，加载驱动程序行为属于单例模式，也就是说，整个数据库应用中，只加载一次就可以了。

9.2.3 与数据库建立连接

数据库驱动程序加载成功后，接下来就由 DriverManager 类来处理了，所以该类是 JDBC 的管理层，作用于用户和驱动程序之间。它跟踪可用的驱动程序，并在数据库和相应驱动程序之间建立连接。另外，DriverManager 类也处理诸如驱动程序登录时间、登录管理和消息跟踪等事务。

DriverManager 类的主要作用是管理用户程序与特定数据库（驱动程序）的连接。一般情况下，DriverManager 类可以管理多个数据库驱动程序，当然对于中小规模应用项目，可能只用到一种数据库。JDBC 允许用户通过调用 DriverManager 的 getDriver、getDrivers 和 registerDriver 等方法，实现对驱动程序的管理，进一步通过这些方法实现对数据库连接的管理。但多数情况下，不建议采用上述方法，如果没有特殊要求，对于一般应用项目，建议让 DriverManager 类自动管理。

DriverManager 类是用静态方法 getConnection 来获得用户与数据库连接。在建立连接过程中，DriverManager 将检查注册表中的每个驱动程序，查看它是否可以建立连接，有时可能有多个 JDBC 驱动程序可以和给定数据库建立连接。例如，与给定远程数据库连接时，可以使用 JDBC-ODBC 桥驱动程序、JDBC 到通用网络协议驱动程序或数据库厂商提供的驱动程序。在这种情况下，加载驱动程序的顺序至关重要，因为 DriverManager 将使用它找到的第一个可以成功连接到给定的数据库驱动程序进行连接。

用 DriverManager 建立连接，主要有以下两种方法。

1. static Connection getConnection(String url)

url 实际上标识给定数据库（驱动程序），它由三部分组成，用“:”分隔。格式为：jdbc:子协议名:子名称。其中，jdbc 是唯一的，JDBC 只有这种协议；子协议名主要用于识别数据库驱动程序，不同的数据库有不同的子协议名；子名称为属于专门驱动程序的。

2. static Connection getConnection(String url, String userName, String password)

与第一种相比，多了数据库服务的登录名和密码。

getConnection()方法如果与指定 url 的数据源连接成功，则该方法会返回一个实现 Connection 接口的对象 con，可以通过 con 来对数据库进行操作；如果连接失败，则会产生 SQLException 异常，例如：

```
try{
    Connection con = DriverManager.getConnection(url,, userName, password);
}catch(SQLException e){
    e.printStackTrace();
}
```

Connection 对象代表数据库连接，只有建立了连接，用户程序才能操作数据库。连接是 JDBC 中最重要的接口之一。

Connection 接口的实例是由驱动程序管理类的静态方法 getConnection 产生的，数据库连接实例是宝贵的资源，是由用户程序独占的，且需要耗费内存的，因此，每个数据库的最大连接数是受限的，所以用户程序访问数据库结束后，必须及时关闭连接，以方便其他用户使用该资源。Connection 接口的主要功能(或方法)是获得各种发送 SQL 语句的运载类，以下简要列出该接口的主要方法。

1. close()

关闭到数据库的连接，在使用完连接后必须关闭，否则连接会保持一段比较长的时间，直到超时。

2. createStatement()

创建一个 Statement，Statement 用于执行 SQL 语句。

3. createStatement(int resultSetType, int resultSetConcurrency)

创建一个 Statement，并且产生指定类型的结果集(ResultSet)。

4. isClosed()

判断连接是否关闭。

5. prepareStatement(String sql)

使用指定的 SQL 语句创建一个预处理语句，SQL 参数中往往包含一个或者多个“?”占位符。

例 9-1 数据库连接测试。

源文件为 Sample9_1.java，代码如下。

```
import java.sql.*;
class Test {
    Connection con = null;                              //定义数据库连接对象
    //定义连接数据库的方法
    public void connectToAccess() {
        try {
            //查找 JDBC - ODBC - Driver 的驱动程序，如果找不到会出错
            Class.forName("sun.jdbc.odbc.JdbcOdbcDriver");
            //如果查找成功就尝试连接数据库
            con = DriverManager.getConnection("jdbc:odbc:project", "123", "123");
```

```
                System.out.println("与 Access 数据库连接成功!");
            } catch (Exception e) {
                //捕获错误
                System.out.println("连接 Access 数据库错误!");
                System.out.println(e.getMessage());
            }
        }
        //定义关闭数据库的方法
        public void closeConnection() {
            try {
                con.close();                                //关闭数据库
                System.out.println("数据库关闭成功!");
            } catch (SQLException e) {
                //捕获错误
                System.out.println("数据库关闭错误!");
                System.out.println(e.getMessage());
            }
        }
}
public class Sample9_1{
    public static void main(String[ ] args) {
        Test example = new Test();
        example.connectToAccess();
        //连接 Access 数据库
        example.closeConnection();
        //关闭数据库
    }
}
```

运行结果：

```
与 Access 数据库连接成功!
数据库关闭成功!
```

控制台打印出"与 Access 数据库连接成功!"、"数据库关闭成功!"，说明 JDBC 连接数据库已经成功。从上面的代码可以看出，主要有两个操作，首先使用 Class. forName 方法加载驱动器，接着使用 DriverManager. getConnection 方法得到数据库连接。

注意：一定要记得在使用完 Connection 之后关闭连接，数据库连接需要承载大量的数据传输，本身也是非常消耗资源的，数据库一般都有最大连接限制，当连接数过多超过限制的时候就会导致连接失败。如果没有调用 con. close()关闭连接，这个数据库连接就无法释放，即使不再使用它，它也会一直占据着资源，最后就会超出最大连接数导致数据库无法响应。本章其他实例均在本例的基础上添加或改写相应方法实现。

注：本章所有实例均在 JDK 1.6 环境下运行，后续实例均采用本例框架。

9.2.4 操作数据库

Statement、PreparedStatement 和 CallableStatement 这三个接口都是用来执行 SQL 语句的，都由 Connction 中的相关方法产生，但它们有所不同。Statement 接口用于执行静态

SQL 语句并返回它所生成结果集对象；PreparedStatement 表示带 IN 或不带 IN 的预编译 SQL 语句对象，SQL 语句被预编译并存储在 PreparedStatement 对象中；CallableStatement 用于执行 SQL 存储过程的接口。下面分别介绍这三个接口的使用。

1. Statement 接口

因为 Statement 是一个接口，它没用构造方法，所以不能直接创建一个实例。创建一个 Statement 对象必须通过 Connection 接口提供的 createStatement 方法进行创建。其代码片段如下。

```
Statement statement = connection.createStatement();
```

创建完 Statement 对象后，用户程序就可以根据需要调用它的常用方法，如 executeQuery、executeUpdate、execute 等方法。

1）executeQuery 方法

该方法用于执行产生单个结果集的 SQL 语句，如 Select 语句，该方法返回一个结果集 ResultSet 对象。完整的方法声明如下。

```
ResultSet executeQuery(String sql) throws SQLException
```

例 9-2　已知在数据库 project 中存在表 items，该表的内容如下，使用 executeQuery 方法执行查询 items 表，返回所有项目的结果集。

序号项目	编号	项目名称	负责人	资助金额(万元)
1	L2015101	项目管理系统的研发设计	张三	30
2	L2014102	Java 课程管理系统的研发设计	王五	10
3	L2014102	学生档案管理系统的研发设计	赵六	20

源文件为 Sample9_2.java，代码如下。

```
//查询数据库
public void querySQL() {
    try {
        stmt = con.createStatement();
        String sql = "select 项目编号,项目名称,负责人 from items";
            rs = stmt.executeQuery(sql);
            while(rs.next()){
                System.out.println("项目编号:" + rs.getString("项目编号"));
                System.out.println("项目名称:" + rs.getString("项目名称"));
                System.out.println("负责人:" + rs.getString("负责人"));
            }
        } catch (SQLException e) {
            e.printStackTrace();
        }
    }
```

运行结果：

```
与 Access 数据库连接成功!
项目编号:L2014101
```

```
项目名称:项目管理系统的研发设计
负责人:张三
项目编号:L2014102
项目名称:Java课程管理系统的研发设计
负责人:王五
项目编号:L2014103
项目名称:学生档案管理系统的研发设计
负责人:赵六
数据库关闭成功!
```

其中,stmt、rs 分别是 Statement、ResultSet 对象,需要声明。

2) executeUpdate 方法

该方法执行给定 SQL 语句,该语句可能为 INSERT、UPDATE 或 DELETE 语句,或者不返回任何内容的 SQL 语句(如 SQL DDL 语句)。完整的方法声明如下。

```
int executeUpdate(String sql) throws SQLException
```

对于 SQL 数据操作语言(DML)语句,返回行计数;对于什么都不返回的 SQL 语句,返回正数 0。

下面给出一个实例,使用 executeUpdate 方法执行插入 SQL 语句。

例 9-3 仿照例 9-2,在例 9-1 中添加方法 insertSQL()、deleteSQL()、updateSQL(),分别对表 items 实现添加、删除、修改等功能。

源文件为 Sample9_3.java,代码如下。

```
//添加
public void insertSQL() {
    try {
        stmt = con.createStatement();
        String sql = "insert into items(序号,项目编号,项目名称,负责人,资助金额(万元))
values(4, 'L2014104', '大学生就业问题研究', '钱二',30)";
        row = stmt.executeUpdate(sql);
        System.out.println("插入" + row + "行");
    } catch (SQLException e) {
        e.printStackTrace();
    }
}
//删除
public void deleteSQL () {
    try {
        stmt = con.createStatement();
        String sql = "delete from items where 负责人 = '钱二'";
        row = stmt.executeUpdate(sql);
    System.out.println("删除" + row + "行");
    } catch (SQLException e) {
        e.printStackTrace();
    }
}
//修改
public void updateSQL () {
```

```
    try {
        stmt = con.createStatement();
        String sql = " UPDATE items SET 项目编号 = 'L2015105' WHERE 负责人 = '张三'";
        row = stmt.executeUpdate(sql);
        System.out.println("修改" + row + "行");
    } catch (SQLException e) {
        e.printStackTrace();
    }
}
```

为了便于清晰地查看结果,重写了例 9-1 的 querySQL(),代码如下。

```
public void querySQL() {
    try {
        stmt = con.createStatement();
        String sql = "select 项目编号,项目名称,负责人 from items";
        rs = stmt.executeQuery(sql);
        while(rs.next()){
            System.out.print("项目编号:" + rs.getString("项目编号"));
            System.out.print(" 项目名称:" + rs.getString("项目名称"));
            System.out.println(" 负责人:" + rs.getString("负责人"));
        }
    } catch (SQLException e) {
        e.printStackTrace();
    }
}
```

以下是主类 Sample9_3 的代码。

```
public class Sample9_3 {
    public static void main(String[] args) {
        Test example = new Test();
        //连接 Access 数据库
        example.connectToAccess();
        //查询数据库
        example.querySQL();
        System.out.println("添加后 items 表中内容如下: ");
        //调用添加方法
        example.insertSQL();
        example.querySQL();
        System.out.println("删除后 items 表中内容如下: ");
        //调用删除方法
        example.deleteSQL();
        example.querySQL();
        System.out.println("修改后 items 表中内容如下: ");
        //调用修改方法
        example.updateSQL();
        example.querySQL();
        //关闭数据库
        example.closeConnection();
    }
}
```

运行结果如下。

```
与 Access 数据库连接成功!
项目编号:L2015101 项目名称:项目管理系统的研发设计 负责人:张三
项目编号:L2014102 项目名称:Java 课程管理系统的研发设计 负责人:王五
项目编号:L2014103 项目名称:学生档案管理系统的研发设计 负责人:赵六
添加后 items 表中内容如下:
插入 1 行
项目编号:L2015101 项目名称:项目管理系统的研发设计 负责人:张三
项目编号:L2014102 项目名称:Java 课程管理系统的研发设计 负责人:王五
项目编号:L2014103 项目名称:学生档案管理系统的研发设计 负责人:赵六
项目编号:L2014104 项目名称:大学生就业问题研究 负责人:钱二
删除后 items 表中内容如下:
删除 1 行
项目编号:L2015101 项目名称:项目管理系统的研发设计 负责人:张三
项目编号:L2014102 项目名称:Java 课程管理系统的研发设计 负责人:王五
项目编号:L2014103 项目名称:学生档案管理系统的研发设计 负责人:赵六
```

修改后 items 表中内容如下。

```
修改 1 行
项目编号:L2015105 项目名称:项目管理系统的研发设计 负责人:张三
项目编号:L2014102 项目名称:Java 课程管理系统的研发设计 负责人:王五
项目编号:L2014103 项目名称:学生档案管理系统的研发设计 负责人:赵六
数据库关闭成功!
```

3) execute 方法

执行给定的 SQL 语句,该语句可能返回多个结果。一般情况下,execute 方法执行 SQL 语句并返回第一个结果的形式。然后,用户程序必须使用方法 getResultSet 或 getUpdateCount 来获取结果,使用 getMoreResults 来移动后续结果。该方法的完整声明如下。

```
boolean execute(String sql) throws SQLException
```

该方法是一个通用方法,既可以执行查询语句,也可以执行修改语句,该方法可以用来处理动态的未知的 SQL 语句。

例 9-4 使用 execute 方法执行一个用户输入的 SQL 语句,并返回结果。

源文件为 Sample9_4.java,代码如下。

```
public void executeSQL() {
    try {
        stmt = con.createStatement();
        String sql = JOptionPane.showInputDialog("请输入一个 SQL 语句:");
        result = stmt.execute (sql);
        if(result){
            rs = stmt.getResultSet();
            while(rs.next()){
                System.out.print("项目编号:" + rs.getString("项目编号"));
                System.out.print(" 项目名称:" + rs.getString("项目名称"));
                System.out.println(" 负责人:" + rs.getString("负责人"));
            }
```

```
            }
        } catch (SQLException e) {
            e.printStackTrace();
        }
    }
```

result 为 boolean 型变量,需声明,在主类中调用该方法,编译执行后会出现如图 9.8 所示对话框。

图 9.8 执行后弹出对话框

输入图 9.8 中的 SQL 语句,单击"确定"按钮,会在控制台上打印以下结果。

```
与 Access 数据库连接成功!
项目编号:L2015105 项目名称:科研项目管理系统的研发设计 负责人:张三
项目编号:L2014102 项目名称:Java 课程管理系统的研发设计 负责人:王五
项目编号:L2014103 项目名称:学生档案管理系统的研发设计 负责人:赵六
数据库关闭成功!
```

注意:JOptionPane 为 swing 包中的类,使用前需要导入。

2. PreparedStatement

PreparedStatement 是 Statement 的子接口,在使用 PreparedStatement 对象执行 SQL 命令时,命令被数据库进行解析和编译,然后被放到命令缓冲区。然后,每当执行同一个 PreparedStatement 对象时,它就会被再解析一次,但不会被再次编译。在缓冲区中可以发现预编译的命令,并且可以重新使用。在有大量用户的企业级应用软件中,经常会重复执行相同的 SQL 命令,使用 PreparedStatement 对象带来的编译次数的减少能够提高数据库的总体性能。

PreparedStatement 的对象创建同样需要 Connection 接口提供的方法,同时需要制定 SQL 语句。例如:

```
con = DriverManager.getConnection("jdbc:odbc:project", "123", "123");
String sql = " insert into items (序号,项目编号,项目名称,负责人) values (?,?,?,?)";
PreparedStatement ps = con.prepareStatement(sql);
```

上面的 SQL 语句中有"?"号,指的是 SQL 语句中的占位符,表示 SQL 语句中的可替换参数,也称作 IN 参数,在执行前必须赋值。因此 PreparedStatement 还添加了一些设置 IN 参数的方法,同时,execute、executeQuery 和 executeUpdate 方法也变了,无须再传入 SQL 语句,因为前面已经指定了 SQL 语句。

例 9-5 在 items 表中添加两行记录。

源文件为 Sample9_5.java,代码如下。

```
public void preparedSQL () {
    try {
        String sql = "insert into items (序号,项目编号,项目名称,负责人) values (?,?,?,?)";
        ps = con.prepareStatement(sql);
        ps.setInt(1,4);
        ps.setString(2, "L2014106");
        ps.setString(3,"学生就业系统的研发设计");
        ps.setString(4,"李明");
        ps.addBatch();
        ps.setInt(1,5);
        ps.setString(2, "L2014107");
        ps.setString(3, "当代大学生就业满意度的调查研究");
        ps.setString(4,"王芳");
        ps.addBatch();
        ps.executeBatch();
    } catch (SQLException e) {
        e.printStackTrace();
    }
}
```

运行结果如下。

```
与 Access 数据库连接成功!
项目编号:L2015105 项目名称:项目管理系统的研发设计 负责人:张三
项目编号:L2014102 项目名称:Java 课程管理系统的研发设计 负责人:王五
项目编号:L2014103 项目名称:学生档案管理系统的研发设计 负责人:赵六
项目编号:L2014106 项目名称:学生就业系统的研发设计 负责人:李明
项目编号:L2014107 项目名称:当代大学生就业满意度的调查研究 负责人:王芳
数据库关闭成功!
```

例中 executeBatch()方法将一批命令提交给数据库来执行，如果全部命令执行成功，则返回更新计数组成的数组，而 addBatch()方法是将一组参数添加到此 PreparedStatement 对象的批处理命令中。从上述例子分析，用 PreparedStatement 来代替 Statement 会使代码多出几行，但代码的可读性和可维护性提高了。

用 PreparedStatemen 接口，不但效率高，且安全性好，可以防止恶意的 SQL 注入，先看一个实例。

例 9-6 假设数据库 project 中存在表 users，表内容如图 9.9 所示，保存所有用户的用户名和密码等信息。

	姓名	密码
▶	张三	123
	李四	135
	钱二	1234
	王五	2345
	李明	13579
	王芳	24680
*		

图 9.9 users 表内容

重写例 9-2 的 querySQL()方法，程序如下。

```
public void querySQL() {
```

```
    try {
        stmt = con.createStatement();
        String sql = "select * from users where 姓名 = '" + name + "'" ;
        rs = stmt.executeQuery(sql);
        while(rs.next()){
            System.out.println(rs.getString(1) + " " + rs.getString(2));
        }
    } catch (SQLException e) {
        e.printStackTrace();
    }
}
```

这里直接使用用户传递过来的 name 变量拼接了一条 SQL 语句进行查询，在 String name = "张三"的时候程序会返回正确的结果：

```
与 Access 数据库连接成功!
张三 123
数据库关闭成功!
```

本例中，乐观地认为用户输入的都是正常的字符串，没有考虑到恶意攻击的情况，如果用户输入了这样一段内容：

```
String name = "xxx' or '1' = '1";
```

经过拼接得到的 sql 就变成了这样：

```
select * from test where 姓名 = 'xxx' or '1' = '1'
```

这会搜索出所有满足 name='xxx'或者满足'1'='1'条件的记录，结果变成搜索 users 表中所有的记录了。

当 String name = "xxx' or '1'='1"的时候，查询结果如下。

```
与 Access 数据库连接成功!
张三 123
李四 135
钱二 1234
王五 2345
李明 13579
王芳 24680
数据库关闭成功!
```

所谓 sql 注入攻击，是因为程序没有对用户输入进行校验，造成用户可以在输入中包含恶意代码篡改程序功能。上面的例子仅仅是造成数据泄密，更严重的还可能窃取最高管理权限，删除数据库中所有的数据。

例 9-7 使用 PreparedStatement 解决 sql 注入攻击问题，修改后的代码如下。

```
public void querySQL() {
    String name = "xxx' or '1' = '1";
    try {
        String sql =  "select * from users where 姓名 = ?" ;
        ps = con.prepareStatement(sql);
        ps.setString(1, name);
```

```
            rs = ps.executeQuery();
            while(rs.next()){
                System.out.println(rs.getString(1) + " " + rs.getString(2));
            }
        } catch (SQLException e) {
            e.printStackTrace();
        }
    }
```

运行后,不会打印出用户名、密码等信息。

在执行 SQL 命令时,有两种选择:可以使用 PreparedStatement 对象,也可以使用 Statement 对象。无论使用同一个 SQL 命令多少次,PreparedStatement 都只对它解析和编译一次。当使用 Statement 对象时,每次执行一个 SQL 命令时,都会对它进行解析和编译。因此,在有时间限制的 SQL 操作中,成批地处理 SQL 命令应当考虑使用 PreparedStatement 对象。

3. CallableStatement

CallableStatement 对象为所有的 DBMS 提供了一种以标准形式调用存储过程的方法。存储过程储存在数据库中,对存储过程的调用是 CallableStatement 对象所含的内容,这种调用是用一种换码语法来写的,有两种形式:一种形式带结果参数,另一种形式不带结果参数,结果参数是一种输出(OUT)参数,是存储过程的返回值。两种形式都可带有数量可变的输入(IN 参数)、输出(OUT 参数)或输入和输出(INOUT 参数)的参数,问号将用作参数的占位符。

在 JDBC 中调用已储存过程的语法如下所示。

```
{? = call <procedure - name>[(<arg1>,<arg2>, …)]}
{call <procedure - name>[(<arg1>,<arg2>, …)]}
```

1) 创建存储过程

Access 中的"查询",就扮演了存储过程的角色。在 Access 主界面上单击左侧的"查询"按钮,再在右边双击"在设计视图中创建查询",以打开查询设计视图,如图 9.10 所示。

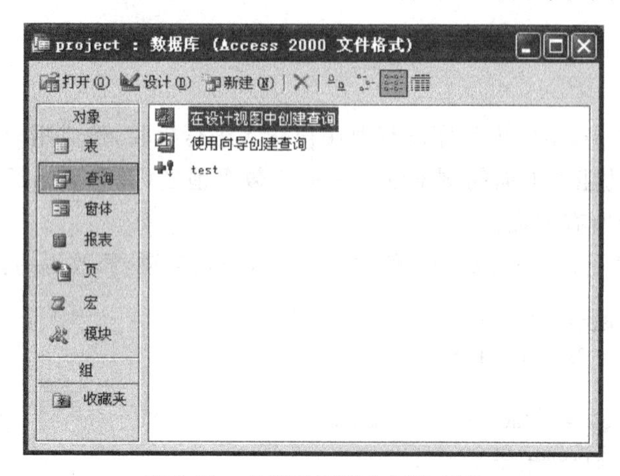

图 9.10 在设计视图中创建查询

这时弹出的是可视化的查询生成器，首先添加 SQL 语句需要涉及的表，如图 9.11 所示。

添加表之后，在设计视图上单击鼠标右键，选择“SQL 视图”，以切换到 SQL 代码编辑窗口，如图 9.12 所示。

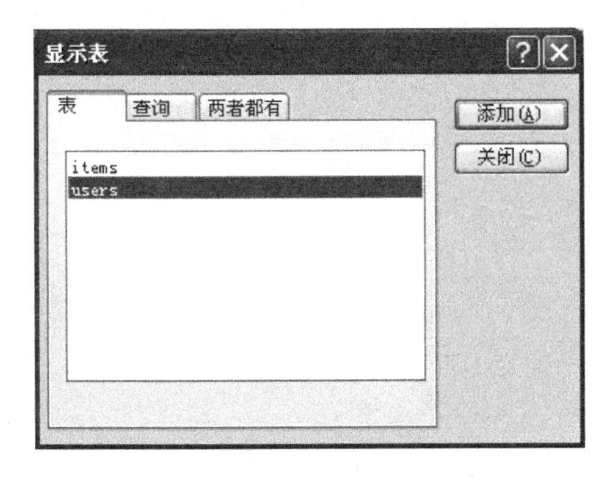

图 9.11 添加涉及的表

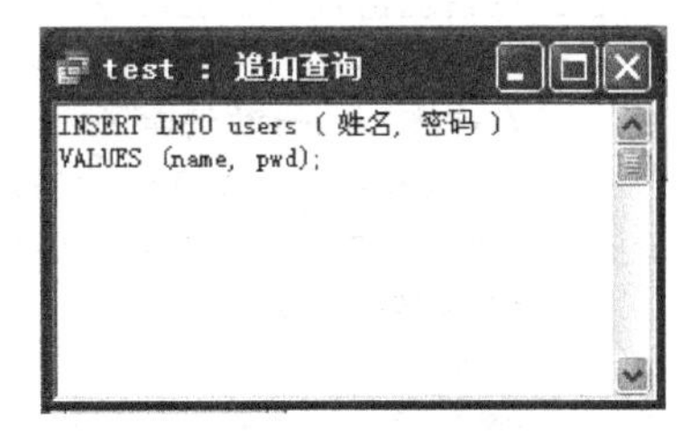

图 9.12 SQL 代码编辑窗口

2) 创建 CallableStatement 对象

CallableStatement 对象是用 Connection 方法 prepareCall 创建的。下例创建该接口的实例，其中，含有对存储过程 Test 的调用。该过程有两个变量，但不含结果参数：

```
CallableStatement cstmt = con.prepareCall("{call Test (?, ?)}");
```

其中，占位符为 IN、OUT 还是 INOUT 参数，取决于存储过程 Test。

将 IN 参数传给 CallableStatement 对象是通过 setXXX 方法完成的。该方法继承自 PreparedStatement，所传入参数的类型决定了所用的 setXXX 方法(例如，用 setString 来传入 String 值等)。

例 9-8 向数据表 users 中添加一个用户。

源文件为 Sample9_8.java，代码如下。

```
//调用存储过程
public void callProWithPram(){
    try {
        CallableStatement cs =  con.prepareCall("{call test(?,?)}");
        cs.setString(1, "赵敏");
        cs.setString(2, "123456");
        row = cs.executeUpdate();
    } catch (SQLException e) {
        e.printStackTrace();
    }
}
//查询数据库
 public void querySQL() {
     try {
        stmt = con.createStatement();
        String sql =  " select * from users where 姓名 = '赵敏'" ;
        rs = stmt.executeQuery(sql);
```

```
            while(rs.next()){
                System.out.println(rs.getString(1) + " " + rs.getString(2));
            }
        } catch (SQLException e) {
            e.printStackTrace();
        }
    }
    //重写主类
    public class Sample9_8{
        public static void main(String[ ] args) {
            Test example = new Test();
            //连接 Access 数据库
            example.connectToAccess();
            example.callProWithPram();
            example.querySQL();
            //关闭数据库
            example.closeConnection();
        }
    }
```

运行结果：

```
与 Access 数据库连接成功!
赵敏 123456
数据库关闭成功!
```

从结果上看，说明该用户已成功添加到数据表 users 中。

如果已储存过程返回 OUT 参数，则在执行 CallableStatement 对象以前必须先注册每个 OUT 参数的 JDBC 类型，注册 JDBC 类型是用 registerOutParameter 方法来完成的。语句执行完后，CallableStatement 的 getXXX 方法将取回参数值。换言之，registerOutParameter 使用的是 JDBC 类型（因此它与数据库返回的 JDBC 类型匹配），而 getXXX 将其转换为 Java 类型。

9.2.5 处理结果集

Statement 执行一条查询 SQL 语句后，会得到一个 ResultSet 对象，称为结果集，它是存放每行数据记录的集合。有了这个结果集，用户程序就可以从这个对象中检索出所需的数据并进行处理（如用表格显示）。例如 items 表，如果查询为“select 序号，项目编号，项目名称 from items”，若结果集具有如下形式：

```
1 L2015101   科研项目管理系统的研发设计
2 L2014102   Java 课程管理系统的研发设计
3 L2014102   学生档案管理系统的研发设计
```

则重写例 9-2 中 querySQL 方法即可，代码如下。

```
public void querySQL() {
    try {
        stmt = con.createStatement();
```

```
            String sql = "select 序号,项目编号,项目名称 from items";
            rs = stmt.executeQuery(sql);
            while(rs.next()){
                int i = rs. getInt(1);
                String s1 = rs.getString(2);
                String s2 = rs.getString(3);
                System.out.println(i + "   " + s1 + "   " + s2);

            }
        } catch (SQLException e) {
            e.printStackTrace();
        }
    }
```

结果集对象与数据库连接(Connection)是密切相关的,若连接被关闭,则建立在该连接上的结果集对象被系统回收,一般情况下,一个连接只能产生一个结果集。

1. 默认的 ResultSet 对象

ResultSet 对象可由三种 Statement 语句来创建,分别需要调用 Connection 接口的方法创建。以下为三种方法的核心代码。

```
Statement stmt = connection.createStatement();
ResultSet rs = stmt. executeQuery(sql);
PreparedStatement pstmt = connection.prepareStatement(sql);
ResultSet rs = pstmt.executeQuery();
CallableStatement cstmt = connection.prepareCall(sql);
ResultSet rs = cstmt.executeQuery();
```

ResultSet 对象具有指向当前数据行的光标,最初光标被置于第一行之前(beforefirst),next 方法将光标移动到下一行,该方法返回类型为 boolean 型,若 ResultSet 对象没有下一行时,返回 false,所以可以用 while 循环来迭代结果集。默认的 ResultSet 对象不可更新,仅有一个向前移动的光标。因此只能迭代它一次,并且只能按从第一行到最后一行的顺序进行,下面分别说明。

boolean next()行操作方法,将游标从当前位置向前移一行,当无下一行时返回 false。游标的初始位置在第一行前面,所以要访问结果集数据,首先要调用该方法。

getXxx(int columnIndex)列方法系列,获取所在行指定列的值。“Xxx”实际上与列(字段)的数据类型有关,若列为 String 型,则方法为 getString,若为 int 型,则为 getInt。columnIndex 表示列号,其值从 1 开始编号,如第 2 列,则值为 2。

getXxx(String columnName)列方法系列,获取所在行指定列的值。columnName 表示列名(字段名)。如 getString("name"),表示得到当前行字段名为“name”的列值。

2. 可滚动 ResultSet 对象

相比默认的 ResultSet 对象,可滚动 ResultSet 对象功能更加强大,以适应用户程序的不同需求。一方面可滚动的 ResultSet 对象,可以使行操作更加方便,可以任意地指向任意行,这对用户程序是很有用的。另一方面,正如上述,结果集是与数据库连接相关联的,而且与数据库的源表也是相关的，可以通过修改结果集对象，达到同步更新数据库的目的，当然，这种用法很少被实际采用。同样，三种 Statement 语句分别需要调用 Connection 接口的相关方法，来创建 ResultSet 对象。

Statement 对应 createStatement(int resultSetType, int resultSetConcurrency)方法。

预编译类型对应 prepareStatement(String sql,int resultSetType , int resultSetConcurrency)方法。

存储过程对应 prepareCall(String sql,int resultSetType, int resultSetConcurrency)方法。

其中，resultSetType 参数是用于指定滚动类型，常用值如下。

TYPE_FORWARD_ONLY：该常量指示光标只能向前移动的 ResultSet 对象的类型。

TYPE_SCROLL_INSENSITIVE：该常量指示可滚动，但通常不受 ResultSet 所连接数据更改影响的 ResultSet 对象的类型。

TYPE_SCROLL_SENSITIVE：该常量指示可滚动并且通常受 ResultSet 所连接数据更改影响的 ResultSet 对象的类型。

resultSetConcurrency 参数用于指定是否可以修改结果集，常用值如下。

CONCUR_READ_ONLY：该常量指示不可以更新的 ResultSet 对象的并发模式。

CONCUR_UPDATABLE：该常量指示可以更新的 ResultSet 对象的并发模式。

常用方法与默认的 ResultSet 对象相比，多了行操作方法和修改结果集列值(字段)的方法。以下分别说明。

boolean absolute(int row)：将光标移动到此 ResultSet 对象的给定行编号。

void afterLast()：将光标移动到此 ResultSet 对象的末尾，位于最后一行之后。

void beforeFirst()：将光标移动到此 ResultSet 对象的开头，位于第一行之前。

boolean first()：将光标移动到此 ResultSet 对象的第一行。

boolean isAfterLast()：获取光标是否位于此 ResultSet 对象的最后一行之后。

boolean isBeforeFirst()：获取光标是否位于此 ResultSet 对象的第一行之前。

boolean isFirst()：获取光标是否位于此 ResultSet 对象的第一行。

boolean isLast()：获取光标是否位于此 ResultSet 对象的最后一行。

boolean last()：将光标移动到此 ResultSet 对象的最后一行。

boolean previous()：将光标移动到此 ResultSet 对象的上一行。

boolean relative(int rows) ：按相对行数(或正或负)移动光标。

void updateXxx(int columnIndex,Xxx x)方法系列：按列号修改当前行中指定列值为 x，其中 x 的类型为方法名中的 Xxx 所对应的 Java 数据类型。如第二列为 int 型，则为 updateInt(2,45)。

void updateXxx(int columnName,Xxx x)方法系列：按列名修改当前行中指定列值为 x，其中 x 的类型为方法名中的 Xxx 所对应的 Java 数据类型。

void updateRow()：用此 ResultSet 对象的当前行的新内容更新所连接的数据库。

void insertRow()：将插入行的内容插入到此 ResultSet 对象和数据库中。

void deleteRow()：从此 ResultSet 对象和连接的数据库中删除当前行。

void cancelRowUpdates()：取消对 ResultSet 对象中的当前行所做的更新。

void moveToCurrentRow()：将光标移动到记住的光标位置，通常为当前行。

void moveToInsertRow()：将光标移动到插入行。

例 9-9 滚动结果集的使用。

源文件为 Sample9_9.java，代码如下。

```
public void scrollResult(){
    try {
        stmt = con.createStatement(ResultSet.TYPE_SCROLL_INSENSITIVE,ResultSet.CONCUR_READ
_ONLY);
        String sql = "select 序号, 项目编号, 项目名称 from items";
        rs = stmt.executeQuery(sql);
        System.out.println("当前游标是否在第一行之前: " + rs.isBeforeFirst());
        System.out.println("从前往后的顺序显示结果集: ");
        while(rs.next()){
            int p_num = rs.getInt("序号");
            String p_id = rs.getString("项目编号");
            String p_name = rs.getString("项目名称");
            System.out.println("序号: " + p_num + " 项目编号: " + p_id + " 项目名称: " + p_
name);
        }
        System.out.println("当前游标是否在最后一行之后: " + rs.isAfterLast());
        System.out.println("从后往前的顺序显示结果集: ");
        while(rs.previous()){
            int p_num = rs.getInt("序号");
            String p_id = rs.getString("项目编号");
            String p_name = rs.getString("项目名称");
            System.out.println("序号: " + p_num + " 项目编号: " + p_id + " 项目名称: " + p_
name);
        }
        System.out.println("将游标移到第一行");
        rs.first();
        if(rs.isFirst()) {
            System.out.println("游标是否在第一行: 是");
        }
        System.out.println("将游标移到最后一行");
        rs.last();
        if(rs.isLast()) {
            System.out.println("游标是否在最后一行: 是");
        }
        System.out.println("将游标移到第 2 行");
        rs.absolute(2);
        System.out.println("第 2 行的结果集为: ");
        System.out.println("序号: " + rs.getInt("序号") + " 项目编号: " + rs.getString("项目
编号") + " 项目名称: " + rs.getString("项目名称"));
    } catch (SQLException e) {
        e.printStackTrace();
    }
}
```

运行结果：

```
与 Access 数据库连接成功!
当前游标是否在第一行之前: true
```

```
从前往后的顺序显示结果集:
序号: 1 项目编号: L2015101 项目名称: 项目管理系统的研发设计
序号: 2 项目编号: L2014102 项目名称: Java 课程管理系统的研发设计
序号: 3 项目编号: L2014103 项目名称: 学生档案管理系统的研发设计
当前游标是否在最后一行之后: true
从后往前的顺序显示结果集:
序号: 3 项目编号: L2014103 项目名称: 学生档案管理系统的研发设计
序号: 2 项目编号: L2014102 项目名称: Java 课程管理系统的研发设计
序号: 1 项目编号: L2015101 项目名称: 项目管理系统的研发设计
将游标移到第一行
游标是否在第一行: 是
将游标移到最后一行
游标是否在最后一行: 是
将游标移到第 2 行
第 2 行的结果集为:
序号: 2 项目编号: L2014102 项目名称: Java 课程管理系统的研发设计
数据库关闭成功!
```

例 9-10 可更新的结果集示例。

源文件为 Sample9_10.java,代码如下。

```
public void updateScrollResult(){
    try {
    stmt = con.createStatement(ResultSet.TYPE_SCROLL_SENSITIVE,ResultSet.CONCUR_UPDATABLE);
        String sql = "select 序号, 项目编号, 项目名称 from items";
        rs = stmt.executeQuery(sql);
        System.out.println("修改之前结果集: ");
        while(rs.next()){
            int p_num = rs.getInt("序号");
            String p_id = rs.getString("项目编号");
            String p_name = rs.getString("项目名称");
            System.out.println("序号: " + p_num + " 项目编号: " + p_id + " 项目名称: " + p_
name);
        }
        rs.last();
        //使用 updateXXX 方法更新列值
        rs.updateInt("序号", 4);
        rs.updateString("项目编号", "L2014104");
        rs.updateRow();
        //游标移到插入行
        rs.moveToInsertRow();
        rs.updateInt("序号",5);
        rs.updateString("项目编号","L2014105");
        rs.updateString("项目名称","当代大学生就业满意度的调查研究");
        //提交插入行
        rs.insertRow();
        rs.close();
        //String newsql = "select name,age,sex from person";
        rs = stmt.executeQuery(sql);
        System.out.println("修改之后结果集: ");
        while(rs.next()){
```

```
                int p_num = rs.getInt("序号");
                String p_id = rs.getString("项目编号");
                String p_name = rs.getString("项目名称");
                System.out.println("序号:" + p_num + " 项目编号:" + p_id + " 项目名称:" + p_
name);
            }
        } catch (SQLException e) {
            e.printStackTrace();
        }
}
```

运行结果:

```
与 Access 数据库连接成功!
修改之前结果集:
序号:1 项目编号:L2015101 项目名称:项目管理系统的研发设计
序号:2 项目编号:L2014102 项目名称:Java 课程管理系统的研发设计
序号:3 项目编号:L2014103 项目名称:学生档案管理系统的研发设计
修改之后结果集:
序号:1 项目编号:L2015101 项目名称:项目管理系统的研发设计
序号:2 项目编号:L2014102 项目名称:Java 课程管理系统的研发设计
序号:4 项目编号:L2014104 项目名称:学生档案管理系统的研发设计
序号:5 项目编号:L2014105 项目名称:当代大学生就业满意度的调查研究
数据库关闭成功!
```

小结

JDBC 从物理结构上说就是 Java 语言访问数据库的一套接口集合,从本质上来说就是调用者(程序员)和实现者(数据库厂商)之间的协议。

Java 程序应用 JDBC,一般有以下步骤。

(1) 加载 JDBC 驱动,将其注册到 DriverManager 中:

```
Class.forName("sun.jdbc.odbc.jdbcOdbcDriver")
```

(2) 建立数据库连接,取得 Connection 对象:

```
Connection con = DriverManager.getConnection(url);
```

(3) 建立 Statement 对象或 PreparedStatement 对象:

```
Statement stat = conn.createStatement();
String sql = "select * from users where userName = ? and password = ? ";
PreparedStatement ps = conn.preparedStatement(sql);
ps.setString(1,"admin");
ps.setString(2,"hephec");
```

(4) 执行 SQL 语句:

```
String sql = "select * from users";
ResultSet rs = stmt.executeQuery(sql);
```

执行 insert,update,delete 等语句,先定义 sql:

```
stmt.executeUpdate(sql);
```

(5) 返回结果记录集 ResultSet 对象:

```
while(rs.next()){
out.println("第一个字段" + rs.getString());
out.println("第二个字段" + rs.getString());
}
```

(6) 释放资源,断开与数据库的连接。

其中涉及的接口如下。

(1) Connection:特定数据库的连接(会话)。

(2) Statement:用于执行静态 SQL 语句并返回它所生成结果的对象。

(3) PreparedStatement:表示预编译的 SQL 语句的对象。

(4) CallableStatement:用于执行 SQL 存储过程的接口。

(5) ResultSet:表示数据库结果集的数据表,通常通过执行查询数据库的语句生成。

思考练习

1. 思考题

(1) 简述 JDBC 的功能和特点。

(2) 什么是 JDBC? 在什么时候会用到它?

(3) 在 JDBC 编程时为什么要养成经常释放连接的习惯?

(4) 什么是 JDBC 连接? 在 Java 中如何创建一个 JDBC 连接?

(5) JDBC 的 Statement 是什么?

(6) execute,executeQuery,executeUpdate 的区别是什么?

(7) JDBC 的 PreparedStatement 是什么?

(8) 相对于 Statement,PreparedStatement 的优点是什么?

(9) JDBC 的 ResultSet 是什么?

(10) 有哪些不同的 ResultSet?

(11) 如何使用 JDBC 接口来调用存储过程?

2. 拓展训练题

(1) 编程显示书中 project.mdb 中表 items 的所有内容。

(2) 编程为数据表添加一条记录。

(3) 编程修改表中的一条记录。

(4) 编程删除表中的一条记录。

第10章 集合操作

本章导读

在前面学习过 Java 数组，Java 数组的长度是固定的，在同一个数组中只能存放相同类型的数据，数组可以存放基本类型的数据，也可以存入对象引用的数据。

在创建数组时，必须明确指定数组的长度，数组一旦创建，其长度就不能改变，在许多应用的场合，一组数据的数目不是固定的，比如一个单位的员工数目是变化的，有老的员工跳槽，也有新的员工进来。

为了使程序方便地存储和操纵数目不固定的一组数据，JDK 中提供了 Java 集合类，所有 Java 集合类都位于 Java. util 包中，与 Java 数组不同，Java 集合类不能存放基本数据类型数据，而只能存放对象的引用。

本章要点

- List 的主要特性和使用方法。
- Set 的主要特性和使用方法。
- Map 的主要特性和使用方法。

10.1 集合概述

Java 集合类主要负责保存、盛装其他数据，因此集合类也称容器类。Java 集合类分为 List(列表)、Set(集)和 Map(映射)三种类型，

List(列表)：List 的主要特征是其元素以线性方式存储，集合中允许存放重复的对象。List 接口主要的实现类如下。

1. ArrayList

ArrayList 代表长度可变的数组，允许对元素进行快速的随机访问，但是向 ArrayList 中插入与删除元素的速度较慢。

2. LinkedList

在实现中采用链表数据结构，对顺序访问进行了优化，向 List 中插入和删除元素的速度较快，随机访问速度则相对较慢，随机访问是指检索位于特定索引位置的元素。

Set(集)：Set 是最简单的一种集合，集合中的对象不按特定方式排序，并没有重复对

象。Set 接口主要有两个实现类：HashSet 类，还有一个子类 LinkedHashSet 类，它不仅实现了哈希算法，而且实现了链表数据结构，链表数据结构能提高插入和算出元素的性能。TreeSet 类实现了 SortedSet 接口中，具有排序功能。

Map(映射)：Map 是一种把键对象和值对象进行映射的集合。它的每一个元素都包含一对键对象和值对象，而值对象仍可以是 Map 类型。以此类推，这样就形成了多级映射。向 Map 集合中加入元素时，必须提供一对键对象和值对象，从 Map 集合上检索元素只要给出键对象，就会返回值对象。

Java 的主要集合类的框架图如图 10.1 所示。

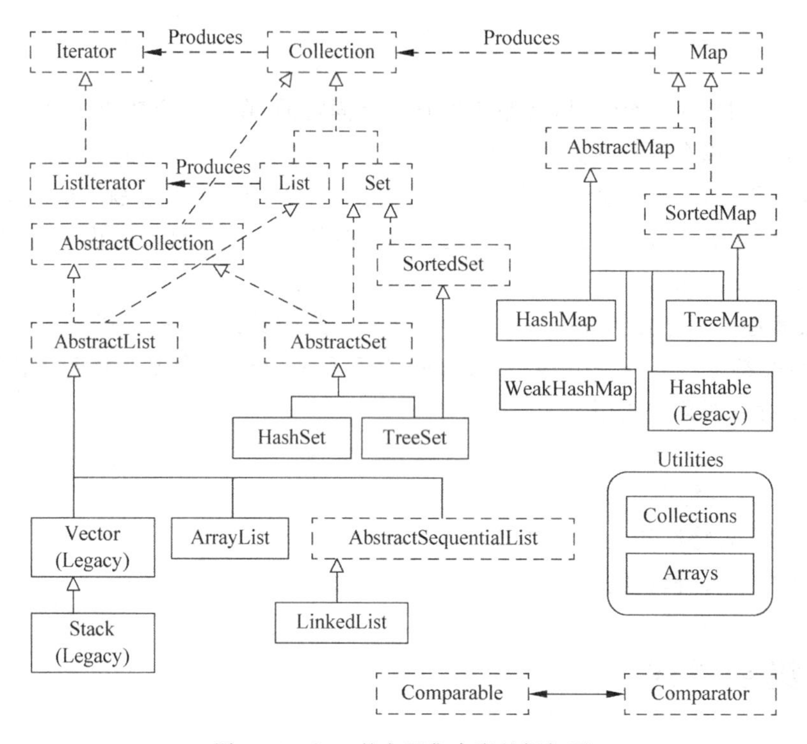

图 10.1 Java 的主要集合类的框架图

其中，List 和 Set 接口都继承自 Collection 接口，Collection 是最基本的集合接口，一个 Collection 代表一组 Object，即 Collection 的元素(Elements)。Java SDK 不提供直接继承自 Collection 的类，Java SDK 提供的类都是继承自 Collection 的“子接口”，如 List 和 Set。

图 10.1 中，实线边框的是实现类，所有的集合类都实现了 Iterator 接口，这是一个用于遍历集合中元素的接口，主要包含 hashNext()，next()，remove()三种方法。此外，List 还提供一个 listIterator()方法，返回一个 ListIterator 接口。和标准的 Iterator 接口相比，ListIterator 多了一些 add()之类的方法，允许添加、删除、设定元素，还能向前或向后遍历。

10.2 List

List 就是列表的意思，它是 Collection 的一种，即继承了 Collection 接口，以定义一个允许重复项的有序集合。当不知道存储的数据有多少的情况下，就可以使用 List 来完成存储数据的工作，例如，想要保存一个应用系统当前的在线用户的信息，就可以使用一个 List 来存储，因为 List 的最大特点就是能够自动根据插入的数据量来动态改变容器的大小。该接口不但能够对列表的一部分进行处理，还添加了面向位置的操作。面向位置的操作包括插入某个元素或 Collection 的功能，还包括获取、除去或更改元素的功能，在 List 中搜索元素可以从列表的头部或尾部开始，如果找到元素，还将报告元素所在的位置。

List 是按对象的进入顺序进行保存对象，而不做排序或编辑操作。它除了拥有 Collection 接口的所有方法外，还拥有一些其他的方法，具体如下。

1. void add(int index, Object element)

在列表的指定位置插入指定元素，将当前处于该位置的元素（如果有的话）和所有后续元素向右移动（在其索引中加 1）。

2. boolean addAll(int index, Collection collection)

将指定 collection 中的所有元素都插入到列表中的指定位置，将当前处于该位置的元素和所有后续元素向右移动（增加其索引），新元素将按照它们通过指定 collection 的迭代器所返回的顺序出现在此列表中。

3. Object get(int index)

返回列表中指定位置的元素。

4. int indexOf(Object element)

返回此列表中第一次出现的指定元素的索引，如果此列表不包含该元素，则返回－1。

5. int lastIndexOf(Object element)

返回此列表中最后出现的指定元素的索引，如果列表不包含此元素，则返回－1。

6. boolean remove(int index)

从此列表中移除第一次出现的指定元素，如果列表不包含元素，则不更改列表。

7. Object set(int index, Object element)

用指定元素替换列表中指定位置的元素，返回以前在指定位置的元素。

在“集合框架”中有两种常见的 List 实现类：ArrayList 和 LinkedList。

10.2.1 ArrayList

ArrayList 是实现 List 接口的动态数组，所谓动态就是它的大小是可变的，实现了所有可选列表操作，并允许包括 null 在内的所有元素。除了实现 List 接口外，此类还提供一些方法来操作内部用来存储列表的数组的大小。

每个 ArrayList 实例都有一个容量，该容量是指用来存储列表元素的数组的大小，默认初始容量为 10。随着 ArrayList 中元素的增加，它的容量也会不断地自动增长，在每次添加新的元素时，ArrayList都会检查是否需要进行扩容操作，扩容操作带来数据向新数组的重新复制，所以如果我们知道具体业务数据量，在构造ArrayList时可以给ArrayList指定一个初始容量，这样就会减少扩容时数据的复制问题。当然在添加大量元素前，应用程序也可以使用ensureCapacity操作来增加ArrayList实例的容量，这可以减少递增式再分配的数量。

注意，ArrayList实现不是同步的。如果多个线程同时访问一个ArrayList实例，而其中至少一个线程从结构上修改了列表，那么它必须保持外部同步。

ArrayList提供了以下三个构造方法。

(1) ArrayList()：默认构造方法，提供初始容量为10的空列表。

(2) ArrayList(int initialCapacity)：构造一个具有指定初始容量的空列表。

(3) ArrayList(Collection<? extends E> c)：构造一个包含指定collection的元素的列表，这些元素是按照该collection的迭代器返回它们的顺序排列的。

例10-1 使用ArrayList的方法实现对列表内容进行操作。

源文件为Sample10_1.java，代码如下。

```
import java.util.ArrayList;
public class Sample10_1 {
    public static void main(String[] args) {
        ArrayList data = new ArrayList();
        System.out.println("最初项目数量为: " + data.size());
        //查看ArrayList的大小
        MyProject number1 = new MyProject("项目1","0001",10000);
        MyProject number2 = new MyProject("项目2","0002",20000);
        MyProject number3 = new MyProject("项目3","0003",30000);
        MyProject number4 = new MyProject("项目4","0004",40000);
        data.add(number1);                          //添加number1
        data.add(number2);
        data.add(number3);
        System.out.println("添加后项目数量为: " + data.size());
        for(int i = 0;i < data.size();i++){         //遍历
            MyProject number = (MyProject)data.get(i);
            System.out.print("第" + (i + 1) + "个项目 项目名: " + number.getname());
            System.out.print(" 项目编号: " + number.getId());
            System.out.println(" 经费: " + number.getmoney());
        }
        data.remove(1);                             //删除了里面的元素,项目2
        System.out.println("删除后项目数量为: " + data.size());
        data.add(1, number4);                       //插入元素
        System.out.println("添加后项目数量为: " + data.size());

        for(int i = 0;i < data.size();i++){         //遍历
            MyProject number = (MyProject)data.get(i);
            System.out.print("第" + (i + 1) + "个项目 项目名: " + number.getname());
            System.out.print(" 项目编号: " + number.getId());
            System.out.println(" 经费: " + number.getmoney());
        }
    }
```

```
}
class MyProject{
    private String pname;                          //项目名
    private String pId;                            //项目编号
    private int pmoney;                            //经费

    MyProject(String pname,String pId,int  pmoney){
        this.pname = pname;
        this.pId = pId;
        this. pmoney =  pmoney;
    }
    public String getname(){
        return pname;
    }
    public String getId(){
        return pId;
    }
    public int getmoney(){
        return pmoney;
    }
}
```

运行结果：

```
最初项目数量为: 0
添加后项目数量为: 3
第 1 个项目 项目名: 项目 1 项目编号: 0001 经费: 10000
第 2 个项目 项目名: 项目 2 项目编号: 0002 经费: 20000
第 3 个项目 项目名: 项目 3 项目编号: 0003 经费: 30000
删除后项目数量为: 2
添加后项目数量为: 3
第 1 个项目 项目名: 项目 1 项目编号: 0001 经费: 10000
第 2 个项目 项目名: 项目 4 项目编号: 0004 经费: 40000
第 3 个项目 项目名: 项目 3 项目编号: 0003 经费: 30000
```

10.2.2 LinkedList

LinkedList 与 ArrayList 一样实现 List 接口，只是 ArrayList 是 List 接口的大小可变数组的实现，LinkedList 是 List 接口链表的实现。基于链表实现的方式使得 LinkedList 在插入和删除时更优于 ArrayList，而随机访问则比 ArrayList 逊色些。

LinkedList 实现所有可选的列表操作，并允许所有的元素包括 null。除了实现 List 接口外，LinkedList 类还为在列表的开头及结尾 get、remove 和 insert 元素提供了统一的命名方法，这些操作允许将链接列表用作堆栈、队列或双端队列。所有操作都是按照双重链接列表的需要执行的，在列表中编索引的操作将从开头或结尾遍历列表(从靠近指定索引的一端)。同时，与 ArrayList 一样此实现不是同步的。

LinkedList 提供了以下两个构造方法。

(1) LinkedList()：构造一个空列表。里面没有任何元素，只是将 header 节点的前一个元素、后一个元素都指向自身。

(2) LinkedList(Collection<? extends E> c)：构造一个包含指定collection中的元素的列表，这些元素按其collection的迭代器返回的顺序排列。该构造方法首先会调用LinkedList()，构造一个空列表，然后调用了addAll()方法将Collection中的所有元素添加到列表中。

例 10-2 使用LinkedList的方法实现对列表内容进行操作。

源文件为Sample10_2.java，代码如下。

```
import java.util.*;
public class Sample10_2 {
    public static void main(String []args){
        LinkedList  list = new LinkedList();
        list.add("项目 2");
        list.add("项目 3");
        list.add("项目 4");
        System.out.println("表中共有 : " + list.size() + "个项目");
        System.out.println("表中的内容 : " + list);
        String first = (String) list.getFirst();
        String last = (String) list.getLast();
        System.out.println("表中第一个项目为 : " + first );
        System.out.println("表中最后一个项目为 : " + last);
        list.addFirst("项目 1");
        list.addLast("项目 5");
        System.out.println("表中共有 : " + list.size() + "个项目");
        System.out.println("表中的内容 : " + list);
        System.out.println("使用 ListIterator 接口操作表");
        ListIterator lit = list.listIterator();
        System.out.println("下一个索引是" + lit.nextIndex());
        lit.next();
        lit.add("项目 0");
        lit.previous();
        System.out.println("上一个索引是" + lit.previousIndex());
        lit.previous();
        System.out.println("上一个索引是" + lit.previousIndex());
        lit.set("项目 -1");
        System.out.println("表中的内容 : " + list);
        System.out.println("删除表中的项目 0");
        lit.next();
        lit.next();
        lit.remove();
        System.out.println("表中的内容 : " + list);
        System.out.println("删除表中的第一个和最后一个项目");
        list.removeFirst();
        list.removeLast();

        System.out.println("表中共有 : " + list.size() + "个项目");
        System.out.println("表中的内容 : " + list);
    }
}
```

运行结果：

```
表中共有 : 3 个项目
表中的内容 : [项目 2, 项目 3, 项目 4]
表中第一个项目为 : 项目 2
表中最后一个项目为 : 项目 4
表中共有 : 5 个项目
表中的内容 : [项目 1, 项目 2, 项目 3, 项目 4, 项目 5]
使用 ListIterator 接口操作表
下一个索引是 0
上一个索引是 0
上一个索引是 -1
表中的内容 : [项目 -1, 项目 0, 项目 2, 项目 3, 项目 4, 项目 5]
删除表中的项目 0
表中的内容 : [项目 -1, 项目 2, 项目 3, 项目 4, 项目 5]
删除表中的第一个和最后一个项目
表中共有 : 3 个项目
表中的内容 : [项目 2, 项目 3, 项目 4]
```

10.3 Set

Set 是一种不包括重复元素的 Collection。它维持自己的内部排序，所以随机访问没有任何意义。与 List 一样，它同样可以包含最多一个 null 元素。由于 Set 接口的特殊性，所有传入 Set 集合中的元素都必须不同，同时要注意任何可变对象，如果在对集合中元素进行操作时，导致 e1.equals(e2)==true，则必定会产生某些问题。

按照定义，Set 接口继承 Collection 接口，而且它不允许集合中存在重复项，所有原始方法都是现成的，没有引入新方法，具体的 Set 实现类依赖添加的对象的 equals()方法来检查等同性。以下简述各个方法的作用。

1. publicint size()

返回 Set 中元素的数目，如果 Set 包含的元素数大于 Integer.MAX_VALUE，返回 Integer.MAX_VALUE。

2. public boolean isEmpty()

如果 Set 中不含元素，返回 true。

3. public boolean contains(Object o)

如果 Set 中包含指定元素，返回 true。

4. public Iterator iterator()

返回在此 Set 中的元素上进行迭代的迭代器，返回的元素没有特定的顺序（除非此 Set 是某个提供顺序保证的类的实例）。

5. public Object[] toArray()

返回包含 Set 中所有元素的数组，如果此 Set 对其迭代器返回的元素的顺序做出了某些保证，那么此方法也必须按相同的顺序返回这些元素。

6. public Object[] toArray(Object[] a)

返回包含 Set 中所有元素的数组，返回数组的运行时类型是指定数组的类型。

7. public boolean add(Object o)

如果 Set 中不存在指定元素，则向 Set 加入该元素。

8. public boolean remove(Object o)

如果 Set 中存在指定元素，则从 Set 中删除。

9. public boolean removeAll(Collection c)

如果 Set 包含指定集合，则从 Set 中删除指定集合的所有元素。

10. public boolean containsAll(Collection c)

如果 Set 包含指定集合的所有元素，返回 true；如果指定集合也是一个 Set，只有是当前 Set 的子集时，方法返回 true。

11. public boolean addAll(Collection c)

如果 Set 中不存在指定集合的元素，则向 Set 中加入所有元素。

12. public boolean retainAll(Collection c)

只保留 Set 中所含的指定集合的元素。换言之，从 Set 中删除所有指定集合不包含的元素。如果指定集合也是一个 Set，那么该操作修改 Set 的效果是使它的值为两个 Set 的交集。

13. public boolean removeAll(Collection c)

如果 Set 包含指定集合，则从 Set 中删除指定集合的所有元素。

14. public void clear()

从 Set 中删除所有元素。

实现了 Set 接口的常见集合有 HashSet、LinkedHashSet 和 TreeSet。

HashSet 堪称查询速度最快的集合，因为其内部是以 HashCode 来实现的，它内部元素的顺序是由哈希码来决定的，所以它不保证 Set 的迭代顺序，特别是它不保证该顺序恒久不变。

LinkedHashSet 是具有可预知迭代顺序的 Set 接口的哈希表和链接列表实现。此实现与 HashSet 的不同之处在于后者维护着一个运行于所有条目的双重链接列表,此链接列表定义了迭代顺序,该迭代顺序可为插入顺序或是访问顺序。

TreeSet 基于 TreeMap 生成一个总是处于排序状态的 Set,内部以 TreeMap 来实现。它是使用元素的自然顺序对元素进行排序,或者根据创建 Set 时提供的 Comparator 进行排序,具体取决于使用的构造方法。

在更多情况下,会使用 HashSet 存储重复自由的集合。同时 HashSet 中也是采用了 Hash 算法的方式进行存取对象元素的,所以添加到 HashSet 的对象对应的类也需要采用恰当方式来实现 hashCode()方法,虽然大多数系统类覆盖了 Object 中默认的 hashCode()实现,但创建自己的要添加到 HashSet 的类时,需要覆盖 hashCode()。

例 10-3 HashSet 应用。

源文件为 Sample10_3. java,代码如下。

```
import java.util. * ;
public class Sample10_3 {
    public static void main(String[ ] args) {
        Set myset = new HashSet();
        if (myset.add("项目编号")) {
            System.out.println("添加成功!");
        }
        if (myset.add("项目编号")) {
            System.out.println("添加成功!");
        }
        myset.add("项目名称");                    //添加对象到 Set 集合中
        myset.add("负责人");
        myset.add("资助经费");
        System.out.println("集合 myset 的大小: " + myset.size());
        System.out.println("集合 myset 的内容: " + myset);
        myset.remove("项目名称");
        System.out.println("集合 myset 移除"项目名称"后的内容: " + myset);
        System.out.println("集合 myset 中是否包含"项目名称": " + myset.contains("项目名
称"));
        System.out.println("集合 myset 中是否包含"负责人" : " + myset.contains("负责人"));
        Set newset = new HashSet();
        newset.add("负责人");
        newset.addAll(myset);                    //将 myset 集合中的元素全部都加到 newset 中
        System.out.println("集合 newset 的内容: " + newset);
        newset.clear();                          //清空集合 newset 中的元素
        System.out.println("集合 newset 是否为空 : " + newset.isEmpty());
        Iterator iterator = myset.iterator();   //得到一个迭代器
        while (iterator.hasNext()) {            //遍历
            Object element = iterator.next();
            System.out.println("遍历结果 = " + element);
    }
    //将集合 myset 转化为数组
        Object s[ ] = myset.toArray();
        for(int i = 0;i < s.length;i++){
            System.out.println(s[i]);
        }
```

```
    }
}
```

运行结果：

```
添加成功!
集合 myset 的大小: 4
集合 myset 的内容: [项目名称, 资助经费, 负责人, 项目编号]
集合 myset 移除"项目名称"后的内容: [资助经费, 负责人, 项目编号]
集合 myset 中是否包含"项目名称": false
集合 myset 中是否包含"负责人" : true
集合 newset 的内容: [资助经费, 负责人, 项目编号]
集合 newset 是否为空 : true
遍历结果 = 资助经费
遍历结果 = 负责人
遍历结果 = 项目编号
资助经费
负责人
项目编号
```

从上面这个简单的例子中，可以发现 Set 中的方法与直接使用 Collection 中的方法一样，唯一需要注意的就是 Set 中存放的元素不能重复。

通过下面的例子，来了解一下其他的 Set 的实现类的特性。

例 10-4 LinkedHashSet、TreeSet 应用。

源文件为 Sample10_4.java，代码如下。

```
import java.util. * ;
public class Sample10_4 {
    public static void main(String args[]) {
        Set set1 = new HashSet();
        Set set2 = new LinkedHashSet();
        for(int i = 0;i<5;i++){
              //产生一个随机数,并将其放入 Set 中
              int s = (int) (Math.random() * 100);
              set1.add(new Integer( s));
              set2.add(new Integer( s));
              System.out.println("第 " + i + " 次随机数产生为: " + s);
        }
        System.out.println("未排序前 HashSet: " + set1);
        System.out.println("未排序前 LinkedHashSet: " + set2);
        //使用 TreeSet 来对另外的 Set 进行重构和排序
        Set set3 = new TreeSet(set1);
        System.out.println("排序后 TreeSet : " + set3);
    }
}
```

运行结果：

```
第 0 次随机数产生为: 57
第 1 次随机数产生为: 9
第 2 次随机数产生为: 82
```

```
第 3 次随机数产生为: 46
第 4 次随机数产生为: 18
未排序前 HashSet: [82, 18, 57, 9, 46]
未排序前 LinkedHashSet: [57, 9, 82, 46, 18]
排序后 TreeSet : [9, 18, 46, 57, 82]
```

从这个例子中,可以知道 HashSet 的元素存放顺序和我们添加进去时候的顺序没有任何关系,而 LinkedHashSet 则保持元素的添加顺序,TreeSet 则是对 Set 中的元素进行排序存放。一般来说,当需要从集合中以有序的方式抽取元素时,TreeSet 实现就会有用处,为了能顺利进行,添加到 TreeSet 的元素必须是可排序的。先把元素添加到 HashSet,再把集合转换为 TreeSet 来进行有序遍历会更快。

10.4 Map

Map 与 List、Set 接口不同,它是由一系列键值对组成的集合,提供了 key 到 value 的映射。同时它也没有继承 Collection。在 Map 中它保证了 key 与 value 之间的一一对应关系。也就是说一个 key 对应一个 value,所以它不能存在相同的 key 值,当然 value 值可以相同。

按定义,该接口描述了从不重复的键到值的映射。常用的方法有以下几个。

Object put(Object key,Object value):用来存放一个键-值对到 Map 中。

Object remove(Object key):根据 key(键),移除一个键-值对,并将值返回。

void putAll(Map mapping):将另外一个 Map 中的元素存入当前的 Map 中。

void clear():清空当前 Map 中的元素。

Object get(Object key):根据 key(键)取得对应的值。

boolean containsKey(Object key):判断 Map 中是否存在某键(key)。

boolean containsValue(Object value):判断 Map 中是否存在某值(value)。

int size():返回 Map 中键-值对的个数。

boolean isEmpty():判断当前 Map 是否为空。

public Set keySet():返回所有的键(key),并使用 Set 容器存放。

public Collection values():返回所有的值(value),并使用 Collection 存放。

public Set entrySet():返回一个实现 Map. Entry 接口的元素 Set,集合中每个对象都是底层 Map 中一个特定的键/值对。

因为映射中键的集合必须是唯一的,就使用 Set 来支持。因为映射中值的集合可能不唯一,就使用 Collection 来支持。

10.4.1 HashMap

HashMap 是使用非常多的 Collection,它是基于哈希表的 Map 接口的实现,以 key-value 的形式存在。在 HashMap 中,key-value 总是会当作一个整体来处理,系统会根据 Hash 算法来计算 key-value 的存储位置,可以通过 key 快速地存取 value。

HashMap 提供了以下三个构造方法。

(1) HashMap():构造一个具有默认初始容量(16)和默认加载因子(0.75)的空

HashMap。

(2) HashMap(int initialCapacity)：构造一个带指定初始容量和默认加载因子(0.75)的空 HashMap。

(3) HashMap(int initialCapacity, float loadFactor)：构造一个带指定初始容量和加载因子的空 HashMap。

在这里提到了两个参数：初始容量和加载因子。这两个参数是影响 HashMap 性能的重要参数，其中，容量表示哈希表中桶的数量，初始容量是创建哈希表时的容量，加载因子是哈希表在其容量自动增加之前可以达到多满的一种尺度，它衡量的是一个散列表的空间的使用程度，负载因子越大表示散列表的装填程度越高，反之越小。对于使用链表法的散列表来说，查找一个元素的平均时间是 $O(1+a)$，因此如果负载因子越大，对空间的利用更充分，然而后果是查找效率的降低；如果负载因子太小，那么散列表的数据将过于稀疏，对空间造成严重浪费。系统默认负载因子为 0.75，一般情况下是无须修改的。

要知道 HashMap 是什么，首先要搞清楚它的数据结构，在 Java 编程语言中，最基本的结构就是两种，一个是数组，另外一个是模拟指针(引用)。所有的数据结构都可以用这两个基本结构来构造，HashMap 也不例外。HashMap 实际上是一个数组和链表的结合体(在数据结构中，一般称之为“散列存储”)，如图 10.2 所示，横排表示数组，纵排表示数组元素(实际上是一个链表结构)。

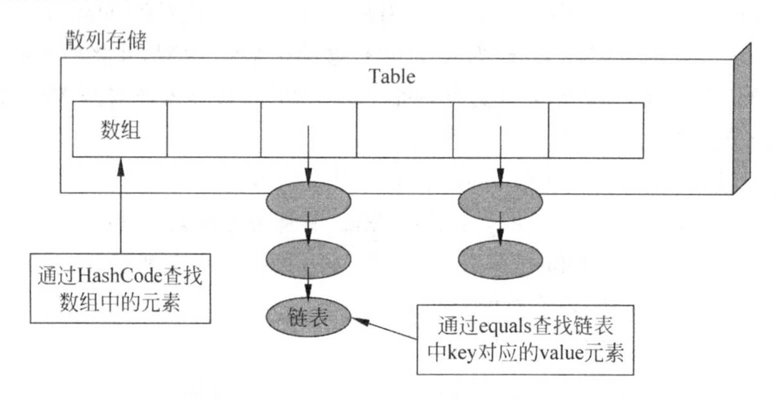

图 10.2 HashMap 的数据结构

从图中看出，一个 HashMap 就是一个数组结构，当新建一个 HashMap 的时候，就会初始化一个数组，而每个数组元素对应的是一个链表引用。

往 HashMap 中 put 元素：

(1) 先根据 key 的 Hash 值得到这个元素在数组中的位置(即下标)，然后把这个元素放到对应的位置中。

(2) 如果这个元素所在的位置上已经存放有其他元素了，那么在同一个位置上的元素将以链表的形式存放，新加入的放在链头，最先加入的放在链尾。

从 HashMap 中 get 元素：

(1) 首先计算 key 的 HashCode，找到数组中对应位置的某一元素。

(2) 然后通过 key 的 equals 方法在对应位置的链表中找到需要的元素。

从这里可以想象得到，如果每个位置上的链表只有一个元素，那么 HashMap 的 get 效率将是最高的。

下面通过一个实例学习如何使用 HashMap。

例 10-5 HashMap 应用。

源文件为 Sample10_5.java,代码如下。

```
import java.util.*;
public class Sample10_5 {
    public static void main(String[] args) {
        test();
    }
    private static void test() {
        //初始化随机种子
        Random r = new Random();
        //新建 HashMap
        HashMap map = new HashMap();
        //添加操作
        map.put("k1", r.nextInt(10));
        map.put("k2", r.nextInt(10));
        map.put("k3", r.nextInt(10));
        //打印出 map
        System.out.println("map:" + map );
        //通过 Iterator 遍历 key - value
        Iterator iter = map.entrySet().iterator();
        while(iter.hasNext()) {
            Map.Entry entry = (Map.Entry)iter.next();
            System.out.println("next : " + entry.getKey() + " - " + entry.getValue());
        }
        //HashMap 的键值对个数
        System.out.println("size:" + map.size());
        //是否包含键 key
        System.out.println("contains key k2 : " + map.containsKey("k2"));
        System.out.println("contains key k4 : " + map.containsKey("k4"));
        //是否包含值 value
        System.out.println("contains value 0 : " + map.containsValue(new Integer(0)));
        //删除键 key 对应的键值对
        map.remove("k3");
        System.out.println("map:" + map );
        //清空 HashMap
        map.clear();
        //HashMap 是否为空
        System.out.println((map.isEmpty()?"map is empty":"map is not empty") );
    }
}
```

运行结果:

```
map:{k1 = 5, k2 = 1, k3 = 7}
next : k1 - 5
next : k2 - 1
next : k3 - 7
```

```
size:3
contains key k2 : true
contains key k4 : false
contains value 0 : false
map:{k1 = 5, k2 = 1}
map is empty
```

在这里能够根据 key 快速地取到 value，除了和 HashMap 的数据结构密不可分外，还和 Entry 有莫大的关系。HashMap 在存储过程中并没有将 key 和 value 分开来存储，而是当作一个整体 key-value 来处理的，这个整体就是 Entry 对象。同时，value 也只相当于 key 的附属而已。在存储的过程中，系统根据 key 的 HashCode 来决定 Entry 在 table 数组中的存储位置，在取的过程中同样根据 key 的 HashCode 取出相对应的 Entry 对象。

10.4.2 HashTable

在 Java 中与有两个类都提供了一个多种用途的 HashTable 机制，它们都可以将 key 和 value 结合起来构成键值对，通过 put(key,value)方法保存起来，然后通过 get(key)方法获取相对应的 value 值。一个是前面提到的 HashMap，还有一个就是 HashTable。

对于 HashTable 而言，它在很大程度上和 HashMap 的实现差不多，如果对 HashMap 比较了解的话，对 HashTable 的认知会提供很大的帮助。

HashTable 采用“拉链法”实现哈希表，它定义了几个重要的参数：table、count、threshold、loadFactor、modCount。

table：为一个 Entry[]数组类型，Entry 代表了“拉链”的节点，每一个 Entry 代表了一个键值对，哈希表的 key-value 键值对都是存储在 Entry 数组中的。

count：HashTable 的大小，注意这个大小并不是 HashTable 的容器大小，而是它所包含 Entry 键值对的数量。

threshold：HashTable 的阈值，用于判断是否需要调整 HashTable 的容量。threshold 的值＝容量×加载因子。

loadFactor：加载因子。

modCount：用来实现“fail-fast”机制(也就是快速失败)。所谓快速失败就是在并发集合中，其进行迭代操作时，若有其他线程对其进行结构性的修改，这时迭代器会马上感知到，并且立即抛出 ConcurrentModificationException 异常。

在 HashTabel 中存在以下 4 个构造方法。

(1) public Hashtable()：默认构造方法，容量为 11，加载因子为 0.75。

(2) public Hashtable(int initialCapacity)：用指定初始容量和默认的加载因子(0.75)构造一个新的空哈希表。

(3) public Hashtable(int initialCapacity, float loadFactor)：用指定初始容量和指定加载因子构造一个新的空哈希表。

(4) public Hashtable(Map＜? extends K, ? extends V＞ t)：构造一个与给定的 Map 具有相同映射关系的新哈希表。

Hashtable 中有一个内部类 Entry，用来保存单元数据，假设保存下面一组数据，第一列作为 key,第二列作为 value。

```
{"k1", 1}
{"k2", 2}
{"k3", 3}
{"k4", 4}
```

例 10-6 HashTable 应用。

源文件为 Sample10_6.java,代码如下。

```
import java.util.Hashtable;
public class Sample10_6 {
    public static void main(String[] args) {
        Hashtable<String, Integer> numbers = new Hashtable<String, Integer>();
        numbers.put("k1", 1);
        numbers.put("k2", 2);
        numbers.put("k3", 3);
        numbers.put("k4", 4);
        numbers.put("k5", 5);
        Integer n = numbers.get("k2");
        Integer m = numbers.get("k6");
        if(n != null){
            System.out.println(n);
            System.out.println(m);
        }
    }
}
```

运行结果:

```
2
null
```

HashTable 和 HashMap 存在很多的相同点,但是它们还是有几个比较重要的不同点。

(1) HashTable 是基于陈旧的 Dictionary 类的。在 Java 1.2 引入 Map 接口后,HashTable 也改进为可以实现 Map。HashMap 是 Map 接口的一个实现,继承于较新的 AbstractMap 类。HashMap 可以算作是 HashTable 的升级版本,整体上 HashMap 对 HashTable 类优化了代码。

(2) 在 HashMap 中,null 可以作为 key,这样的 key 只有一个,可以有一个或多个 key 所对应的 value 为 null。而在 HashTable 中,null 不可以作为 key,也不可以作为 value,否则会抛出 java.lang.NullPointerException。

(3) HashTable 的方法是同步的,而 HashMap 的方法不是。所以一般建议如果是涉及多线程同步时采用 HashTable,没有涉及就采用 HashMap,但是在 Collections 类中存在一个静态方法 synchronizedMap(),该方法创建了一个线程安全的 Map 对象,并把它作为一个封装的对象来返回,所以通过 Collections 类的 synchronizedMap 方法可以同步访问潜在的 HashMap。

小结

在Java语言里面，集合类一般都位于java.util包里面，该包里面的集合类基本提供了在开发过程中常用的数据结构，直接使用起来基本可以满足开发要求。Java集合类主要负责保存、盛装其他数据，因此集合类也称容器类。集合类型主要有三种：Set(集)、List(列表)和Map(映射)，其中，Set代表无序、不可重复的集合；List代表有序、可重复的集合；Map代表具有映射关系的集合。

Map集合中所有key集中起来，就组成了一个Set集合。所以Map集合提供Set<K> keySet()方法返回所有key组成的Set集合。由此可见，Map集合中的所有key具有Set集合的特征，只要Map所有的key集中起来，它就是一个Set集合，这就实现了Map到Set的转换。同时，如果把Map中的元素看成key-value的Set集合，也可以实现从Set到Map之间的转换。HashSet和HashMap分别作为它们的实现类，两者之间也是相似的。HashSet的实现就是封装了HashMap对象来存储元素，它们的本质是一样的。

把Map的key-value分开来看，从另一个角度看，就可以把Map与List统一起来。Map集合是一个关联数组，key可以组成Set集合，Map中的value可以重复，所以这些value可以组成一个List集合。但是需要注意的是，实质上Map的values方法并未返回一个List集合，而是返回一个不存储元素的Collection集合，换一种角度来看List集合，它也包含两组值，其中一组就是虚拟的int类型的索引，另一组就是List集合元素，从这个意思上看，List就相当于所有key都是int型的Map。

思考练习

1. 思考题

(1) List、Map、Set有何存储特点？
(2) 接口Set和List有什么相同和不同？
(3) 实现Map接口的类有哪些？它们的作用是什么？有什么差别？
(4) 输出一个HashTable对象中所有的关键字与值的步骤是什么？
(5) LinkedList与ArrayList有什么区别
(6) HashMap与HashTable有什么区别？
(7) Iterator类的作用是什么？如何使用？

2. 拓展训练题

编写一个学生类，将学生的姓名、年龄、性别分别保存到HashSet，ArrayList，HashTable中，并利用迭代器Iterator将姓名、年龄、性别打印出来。

第11章 Applet程序设计

本章导读

Applet 可以翻译为小应用程序，Java Applet 就是用 Java 语言编写的这样的一些小应用程序，它们可以直接嵌入到网页中，并能够产生特殊的效果。

当用户访问这样的网页时，Applet 被下载到用户的计算机上执行，但前提是用户使用的是支持 Java 的网络浏览器。由于 Applet 是在用户的计算机上执行的，因此它的执行速度不受网络带宽或者 Modem 存取速度的限制。用户可以更好地欣赏网页上 Applet 产生的多媒体效果。

在 Java Applet 中，可以实现图形绘制，字体和颜色控制，动画和声音的插入，人机交互及网络交流等功能。Applet 还提供了名为抽象窗口工具箱(Abstract Window Toolkit，AWT)的窗口环境开发工具。AWT 利用用户计算机的 GUI 元素，可以建立标准的图形用户界面，如窗口、按钮、滚动条等。

本章要点

- Applet 的开发过程。
- Applet 的生命周期。
- Applet 的图像处理。
- Applet 的音频控制。

11.1 Applet 的开发过程

Applet 小应用程序的实现主要依靠 java.applet 包中的 Applet 类。与一般的应用程序不同，Applet 应用程序必须嵌入在 HTML 页面中，才能得到解释执行；同时 Applet 可以从 Web 页面中获得参数，并和 Web 页面进行交互。

含有 Applet 的网页的 HTML 文件代码中必须带有<applet>和</applet>这样一对标记，当支持 Java 的网络浏览器遇到这对标记时，就将下载相应的小程序代码并在本地计算机上执行该 Applet 小程序。

下面举一个最简单的例子来说明 Applet 程序的开发过程。

1. 编辑源程序

编写如下的一个 Java 程序。

```
import java.applet. * ;
import java.awt. * ;
public class MyApplet extends Applet {
    public void paint(Graphics g){
        g.drawString("我的第一个 applet!",50,60);
    }
}
```

编写完毕后，保存为 MyApplet.Java，假定文件存放到 E:\example 目录下。需要注意的是，Java Applet 程序也是区分大小写的，文件名也要求和主类名相同。

2. 编译

Java Applet 程序的编译和 Java 应用程序一样，直接在命令行中输入：

```
Javac MyApplet.Java
```

如果没有错误，会在当前目录下生成相应的字节码文件 MyApplet.class。

3. 运行

Java Applet 程序的运行有两种方法，它与 Java 应用程序有很大的区别。

1) 在网页中运行 Applet 程序

需要创建一个 HTML 文件，并在文件主体部分(<body>…</body>)中加入如下的 Applet 标记：<applet code=Java Applet 文件名 width=显示高度 height=显示宽度></applet>。

运行上面的 Applet 程序所编写的 HTML 文件 FirstApplet.html 如下。

```
<HTML>
<HEAD>
<TITLE>My First Java Applet </TITLE>
</HEAD>
<BODY>
<applet code = " MyApplet.class" width = "300" height  = "300">
</BODY>
</HTML>
```

将文件保存到 E:\example 下，文件名为 FirstJavaApplet.html(HTML 文件名没有特殊限定，由用户自定)。然后利用 Internet Explorer 浏览器或其他网页浏览器浏览该文件或者直接双击 FirstJavaApplet.html 即可运行 HTML 文件，从而执行其中的 Java Applet 程序，结果如图 11.1 所示。

2) 利用 appletviewer 命令来运行

在 DOS 命令行中输入：

```
appletviewer FirstJavaApplet.html
```

运行结果如图 11.2 所示。

此外，可以在 FirstJavaApplet.Java 文件的开头加入以下代码。

```
//<applet code = FirstJavaApplet width = 200 height = 100 ></applet>
```

图 11.1　在网页中运行 Applet 程序

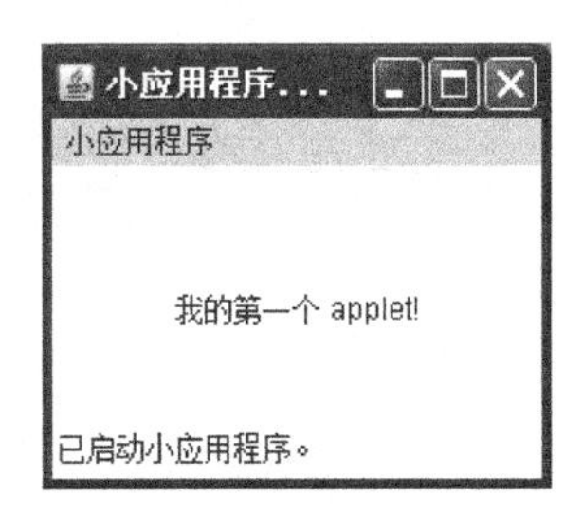

图 11.2　利用 appletviewer 命令运行结果

这样的话也可以使用在命令行中输入：

```
appletviewer FirstJavaApplet.Java
```

结果与图 11.2 相同。

在上面这种情况下应用的 Java 程序就是 Applet，与通常的 Java 程序不同，一个 Applet 小应用程序的执行不是从 main()开始的，Applet 小应用程序用一种与普通应用程序完全不同的机制来启动和执行，在后面的部分将对这种机制进行详细介绍。

11.2　Applet 类及其框架

11.2.1　Applet 类

Applet 类是所有小应用程序的基类，所有的 Java 小应用程序都必须继承该类，如下所示。

```
import java.applet. * ;
public class MyApplet extends applet {
...
}
```

Applet 类的构造函数只有一种，即

```
public Applet()
```

11.2.2　Applet 生命周期

小应用程序在其生命周期中涉及 Applet 类的 4 个方法(也被 JApplet 类继承)：init()、start()、stop()和 destroy()，即 4 个状态：初始态、运行态、停止态和消亡态，如图 11.3 所示。

当程序执行完 init()方法以后，Applet 程序就进入了初始态；然后马上执行 start()方法，Applet 程序进入运行态；当 Applet 程序所在的浏览器图标化或者是转入其他页面时，该 Applet 程序马上执行 stop()方法，Applet 程序进入停止态；在停止态中，如果浏览器又重新装载该 Applet 程序所在的页面，或者是浏览器从图标中复原，则 Applet 程序马上调用 start()方法，进入运行态；当然，在停止态时，如果浏览器关闭，则 Applet 程序调用 destroy()方法，进入消亡态。

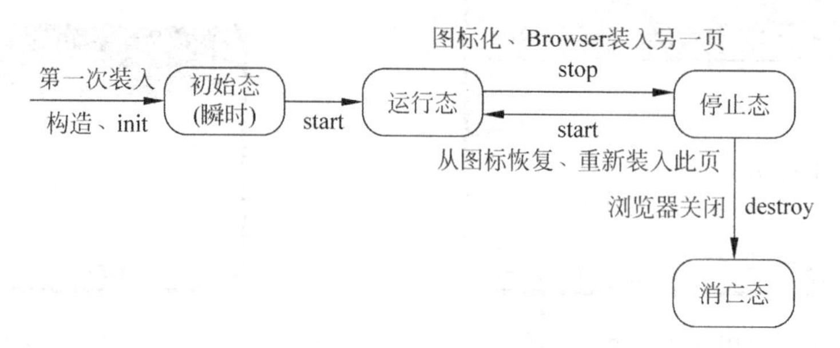

图 11.3 Applet 生命周期

这些方法提供了浏览器或 Applet 小应用程序阅读器与 Applet 小应用程序之间的接口以及前者对后者的执行进行控制的基本机制，这 4 个方法都是由 Applet 所定义的。另外还有一个方法：paint()，是由 AWT 组件类定义的，Applet 小应用程序可以不重载那些它不想使用的方法，但是，只有非常简单的 Applet 小应用程序才不需要定义全部的方法，这 5 个方法组成了程序的基本主框架。

(1) init( )：创建 Applet 时执行，只执行一次。

当小应用程序第一次被支持 Java 的浏览器加载时，便执行该方法。在小应用程序的生命周期中，只执行一次该方法，因此可以在其中进行一些只执行一次的初始化操作，如处理由浏览器传递进来的参数、添加用户接口组件、加载图像和声音文件等。

小应用程序有默认的构造方法，但它习惯于在 init()方法中执行所有的初始化，而不是在默认的构造方法内。

(2) start( )：多次执行，当浏览器从图标恢复成窗口，或者是返回该主页时执行。

系统在调用完 init()方法之后，将自动调用 start()方法。而且每当浏览器从图标恢复为窗口时，或者用户离开包含该小应用程序的主页后又再返回时，系统都会再执行一遍 start()方法。start()方法在小应用程序的生命周期中被调用多次，以启动小应用程序的执行，这一点与 init()方法不同。该方法是小应用程序的主体，在其中可以执行一些需要重复执行的任务或者重新激活一个线程，例如开始动画或播放声音等。

(3) stop( )：多次执行，当浏览器变成图标时，或者是离开主页时执行，主要功能是停止一些耗用系统资源的工作。

与 start()相反，当用户离开小应用程序所在页面或浏览器变成图标时，会自动调用 stop()方法，因此，该方法在生命周期中也被多次调用。这样使得可以在用户并不注意小应用程序的时候，停止一些耗用系统资源的工作（如中断一个线程），以免影响系统的运行速度，且并不需要去人为地调用该方法。如果小应用程序中不包含动画、声音等程序，通常也不必重载该方法。

(4) destroy( )：用来释放资源，在 stop( )之后执行。

浏览器正常关闭时，Java 自动调用这个方法。destroy()方法用于回收任何一个与系统

无关的内存资源。当然，如果这个小应用程序仍然处于活动状态，Java 会在调用 destroy()之前，调用 stop()方法。

下面的例子使用了小应用程序生命周期中的这几个方法。

例 11-1　Applet 的生命周期示例。

源文件为 Sample11_1. java，代码如下。

```
import java.applet. * ;
import java.awt. * ;
public class Sample11_1 extends Applet {
    public void init() {
        System.out.println("Applet 初始化!");
    }
    public void start() {
        System.out.println("Applet 已启动!");
    }
    public void stop() {
        System.out.println("Applet 已停止!");
    }
    public void destroy() {
        System.out.println("Applet 已关闭!");
    }
    public void paint(Graphics g) {
        g.drawString("我的 applet!",50,60);
    }
}
```

运行结果如图 11.4 所示。

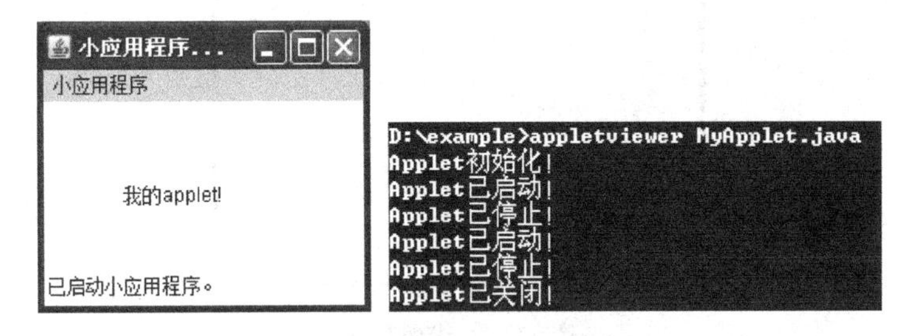

图 11.4　小应用程序生命周期方法应用

11.2.3　Graphics 类与 paint()方法

Applet 本质上是图形方式的，就应该在图形环境中绘制要显示的内容，可以通过创建一个 paint()方法在 Applet 的 Panel 上绘图。只要 Applet 的显示需要刷新，paint()方法就会被浏览器环境调用。例如，当 Applet 的显示尺寸发生变化的时候，或浏览器窗口被最小化或被要求以图标方式显示时，这种调用就会发生。

paint()方法带有一个参数，它是 Java. awt. Graphics 类的一个实例。这个参数总是建立该 Applet 的 Panel 的图形上下文，可以用这个图形上下文在 Applet 中绘图或写入文本，方法定义如下。

```
public void paint(Graphics g)
```

对于paint()方法来说，Graphics是一个抽象的类，不能直接实例化一个对象，而实际上，它只是声明了Graphics类的一个引用类型的变量而没有产生实际的对象，当Applet运行环境调用paint()方法的时候会自动产生一个对象，用来传递进paint()的参数，所以paint()方法里的只是一个引用，并不是一个真正的对象。

Graphics是一个抽象类，不能直接实例化一个对象来调用类里的方法，这时可以通过Graphics类里的getGraphics()方法来取得一个Graphics对象，这样就可以用获得的这个对象来调用Graphics类的方法了，常用的画图方法如下。

1. 画线

在窗口中画一条线段，可以使用Graphics类的drawLine()方法。

drawLine(int x1,int y1,int x2,int y2)：在此图形上下文的坐标系中，使用当前颜色在点(x1, y1)和(x2, y2)之间画一条线。例如，以下代码在点(1,1)与点(10,10)之间画线段，在点(10,10)处画一个点。

```
g.drawLine(10,10,80,80);                    //画一条线段
g.drawLine(50,60,50,60);                    //画一个点
```

运行效果如图11.5所示。

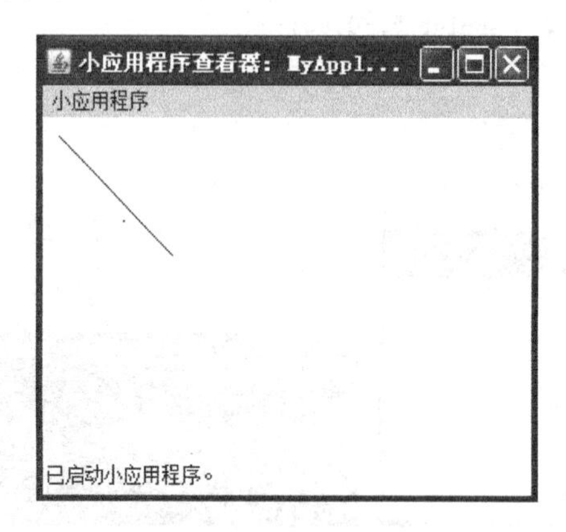

图11.5　线效果图

2. 画矩形

有两种矩形：普通型和圆角型。

(1) 画普通矩形的两个方法。

① drawRect(int x,int y,int width,int height)：绘制指定矩形的边框。其中，参数x和y指定左上角的位置，参数width和height是矩形的宽和高。

② fillRect(int x,int y,int width,int height)：是用预定的颜色填充一个矩形，得到一个着色的矩形块。

以下代码是画矩形的例子。

```
g.drawRect(20,30,150,55);                    //画线框
```

```
g. setColor(Color.blue);
g. fillRect(20,100,200,60);                    //画着色块
```

运行效果如图 11.6 所示。

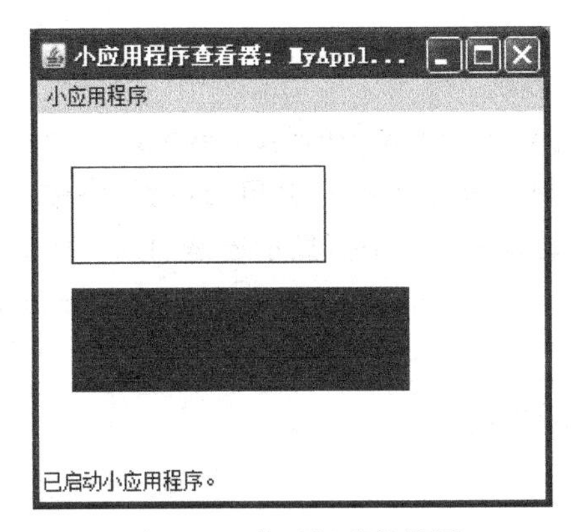

图 11.6 普通矩形效果图

(2) 画圆角矩形的两个方法。

① drawRoundRect(int x,int y,int width, int height, int arcWidth, int arcHeight):用此图形上下文的当前颜色绘制圆角矩形的边框。其中,参数 x 和 y 指定矩形左上角的位置,参数 width 和 heigth 是矩形的宽和高,arcWidth 和 arcHeight 分别是圆角弧的横向直径和圆角弧的纵向直径。

② fillRoundRect(int x,int y,int width,int height,int arcWidth,int arcHeight):是用预定的颜色填充圆角矩形,各参数的意义同前一个方法。

以下代码是画矩形的例子。

```
g.drawRoundRect(10,10,150,70,40,25);           //画一个圆角矩形
g.setColor(Color.blue);
g.fillRoundRect(80,100,100,100,60,40);         //涂一个圆角矩形块
g.drawRoundRect(10,150,40,40,40,40);           //画圆
g.setColor(Color.red);
g.fillRoundRect(80,100,100,100,100,100);       //画圆块
```

运行效果如图 11.7 所示。

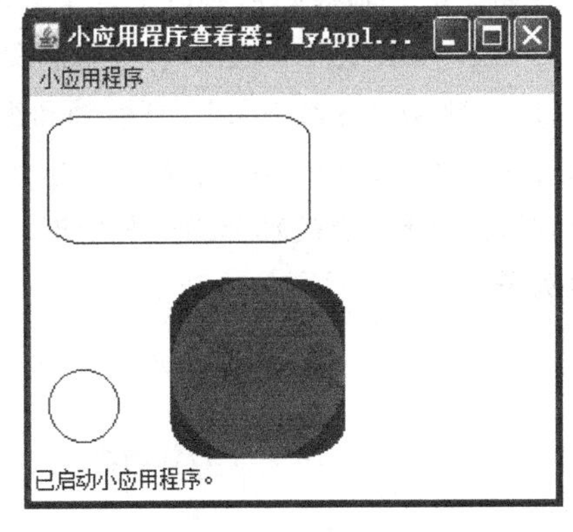

图 11.7 圆角矩形效果图

可以用画圆角矩形方法画圆形，当矩形的宽和高相等，圆角弧的横向直径和圆角弧的纵向直径也相等，并等于矩形的宽和高时，画的就是圆形。

3. 画三维矩形

画三维矩形有以下两个方法。

(1) draw3DRect(int x,int y,int width,int height, boolean raised)：绘制指定矩形的3D高亮显示边框。其中，x和y指定矩形左上角的位置，参数width和height是矩形的宽和高，参数raised用于确定矩形是凸出平面显示还是凹入平面显示的boolean值。

(2) fill3DRect(int x,int y,int width,int height,boolean raised)：用预定的颜色填充一个突出显示的矩形。

以下代码是画突出矩形的例子。

```
g.draw3DRect(80,100,100,55,true);                //画一个线框
g.setColor(Color.yellow);
g.fill3DRect(20,70,120,60,true);                 //画一个着色块
```

运行效果如图11.8所示。

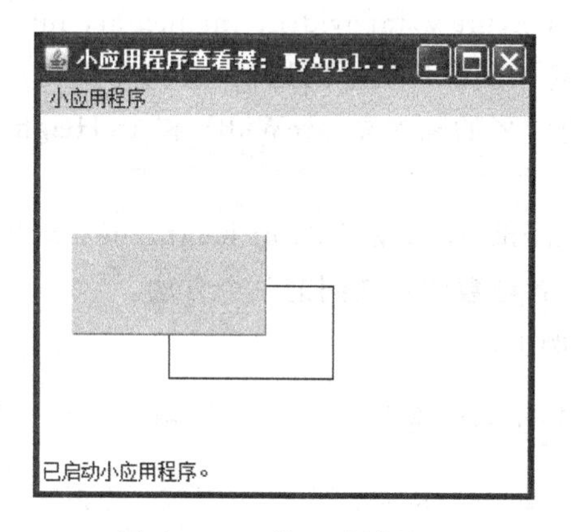

图11.8　三维矩形效果图

4. 画椭圆形

椭圆形由椭圆的横轴和纵轴确定。画椭圆形有以下两个方法。

(1) drawOval(int x,int y,int width,int height)：绘制椭圆的边框。其中，参数x和参数y指定椭圆形左上角的位置，参数width和height是横轴和纵轴。

(2) fillOval(int x,int y,int width,int height)：是用预定的颜色填充的椭圆形，是一个着色块。也可以用画椭圆形方法画圆形，当横轴和纵轴相等时，所画的椭圆形即为圆形。

以下代码是画椭圆形的例子。

```
g.drawOval(10,10,60,120);                        //画椭圆
g.setColor(Color.cyan);
g.fillOval(100,30,60,60);                        //涂圆块
g.setColor(Color.magenta);
g.fillOval(15,140,100,50);                       //涂椭圆
```

运行效果如图 11.9 所示。

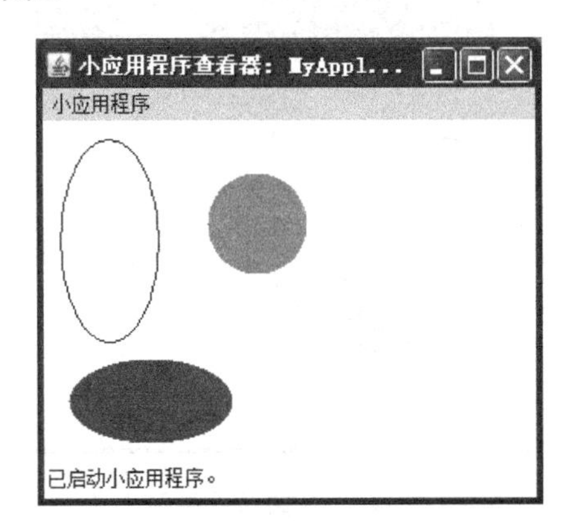

图 11.9 椭圆形效果图

5. 画圆弧

画圆弧有以下两个方法。

(1) drawArc(int x,int y,int width,int height,int startAngle, int arcAngle)：画椭圆一部分的圆弧线。椭圆的中心是它的外接矩形的中心，其中，参数是外接矩形的左上角坐标(x,y)，宽是 width，高是 height。参数 startAngle 的单位是“度”，起始角度 0 度是指 3 点钟方位，参数 startAngle 和 arcAngle 表示从 startAngle 角度开始，逆时针方向画 arcAngle 度的弧，约定正值度数是逆时针方向，负值度数是顺时针方向，例如，－90 度是 6 点钟方位。

(2) fillArc(int x, int y, int width, int height, int startAngle, int arcAngle)：用 setColor()方法设定的颜色，画着色椭圆的一部分。

以下代码是画圆弧的例子。

```
g.drawArc(10,40,90,50,0,180);                    //画圆弧线
g.drawArc(100,40,90,50,180,180);                 //画圆弧线
g.setColor(Color.yellow);
g.fillArc(10,100,40,40,0,-270);                  //填充缺右上角的四分之三的椭圆
g.setColor(Color.green);
g.fillArc(60,110,110,60,-90,-270);               //填充缺左下角的四分之三的椭圆
```

运行效果如图 11.10 所示。

6. 画多边形

多边形是用多条线段首尾连接而成的封闭平面图。多边形线段端点的 x 坐标和 y 坐标分别存储在两个数组中，画多边形就是按给定的坐标点顺序用直线段将它们连起来。以下是画多边形常用的两个方法。

(1) drawPolygon(int xPoints[],int yPoints[],int nPoints)：画一个多边形。

(2) fillPolygon(int xPoints[],int yPoints[],int nPoints)：用方法 setColor()设定的颜色着色多边形，其中，数组 xPoints[]存储 x 坐标点，yPoints[]存储 y 坐标点，nPoints 是坐标点个数。

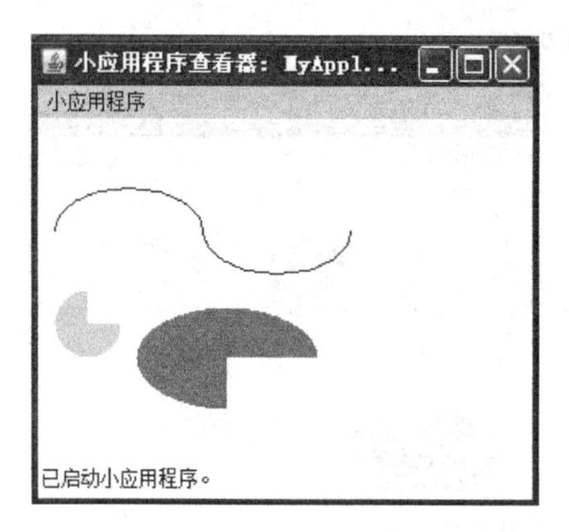

图 11.10　圆弧效果图

注意：上述方法并不自动闭合多边形，要画一个闭合的多边形，给出的坐标点的最后一点必须与第一点相同。

以下代码实现填充一个三角形和画一个八边形。

```
int px1[] = {50,90,10,50};                    //首末点相重,才能画多边形
int py1[] = {10,50,50,10};
int px2[] = {140,180,170,180,140,100,110,140};
int py2[] = {5,45,85,125,100,65,45,5};
g.setColor(Color.blue);
g.fillPolygon(px1,py1,4);
g.setColor(Color.red);
g.drawPolygon(px2,py2,8);
```

运行效果如图 11.11 所示。

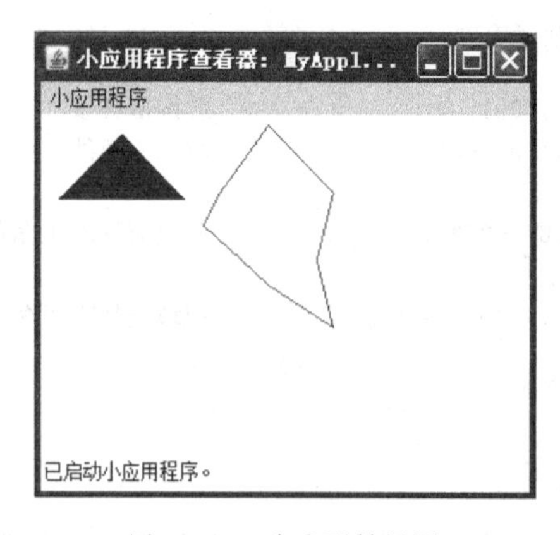

图 11.11　多边形效果图

也可以用多边形对象画多边形。用多边形类 Polygon 创建一个多边形对象，然后用这个对象绘制多边形。Polygon 类的主要方法如下。

(1) Polygon()：创建多边形对象，暂时没有坐标点。

(2) Polygon(int xPoints[],int yPoints[],int nPoints)：用指定的坐标点创建多边形对象。

(3) addPoint(int x, int y)：将一个坐标点加入到 Polygon 对象中。

(4) drawPolygon(Polygon p)：绘制多边形。

(5) fillPolygon(Polygon p)：用指定的颜色填充多边形。

例如以下代码，画一个三角形和填充一个黄色的三角形。注意，用多边形对象画封闭多边形不要求首末点重合。

```
int x[] = {140,180,170,180,140,100,110,100};
int y[] = {5,25,35,45,65,45,35,25};
Polygon polygon1 = new Polygon();
polygon1.addPoint(90,50);
polygon1.addPoint(10,50);
polygon1.addPoint(40,90);
g.drawPolygon(polygon1);
g.setColor(Color.blue);
Polygon polygon2 = new Polygon(x,y,8);
g.fillPolygon(polygon2);
```

运行效果如图 11.12 所示。

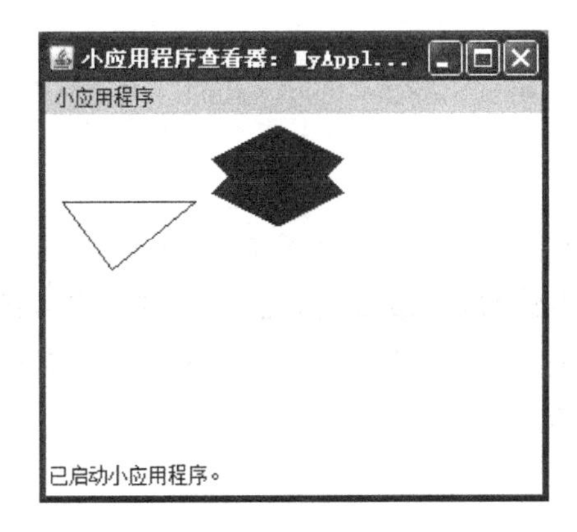

图 11.12　多边形效果图

11.2.4　应用程序转换成 Applet

将图形化的 Java 应用程序(是指使用 AWT 的应用程序和使用 Java 程序启动器启动的程序)转换成嵌入在 Web 页面里的 Applet 是很简单的。

下面是将应用程序转换成 Applet 的几个步骤。

(1) 编写一个 HTML 页面，该页面带有能加载 Applet 代码的标签。

(2) 编写一个 Applet 类的子类，将该类设置为 public，否则，Applet 不能被加载。

(3) 消除应用程序的 main()方法。不要为应用程序构造框架窗口，因为应用程序要显示在浏览器中。

(4) 将应用程序中框架窗口的构造方法里的初始化代码移到 Applet 的 init()方法中，不必显式地构造 Applet 对象，浏览器将通过调用 init()方法来实例化一个对象。

(5) 移除对 setSize()方法的调用，对于 Applet 来讲，大小已经通过 HTML 文件里的 width 和 height 参数设定好了。

(6) 移除对 setDefaultCloseOperation()方法的调用。Applet 不能被关闭，它随着浏览器的退出而终止。

(7) 如果应用程序调用了 setTitle()方法，消除对该方法的调用。Applet 不能有标题栏(当然可以给通过 HTML 的 title 标签给网页自身命名)。

(8) 不要调用 setVisible(true)，Applet 是自动显示的。

11.3 Applet 标签

Applet 是一种 Java 程序，它一般运行在支持 Java 的 Web 浏览器内。<applet>标签是在 HTML 文件中嵌入 Applet 的基础，Applet 必须使用</applet>标签来关闭。

以下是上文提到的例子。

```
<HTML>
<HEAD>
<TITLE> My First Java Applet </TITLE>
</HEAD>
<BODY>
<applet code = " MyApplet.class" width = "300" height  = "300">
</BODY>
</HTML>
```

其中，<applet>标签的 code 指定了要运行的 Applet 类，width 和 height 用来指定 Applet 运行面板的初始大小。如果 Applet 接受参数，那么参数的值需要在标签里添加，该标签位于<applet>和</applet>之间。Applet 参数除了本例中提到的 code、width 和 height 外，还有诸如下列属性。

1. codebase

codebase 指定 Applet 的 URL 地址。Applet 的通用资源定位地址 URL 可以是绝对地址，如 www. sun. com，也可以是相对于当前 HTML 所在目录的相对地址，如/appletpath/name。例如：

```
<applet code = MyApplet.class codebase = "app" width = "200" height = "200">
```

这样 Java plug-in 就会在当前目录下的 app 子目录中查找，加载 MyApplet. class 类。如果 HTML 文件不指定 codebase 标志，浏览器将使用和 HTML 文件相同的 URL。

2. alt

并非所有浏览器都对 Applet 提供支持，如果某浏览器无法运行 Java Applet，那么它在遇到 Applet 语句时将显示 alt 标志指定的文本信息。例如：

```
<applet  code = "MyJApplet.class"  width = 200  height = 50  alt = "you must have a Java 2 -
enable browser to view the applet">
```

若浏览器不支持 Applet，就会出现“you must have a Java 2-enable browser to view the applet"提示。

3. align

align 可用来控制把 Applet 窗口显示在 HTML 文档窗口的什么位置。与 HTML 语句一样，align 标志指定的值可以是 top、middle 或 bottom。

4. vspace 与 hspace

vspace 和 hspace 指定浏览器显示在 Applet 窗口周围的水平和竖直空白条的尺寸，单位为像素。

5. name

name 把指定的名字赋予 Applet 的当前实例。当浏览器同时运行两个或多个 Applet 时，各 Applet 可通过名字相互引用或交换信息。如果忽略 name 标志，Applet 的名字将对应于其类名。

6. archive

archive 用来设置含有 Applet 文件的 Java 存档文件(.jar)。该属性值是一个 URL，通常表示一个.jar 文件或.zip 文件的路径，一个.jar 文件包含 Applet 使用的所有.class 文件和其他文件。可以减少装载时间，改进执行效率。比如：

```
<applet code = package.Applet1.class archive = "app.jar" width = "200" height = "200">
```

在 app.jar 文件中查找 package.Applet1.class 这个 Applet 类，如果想要使用多个 jar 文件，在 archive 的属性值中以英文编码逗号分隔 jar 文件即可。

7. param

param 标志可用来在 HTML 文件里指定参数，格式如下所示：

```
param name = "name" value = "liter"
```

Java Applet 可调用 getparameter 方法获取 HTML 文件里设置的参数值。

下面的例子演示了如何使用一个 Applet 响应来设置文件中指定的参数。该 Applet 显示了一个项目的基本信息，每项信息的值由 Applet 的参数指定。

例 11-2 使用 param 标志完成参数传递。

源文件为 Sample11_2.java，代码如下。

```
import java.applet. * ;
import java.awt. * ;
public class Sample11_2 extends Applet{
    private String id;
    private String name;
    private String host;
    private int money;
    public void init(){
```

```
            id = getParameter("pid");
            name = getParameter("pname");
            host = getParameter("phost");
            money = Integer.parseInt(getParameter("pmoney"));
        }
        public void paint(Graphics g){
            g.drawString("项目编号: " + id, 10, 20);
            g.drawString("项目名称: " + name, 10, 40);
            g.drawString("项目负责人: " + host, 10,60);
            g.drawString("项目经费: " + money, 10, 80);
        }
}
```

如下的例子是一个HTML文件,其中嵌入了MyApplet类。HTML文件通过使用标签的方法给Applet指定了4个参数。

```
<html>
<body>
<Applet code = " Sample11_2.class" height = 200 width = 300 >
<param name = pid value = "L20150101">
<param name = pname value = "科研项目管理系统的设计与实现">
<param name = phost value = "张三">
<param name = pmoney value = 300000 >
</Applet>
</body>
</html>
```

运行结果如图11.13所示。

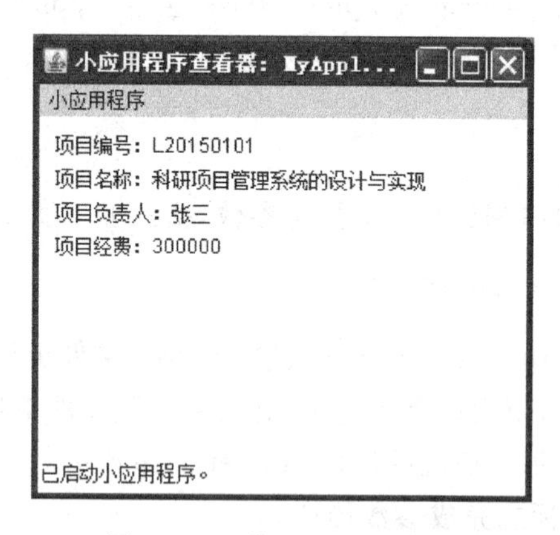

图11.13 获取Applet参数

11.4 Applet图像处理

Java Applet常用来显示存储在GIF文件中的图像。Java Applet装载GIF图像非常简单,在Applet内使用图像文件时需定义Image对象,多数Java Applet使用的是GIF或JPEG格式的图像文件,Applet使用getImage方法把图像文件和Image对象联系起来。

Graphics 类的 drawImage 方法用来显示 Image 对象。为了提高图像的显示效果,许多 Applet 都采用双缓冲技术:首先把图像装入内存,然后再显示在屏幕上。Applet 可通过 imageUpdate 方法测定一幅图像已经装了多少在内存中。

11.4.1 装载一幅图像

Java 把图像也当作 Image 对象处理,所以装载图像时需首先定义 Image 对象,格式如下所示。

```
Image picture;
```

然后用 getImage 方法把 Image 对象和图像文件联系起来:

```
picture = getImage(getCodeBase(),"ImageFileName.GIF");
```

getImage 方法有两个参数:第一个参数是对 getCodeBase 方法的调用,该方法返回 Applet 的 URL 地址,如 www.sun.com/Applet;第二个参数指定从 URL 装入的图像文件名,如果图像文件位于 Applet 之下的某个子目录,文件名中则应包括相应的目录路径。

用 getImage 方法把图像装入后,Applet 便可用 Graphics 类的 drawImage 方法显示图像,形式如下所示。

```
g.drawImage(Picture,x,y,this);
```

该 drawImage 方法的参数指明了待显示的图像、图像左上角的 x 坐标和 y 坐标以及 this。第 4 个参数的目的是指定一个实现 ImageObserver 接口的对象,即定义了 imageUpdate 方法的对象。

例 11-3 为小应用程序加载当前目录的 gif 图像文件。

源文件为 Sample11_3.java,代码如下。

```
import java.awt.*;
import java.applet.*;
public class Sample11_3 extends Applet{
    Image picture;                                          //定义类型为 Image 的成员变量
    public void init(){
        picture = getImage(getCodeBase(),"Image.gif");      //装载图像
    }
    public void paint(Graphics g){
        g.drawImage(picture,0,0,this);                      //显示图像
    }
}
```

HTML 文件中有关 Applet 的语句如下。

```
<HTML>
<HEAD>
<TITLE>My First Java Applet</TITLE>
</HEAD>
<BODY>
<applet code= Sample11_3.class width=510 height=300></applet>
```

```
</BODY>
</HTML>
```

编译之后运行该 Applet 时，图像不是一气呵成的。这是因为程序不是 drawImage 方法返回之前把图像完整地装入并显示的。与此相反，drawImage 方法创建了一个线程，该线程与 Applet 的原有执行线程并发执行，它一边装入一边显示，从而产生了这种不连续现象。为了提高显示效果，许多 Applet 都采用图像双缓冲技术，即先把图像完整地装入内存然后再显示在屏幕上，这样可使图像的显示一气呵成。

11.4.2 双缓冲图像

为了提高图像的显示效果应采用双缓冲技术，很多动画 Applet 中采用双缓冲技术。其主要原理是创建一幅后台图像，将每一帧画入图像，然后调用 drawImage 方法，将整个后台图像一次画到屏幕上去。这种方法的优点在于大部分绘制是在后台进行的，将后台绘制的图像一次绘制到屏幕上。在创建后台图像前，首先通过调用 createImage 方法生成合适的后台缓冲区，然后获得在缓冲区的绘图环境(即 Graphics 类对象)。

例 11-4 使用双缓冲技术加载多幅图像。

源文件为 Sample11_4.java，代码如下。

```
import java.applet. * ;
import java.awt. * ;
public class Sample11_4 extends Applet{
    private Image[ ] imgs;
    private Image imgBuf;
    //屏幕外图像缓存
    private Graphics gBuf;
    private int totalImages = 12;
    private int currentImage;
    private int i = 0;
    public void init(){
        imgBuf = createImage(600,400);
        gBuf = imgBuf.getGraphics();
        gBuf.setColor(Color.white);
        gBuf.fillRect(0,0,600,400);
        imgs = new Image[totalImages];
        for(int i = 0;i < totalImages;i++){
            imgs[i] = getImage(getDocumentBase(),"S" + (i + 1) + ".gif");
        }
    }
    public void start(){
        currentImage = 0;
        gBuf.drawImage(imgs[currentImage],0,0,this);
        currentImage = 1;
    }
    public void paint(Graphics g){
      g.drawImage(imgBuf,0,0,this);
      gBuf.fillRect(0, 0, 600,400);
      gBuf.drawImage(imgs[currentImage], 0, 0, this);
```

```
        currentImage = ++currentImage % 12;
        try{
            Thread.sleep(500);
        }
        catch (Exception ex){
            ex.printStackTrace();
        }
        repaint();
    }
    //减轻闪烁,直接调用 paint()
    public void update(Graphics g){
      paint(g);
    }
}
```

repaint()方法被调用的时候,需要清除整个背景,然后才调用 paint 方法显示画画,这样在清除背景和绘制图像的短暂时间间隔内被用户看见的就是闪烁,重载 update()方法可以明显地消除或者减弱闪烁。当 AWT 接收到 Applet 重新绘制的请求时,调用 Applet 的 update 方法,默认情况下,update 方法清除 Applet 的背景,然后调用 paint 方法。重载 update 方法,就可以将以前在 paint 方法中的绘图代码包含在 Applet 方法中,从而避免每次重新绘制时将整个区域清除。

11.5 Applet 音频控制

在 Java 2 平台出现之前,Java 语言只能处理电话音质的声音,以单声道 8kHz 的采样频率存储为 μ-law AU 文件。Java 2 平台增加了对 AIFF、WAV 以及三种 MIDI 文件类型的支持,所支持的三种 MIDI 文件格式为 MIDI 文件类型 0、MIDI 文件类型 1,以及 RMF。

应用程序接口 API 1.0 版提供了一个易于使用的工具集,使程序员可以访问底层的合成与演奏引擎,从而扩展了 Java 声音的应用,其中两个重要的领域是创建数字化音频以及乐器指令数字化接口 MIDI。由于提供了大量的底层支持功能,所以程序员能输入输出声音,控制 MIDI 设备,并能查询系统运作情况。

Java 声音引擎为多媒体创建,同时考虑了游戏设计和发布 Web 内容。用标准的 MIDI 文件、RMF 文件,并且/或来自任何源的采样,该引擎将播放音乐或制造音响效果,同时尽可能少用 CPU,它提供完全的播放控制,具有混合音响的能力并可实时地回应用户的输入。

Java 声音引擎是软件 MIDI 合成器,采样播放设备,以及 16 位立体混声器。它支持混合直到 64 位的立体 MIDI 声音和音频采样,直接支持 MIDI 类型 0 和类型 1 文件以及从 8 位设备到 16 位乐器的波表合成。该引擎支持所有通用的 MIDI 控制器并且包含像回声处理、LFO (控制过滤器或立体声设备)之类的特性,以及 ADSR 信封(播放时整形采样),即使用上所有的功能,Java 声音引擎在一个 90MHz 的奔腾计算机上也占用不超过 30%的 CPU 时间,它还能通过有选择地禁用不需要的特性,使其变得更加高效一些。另外,它发布了存储在压缩的 RMF 音乐文件中的丰富的内容。

1. Applet 的 play()

恢复和播放声音最简单的方法是通过 Applet 类的 play()方法，调用 play()方法有如下两种方式。

public voidplay(URL url)：播放指定绝对 URL 处的音频剪辑。

public voidplay(URL url, String name)：基本 URL 和文件夹路径名，装载并演奏声音文件。第一个参数经常是对 getCodeBase()或 getDocumentBase()的调用。

下列代码片断段例说明了直接播放 hello.au 的方法。

```
play(getCodeBase(), "hello.au");
```

AU 文件与小应用程序位于相同文件夹或目录下。

play()一旦被调用马上开始恢复和播放声音，假如声音文件不能被查找，将不会有出错信息，仅仅是沉默。

例 11-5 播放当前目录下的声音文件 test.wav。

源文件为 Sample11_5.java，代码如下。

```
import java.applet. * ;
import java.awt. * ;
public class Sample11_5extends Applet{
    public void start(){
        play(getCodeBase(),"test.wav");
    }
    public void paint(Graphics g){
        g.drawString("正在播放：" + getCodeBase() + "test.wav",5,10);
    }
}
```

2. AudioClip 接口

Applet 能通过使用 java.applet 包中的 AudioClip 接口播放音频。AudioClip 接口定义了以下三个方法。

public void play()：从一开始播放音频片段一次。

public void loop()：循环播放音频片段。

public void stop()：停止播放音频片段。

启动和停止声音文件或循环播放，必须用 Applet 的 getAudioClip()方法把它装载进入 AudioClip 对象，类似上面 Applet 的 play()方法的参数，getAudioClip 方法要用一个或两个参数，当作播放的指示。第一个或唯一的一个参数是 URL 参数，用来指示声音文件的位置，第二个参数是文件夹路径指针。

下列代码行举例说明了如何加载声音文件进入剪贴对象。

```
AudioClipac = getAudioClip(getCodeBase(), "test.wav");
```

getAudioClip()方法仅能被 Applet 内调用，随着 Java 2 的引入，应用程序也能用 Applet 类的 newAudioClip 方法装入声音文件。前一例子可以改写成如下以用于 Java 应用程序。

```
AudioClipac = newAudioClip("test.wav");
```

在已创建 AudioClip 对象之后,能用该对象调用 play()、loop()以及 stop()方法。假如 getAudioClip 或 newAudioClip 方法不能找到指定的声音文件,AudioClip 对象的值将是空的。试着播放空对象会导致出错,所以标准的过程首先是对该条件进行检测。

接下来是一个完整的程序设计示例,该程序将产生一个 Applet,当鼠标在该小应用程序 Applet 范围内按下时会播放 test.wav 音乐样本,此 wav 示例文件与 Applet 在相同目录或文件夹下。

例 11-6　播放当前目录下的声音文件 test.wav。

源文件为 Sample11_6.java,代码如下。

```
import java.applet.*;
import java.awt.event.*;
public class Sample11_6 extends Applet implements MouseListener {
    AudioClip audio;
    public void init() {
        audio = getAudioClip(getDocumentBase(),"test.wav");
        addMouseListener(this);
    }
    public void mouseEntered (MouseEvent me) {
        if (audio != null) {
            audio.loop();
        }
    }
    public void mouseExited (MouseEvent me) {
        if (audio != null)
            audio.stop();
    }
    public void mouseClicked (MouseEvent me) {
        if (audio != null) {
            audio.play();
    }
    }
    public void mousePressed(MouseEvent evt) {}
    public void mouseReleased(MouseEvent me) {}
}
```

小结

Java Applet 是用 Java 编写的、含有可视化内容的,并被嵌入 Web 页中用来产生特殊页面效果的小程序。小应用程序生命周期中有很多不同的行为:初始化、绘画或是鼠标事件等。每一种行为都对应一个相关的方法,在 Java 小应用程序中有 5 种相对重要的方法:初始化 init()、开始执行 start()、停止执行 stop()、退出 destroy()、绘画 paint(),这 5 个方法组成了程序的基本主框架。

在多媒体编程方面，Applet 可以处理图像和声音，丰富网页的内容。Applet 可以处理的图像格式包括 GIF 和 JPEG，可以处理的声音文件包括 AU、AIFF、MIDI 和 WAV 格式。Java 把图像也当作 Image 对象处理，所以装载图像时需首先定义 Image 对象，然后用 getImage 方法把 Image 对象和图像文件联系起来。Applet 提供了 getAudioClip 方法用以获得声音文件，AudioClipe 是一个接口，它定义了一些方法，如 play（播放）、stop（停止）和 loop（循环）方法，加载文件之后就可以调用这些方法。

思考练习

1. 思考题

(1) 试述 Java 的独立应用程序与 Applet 程序的差异和方法之间的对应关系，它们各是怎么运行的？

(2) 试述 Applet 的生命周期方法以及这些方法在什么时候执行。

(3) 什么是 Applet 标签？

(4) 什么是双缓冲图像？为什么要使用它？

(5) 简述 Applet 开发过程。

(6) Applet 支持哪些格式的声音文件？

2. 拓展训练题

(1) 试编写一个 Applet，它接收一个图像文件名，然后在 Applet 中显示这个图像。

(2) 试编写一个 Applet，访问并显示指定 URL 地址处的图像和声音资源。

(3) 编写一个 Applet 程序，展示 Applet 的生命周期。

(4) 编写一个数字时钟 Java Applet 程序。

第12章 综合实例

12.1 计算器

1. 计算器概述

计算器操作简单、功能实用、应用广泛，本书选取计算器作为基础案例，主要是因为计算器通俗易懂、开发简单。为了更快地掌握 Java 主要知识点，本书使用的计算器程序功能较少，程序编写简单，其运行主界面如图 12.1 所示。

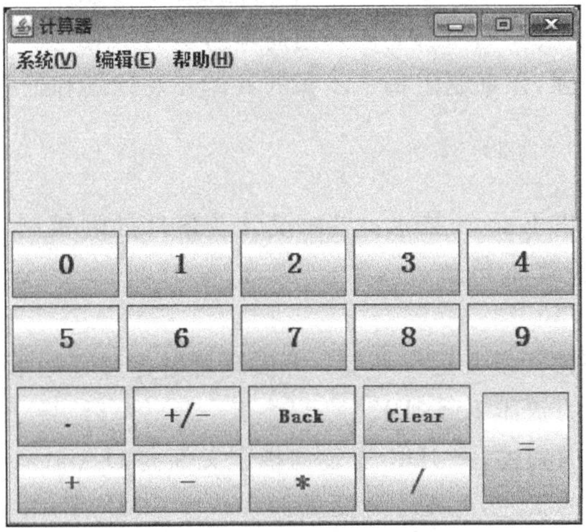

图 12.1　计算器运行主界面

计算器主要功能如下。

1) 计算

可以连续进行加、减、乘、除运算，包括整数和小数的运算，同时也可以进行负数的运算。在使用过程中可以利用 Back 键修改输入，也可以利用 Clear 键清除文本框内容。

2) 管理

计算器的“系统”菜单包括浏览、复制、删除、创建备忘录以及退出计算器系统功能；“编辑”菜单编辑当前计算内容，可以将当前计算结果复制到系统剪贴板，也可以将系统剪贴板中的内容复制到计算器中；另外，还可以打开系统记事本编辑备忘录；“帮助”菜单主要用于查看计算器使用帮助。

2. 系统分析与设计

计算器主要功能就是计算，为了提高计算效率以及实用性，要求系统必须简单易用，具体设计目标如下。

1）功能设计

主要实现以下功能。

（1）计算功能：加、减、乘、除以及退格和清除等。

（2）管理功能：管理当前计算内容；管理备忘录。

2）界面设计

（1）界面人性化，专业简约，便于使用。

（2）界面风格统一。

3. 实现策略

零基础开发项目应该从掌握技术基本特点做起，采用Java语言开发计算器系统首先要了解Java语言的特点，Java语言的基本语法要素，流程控制方法以及Java程序的基本构成；然后根据项目的要求，掌握采用Java开发项目的必备知识。接下来进行项目规划，首先确定采用的具体开发技术，因为实现同一个功能，Java可以采用不同的技术。对于初学者而言，开发上述小型实践性的项目应该采用简单易学的Java技术完成。选择了具体实现技术后则要确定开发步骤，详细制定每个步骤的具体开发计划和任务。

4. 任务分解

计算器主要采用了以下Java技术：界面设计及事件处理机制，输入输出流技术，异常处理机制等，具体实现步骤如下。

1）搭建开发环境

开发软件首先要搭建开发及运行环境。开发环境搭建过程如下。

（1）根据1.2.1节的叙述下载JDK。

（2）根据1.2.1节的叙述，将JDK安装到指定文件夹D:\java\jdk\。

（3）格局1.2.2节的叙述，配置环境变量JAVA_HOME、Path、ClassPath。

（4）启动MS DOS，在DOS提示符下输入javac命令，测试配置是否成功，如果不成功需要重新配置Java系统环境变量。

（5）在操作系统中打开记事本，编写例1-1程序Hello.java，并保存文件到D:\下，对源文件进行编译和运行。

2）初步确定设计规范

项目开发过程中应尽可能保持风格一致，主要包括界面风格和编程风格。界面风格主要指项目中包括的各个窗口、对话框、菜单等采用统一格调、样式并尽可能用同样的技术实现。编程风格一致主要指编码样式，即排版风格、标识符命名规范、数据结构设计风格、程序流程控制风格以及实现技术的协调一致。软件开发采用统一规范，可以使程序易读、易用、易修改,从而加快软件开发进程。在开发计算器之前,本书约定规范如下。

(1) 程序编写风格规范

由于计算器程序代码量较多,所以采用“行尾”风格编写程序,并且严格按层次缩进,这样的程序块比较清晰、直观、易读。

(2) 统一的标识符命名规范

严格遵循标识符命名规则,并满足 Java 编程标识符命名规范,例如,与窗口相关的对象名命名为“…Window”;菜单栏变量则命名为“menubar”;菜单项变量名命名为“item…”等。

(3) 注释规范

```
单行注释采用: //
多行注释采用: /*  */
```

3) 功能模块及数据结构设计

面向对象的设计与面向过程的设计不同,面向过程的项目开发,将项目中包括的各个功能分解为不同的功能模块,然后采用面向过程的语言实现各个功能模块;面向对象的设计将项目中涉及的对象抽象为不同的类,在类中定义对象的属性以及该类对象的行为。计算器基本数据结构如下。

```
public class Calculator{                        //计算器类
    …
    public Calculator(){                        //构造方法通过调用 init()方法实现界面初始化
        init();
    }
    private void init(){                        //初始化计算器界面
        …
    }
    public static void main(String[ ] args){ //主方法
        Calculator t = new Calculator();     //创建计算器实例
    }
    class InsertListener implements ActionListener{ //使用内部类 InsertListener 完成其他事件
                                                    处理
        public void actionPerformed(ActionEvent e){//实现 ActionListener 接口中的 action
                                                    Performed(ActionEvent e)方法
            …
        }
    }
    class CommandListener implements ActionListener{ //使用内部类 CommandListener 实现有关
                                                    //加、减、乘、除运算事件处理
        public void actionPerformed(ActionEvent e){
            …
        }
    }
}
class MemWindow extends JFrame{                     //存储计算器记忆信息的窗口类
    …
    MemWindow(){                                    //构造方法
        …
    }
```

```
    String readMemText(){                                  //读取记忆信息,在记忆窗口中显示
        ...
    }
}
class HelpWindow extends JFrame{                           //计算器使用帮助窗口类
    ...
    HelpWindow(){                                          //帮助窗口构造方法
        ...
    }
    String readHelpText(){                                 //读取帮助文件信息,在帮助窗口中显示
        ...
    }
}
```

4) 异常处理

异常处理是程序健壮性保证的主要措施,为了让初学者更好地掌握Java程序设计的步骤和框架,降低程序的复杂性,在计算器程序中,仅对必需的文件操作以及数据格式转换两种异常进行了处理。具体代码如下。

```
try{                                                    //文件操作异常(代码中有多处文件操作异常)
    File file = new File("caculator_mem.txt");
    if(!file.exists())
       file.createNewFile();
}
catch(IOException e){
    JOptionPane.showMessageDialog(f,"备忘录文件 caculator_mem.txt 创建失败","消息对话框",
JOptionPane.WARNING_MESSAGE);
}

try{                                                    //数值类型转换异常
    tempX = Double.parseDouble(displayText.getText());
    calculate( tempX);
    lastCommand  =  command;
    append =  true;
}
catch(Exception ee){
     JOptionPane. showMessageDialog ( f," 粘 贴 数 据 非 数 值 类 型, 必 须 清 除 "," 消 息 对 话 框 ",
JOptionPane.WARNING_MESSAGE);
}
```

5) I/O操作设计

计算器中包括备忘录功能,此项功能采用Java中的输入/输出流技术实现,本书在第5章中讲解了Java文件操作及输入输出流。

6) 界面设计

计算器界面采用Java Swing开发,本书在第5章中介绍了Java Swing技术以及事件处理机制。利用Java Swing技术开发计算器程序代码如下。

```
//计算器实现代码
import javax.swing.*;
```

```
import java.awt.*;
import java.awt.datatransfer.*;
import java.awt.event.*;
import java.lang.*;
import java.io.*;
public class Calculator{…                              //计算器类
    private JFrame f;
    private double x,result = 0;
    private boolean append = true;
    private String lastCommand = "=";
    private JButton[] btn = new JButton[20];
    private HelpWindow helpWindow;
    private MemWindow memWindow;
    private JPanel[] p = new JPanel[6];
    private JTextField displayText;
    public Calculator(){              //构造方法通过调用init()方法实现界面初始化
        init();
    }
    private void init(){              //初始化计算器界面
          f = new JFrame("计算器");
                    f.setLayout(new GridLayout(3,1,5,5));
                    f.setSize(400,350);
                    f.setResizable(false);
                    f.addWindowListener(new WindowAdapter(){
                          public void windowClosing(WindowEvent evt){
                                          System.exit(0);
                              }
                      });
                    JMenuBar menubar = new JMenuBar();
                    f.setJMenuBar(menubar);
                    JMenu menu1 = new JMenu("系统(V)");
                    menu1.setMnemonic('V');
                    JMenu menu2 = new JMenu("编辑(E)");
                    menu2.setMnemonic('E');
                    JMenu menu3 = new JMenu("帮助(H)");
                    menu3.setMnemonic('H');
                    menubar.add(menu1);
                    menubar.add(menu2);
                    menubar.add(menu3);
                    JMenuItem item2_3 = new JMenuItem("编辑备忘录");
                    item2_3.setAccelerator(KeyStroke.getKeyStroke(KeyEvent.VK_E,ActionEve
                    nt.CTRL_MASK));
                    JMenuItem item1_2 = new JMenuItem("退出");
                    item1_2.setAccelerator(KeyStroke.getKeyStroke(KeyEvent.VK_Q,ActionEve
                    nt.CTRL_MASK));
                    JMenuItem item2_1 = new JMenuItem("复制",new ImageIcon("FIRST.GIF"));
                    item2_1.setAccelerator(KeyStroke.getKeyStroke(KeyEvent.VK_C,ActionEve
                    nt.CTRL_MASK));
                    JMenuItem item2_2 = new JMenuItem("粘贴",new ImageIcon("LAST.GIF"));
                    item2_2.setAccelerator(KeyStroke.getKeyStroke(KeyEvent.VK_V,ActionEve
                    nt.CTRL_MASK));
```

```
JMenuItem item3_1 = new JMenuItem("关于计算器");
JMenu subMenu = new JMenu("备忘录");
JMenuItem subItem1 = new JMenuItem("浏览");
JMenuItem subItem2 = new JMenuItem("复制");
JMenuItem subItem3 = new JMenuItem("删除");
JMenuItem subItem4 = new JMenuItem("创建");
subMenu.add(subItem1);
subMenu.add(subItem2);
subMenu.add(subItem3);
subMenu.add(subItem4);
menu1.add(subMenu);
menu1.addSeparator();
menu1.add(item1_2);
menu2.add(item2_1);
menu2.add(item2_2);
menu2.addSeparator();
menu2.add(item2_3);
menu3.add(item3_1);
subItem1.addActionListener(new ActionListener(){
      public void actionPerformed(ActionEvent Event){
            memWindow = new MemWindow ();
      }
});
subItem2.addActionListener(new ActionListener(){
    public void actionPerformed(ActionEvent Event){
      File sourceFile = new File("caculator_mem.txt");
      if(sourceFile.exists()){
           String targetFileName = JOptionPane.showInputDialog(f,"输入
文件名:","输入对话框",JOptionPane.PLAIN_MESSAGE);
           File targetFile = new File(targetFileName);
           String tempString = null;
           try{
                if(!targetFile.exists())
                      targetFile.createNewFile();
                FileReader in = new FileReader(sourceFile);
                BufferedReader inLine = new BufferedReader(in);
                FileWriter out = new FileWriter(targetFile);
                BufferedWriter outLine = new BufferedWriter(out);
                while((tempString = inLine.readLine())!= null){
                       outLine.write(tempString);
                       outLine.newLine();
                  }
                inLine.close();
                in.close();
                outLine.close();
                out.close();
             }
            catch(IOException e){
                      JOptionPane.showMessageDialog(f,"目标文件" +
targetFileName + "创建失败","消息对话框",JOptionPane.WARNING_MESSAGE);
            }
```

```
                                  }
                                  else{
                                        JOptionPane.showMessageDialog(f,"备忘录文件 caculator_
mem.txt 不存在","消息对话框",JOptionPane.WARNING_MESSAGE);
                    }
                }
        });
        subItem3.addActionListener(new ActionListener(){
            public void actionPerformed(ActionEvent Event){
                File file = new File("caculator_mem.txt");
                if(file.exists())
                          file.delete();
            }
        });
         subItem4.addActionListener(new ActionListener(){
            public void actionPerformed(ActionEvent Event){
                 try{
                      File file = new File("caculator_mem.txt");
                      if(!file.exists())
                              file.createNewFile();
                 }
                 catch(IOException e){
                     JOptionPane.showMessageDialog(f,"备忘录文件 caculator_mem.txt 创建失
败","消息对话框",JOptionPane.WARNING_MESSAGE);
                 }
            }
        });
         item1_2.addActionListener(new ActionListener(){
            public void actionPerformed(ActionEvent Event){
             int i = JOptionPane.showConfirmDialog(null,"是否真的需要退出系统","退出确认对
话框", JOptionPane.YES_NO_CANCEL_OPTION);
             if(i == 0){
                    System.exit(0);
             }
            }
         });
         item2_1.addActionListener(new ActionListener(){
            public void actionPerformed(ActionEvent Event){
                          java.awt.datatransfer.Clipboard clipboard = java.awt.Toolkit.
getDefaultToolkit().getSystemClipboard();
    String temp = displayText.getText();
                    StringSelection stringSelection = new StringSelection(temp);
                    clipboard.setContents(stringSelection,null);
            }
        });
         item2_2.addActionListener(new ActionListener(){
            public void actionPerformed(ActionEvent Event){
                    append = false;
                          java.awt.datatransfer.Clipboard clipboard = java.awt.Toolkit.
getDefaultToolkit().getSystemClipboard();
                     java.awt.datatransfer.Transferable transferable = clipboard.getContents
```

```
(this);
                    java.awt.datatransfer.DataFlavor flavor = java.awt.datatransfer.
DataFlavor.stringFlavor;
                  if(transferable.isDataFlavorSupported(flavor)){
try{
displayText.setText((String)transferable.getTransferData(flavor));
                      }catch(Exception e){}
                  }
              }
        });
       item2_3.addActionListener(new ActionListener(){
          public void actionPerformed(ActionEvent Event){
                try{
                    Runtime.getRuntime().exec("notepad.exe caculator_mem.txt");
                }
                catch(Exception e){}
            }
        });


        item3_1.addActionListener(new ActionListener(){
           public void actionPerformed(ActionEvent Event){
           helpWindow = new HelpWindow ();
           }
        });
        for(int i = 1;i<6;i++){
            p[i] = new JPanel();
        }
        Font font1  =  new Font("宋体",Font.BOLD,14);
        Font font2  =  new Font("宋体",Font.BOLD,20);
        displayText =  new JTextField();
        displayText.setHorizontalAlignment(JTextField.RIGHT);
        displayText.setFont(font2);
        displayText.setEditable(false);
        p[1].setLayout(new GridLayout(1,1,5,5));
        p[1].add(displayText);
        p[2].setLayout(new GridLayout(2,5,5,5));
        p[3].setLayout(new FlowLayout());
        p[4].setLayout(new GridLayout(2,4,5,5));
        p[5].setLayout(new FlowLayout());
        p[4].setPreferredSize(new Dimension(315,85));
        p[5].setPreferredSize(new Dimension(65,85));
        p[3].add(p[4]);
        p[3].add(p[5]);
        f.add(p[1]);
        f.add(p[2]);
        f.add(p[3]);
        InsertListener nl = new InsertListener();
        CommandListener ol = new CommandListener();
        String buttonLabel[] = {"0","1","2","3","4","5","6","7",
    "8","9",".","+/-","Back","Clear","+","-","*","/","="};
```

```
            for(int i = 0;i < 19;i++){
                btn[i] = new JButton(buttonLabel[i]);
                btn[i].setFont(font2);
            }
            btn[12].setFont(font1);btn[13].setFont(font1);
            btn[18].setPreferredSize(new Dimension(60,75));
            for(int i = 0;i < 14;i++){
                btn[i].addActionListener(nl);
                btn[i].setForeground(Color.blue);
             }
             for(int i = 14;i < 19;i++){
                 btn[i].setForeground(Color.red);
                 btn[i].addActionListener(ol);
             }
             for(int i = 0;i < 10;i++){
                 p[2].add(btn[i]);
             }
             for(int i = 10;i < 18;i++){
                 p[4].add(btn[i]);
             }
             p[5].add(btn[18]);
              f.setVisible(true);
}
public static void main(String[] args) {                //主方法
    Calculator t = new Calculator();                    //创建计算器实例
}
class InsertListener implements ActionListener{         //使用内部类完成事件处理
    public void actionPerformed(ActionEvent e) {        //重写actionPerformed()方法
        String input  =  e.getActionCommand();
               if (append){
                   displayText.setText("");
                   append = false;
                   if (input.equals(" + / - "))
                         displayText.setText(displayText.getText()  +  " - ");
               }
             if (! input.equals(" + / - ")){
                 if (input.equals("Back")){
                       String str  =  displayText.getText();
                       if (str.length() > 0)
                              displayText.setText(str.substring(0, str.length()  -  1));
                                  }
                        else
                            if (input.equals("Clear")){
                                displayText.setText("0");
                                append =  true;
                                     }
                            else
                       displayText.setText(displayText.getText()  +  input);
                         }
           }
}
```

```
class CommandListener implements ActionListener{//使用内部类 CommandListener 实现有关加、减、
                                               //乘、除运算事件处理
    public void actionPerformed(ActionEvent e){
        String command = e.getActionCommand();
                          double tempX;
                          if (append){
                                lastCommand = command;
                          }
                          else{
                               try{
                               tempX = Double.parseDouble(displayText.getText());
                               calculate( tempX);
                               lastCommand = command;
                               append = true;
                               }
                                 catch(Exception ee){
                                        JOptionPane.showMessageDialog(f,"粘贴数据非数值
类型,必须清除","消息对话框",JOptionPane.WARNING_MESSAGE);
                        }
                  }……
        }
}
public void calculate(double x){
            if (lastCommand.equals(" + "))
                 result += x;
            else
                if (lastCommand.equals(" - "))
                     result -= x;
                else
                     if (lastCommand.equals(" * "))
                           result * = x;
                     else
                           if (lastCommand.equals("/"))
                                 result / = x;
                           else
                                 if (lastCommand.equals(" = "))
                                        result = x;
              displayText.setText("" + result);
        }
}
class MemWindow extends JFrame{                      //存储计算器记忆信息的窗口类
   private JScrollPane p = new JScrollPane();
   private JTextArea memText = new JTextArea();
    MemWindow(){                                     //构造方法
       Font font = new Font("宋体",Font.BOLD,20);
       memText.setFont(font);
       memText.setLineWrap(true);
       p.setSize(400,350);
       p.setViewportView( memText);
       setLayout(new BorderLayout());
       setSize(400,350);
```

```
        setResizable(false);
        setTitle("备忘录浏览窗口");
        add(p,BorderLayout.CENTER);
        memText.setText(readMemText());
        setVisible(true);
        addWindowListener(new WindowAdapter() {
        public void windowClosing(WindowEvent e) {
            setVisible(false);
            dispose();
        }
    });…
}
String readMemText(){//读取记忆信息,在记忆窗口中显示
    StringBuffer memString = new StringBuffer();
    String tempString = null;
    try{
            File file = new File("caculator_mem.txt");   //输入输出请参考第5章
            FileReader in = new FileReader(file);
            BufferedReader inLine = new BufferedReader(in);
            while((tempString = inLine.readLine())!= null){
                 tempString = tempString + "\n";
                 memString.append(tempString);
            }
            inLine.close();
            in.close();
      }
      catch(IOException e){
              JOptionPane.showMessageDialog(this,"备忘录文件 caculator_mem.txt 不存在",
"消息对话框",JOptionPane.WARNING_MESSAGE);
      }
      return new String(memString);……
  }
}
class HelpWindow extends JFrame{                    //计算器使用帮助窗口类
    private JScrollPane p  =  new JScrollPane();
    private JTextArea helpText = new JTextArea();…
    HelpWindow(){                                   //帮助窗口构造方法
        Font font  =  new Font("宋体",Font.BOLD,20);
        helpText.setFont(font);
        helpText.setLineWrap(true);
        p.setSize(400,350);
        p.setViewportView( helpText);
        setLayout(new BorderLayout());
        setSize(400,350);
        setResizable(false);
        setTitle("计算器帮助窗口");
        add(p,BorderLayout.CENTER);
        helpText.setText(readHelpText());
        setVisible(true);
        addWindowListener(new WindowAdapter() {
        public void windowClosing(WindowEvent e) {
```

```
                setVisible(false);
                dispose();
            }
        });…
    }
    String readHelpText(){                          //读取帮助文件信息,在帮助窗口中显示
        StringBuffer helpString = new StringBuffer();
        String tempString = null;
        try{
            File file = new File("helpText.txt");
            FileReader in = new FileReader(file);
            BufferedReader inLine = new BufferedReader(in);
            while((tempString = inLine.readLine())!= null){
                tempString = tempString + "\n";
                helpString.append(tempString);
            }
            inLine.close();
            in.close();
        }
        catch(IOException e){
            JOptionPane.showMessageDialog(this,"帮助文件 helpText.txt 不存在","消息对话框",
JOptionPane.WARNING_MESSAGE);
        }
        return new String(helpString);…
    }
}
```

12.2 项目管理系统

1. 系统概述

项目管理系统能够对每个项目的整个生命周期进行管理。通过统一的数据模型,提供了与项目相关活动的准确的各角度视图,使主管部门能够为项目分配合适的资源,确保项目执行并跟踪项目的成果,从而提升科研院所的科研能力及效率。

本系统能够通过项目管理系统记录和管理项目的进程等信息,系统包括录入功能、查询功能、修改功能等,在使用系统之初需对系统进行登录,以便确保系统的安全。本系统共有三个模块,分别为项目查询、项目添加、项目管理,其中项目管理包括对项目的修改和删除等功能模块,项目管理系统的主要体系结构如图 12.2 所示。

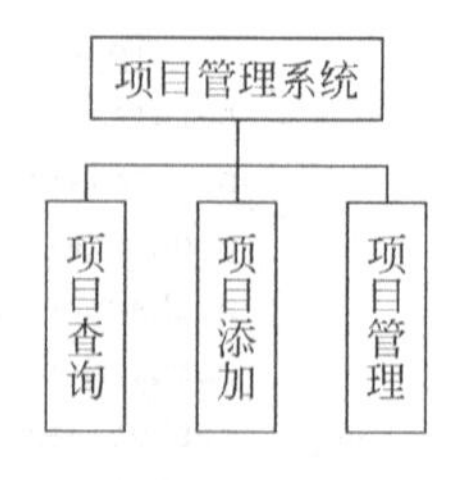

图 12.2 项目管理系统体系结构

2. 类的设计

1) 主类的设计

主类实现对登录方法的调用,主类类名为 Test,文件名为 Test.java。

2）登录类的设计

登录类实现对登录用户的验证，类名为 Login，文件名为 Login. java，该类定义方法如下。

public boolean doLogin()：实现对用户名密码的验证。

3）目录类的设计

目录类实现对具体操作模块的显示与选择，类名为 MyMenu，文件名为 MyMenu. java，该类定义方法如下。

public void check()：根据选项调用管理类的相应方法。

4）管理类的设计

管理类实现了对项目的增、删、改、查 4 个功能，类名为 ItemManagement，文件名为 ItemManagement. java，该类定义了以下两个构造方法。

(1) public ItemManagement(int id, String managementName, String applyPerson, String type, String finishedTimes, String budget, String schedule,String ifFinished)：定义一个项目的属性，分别是项目 ID、项目名称、项目负责人、项目类型、项目预期完成时间、项目经费预算、项目进度、项目完结状态。

(2) public ItemManagement(ItemManagement im[])：空实现。

成员方法如下。

(1) void selIm()：项目查询。

(2) void addIm()：项目添加。

(3) public void Item()：实例化项目。

(4) void manageIm()：项目管理，用于调用项目修改等方法。

(5) void updateName(int checked)：修改项目名称。

(6) void updatePerson(int checked)：修改项目负责人。

(7) void updateType(int checked)：修改项目类型。

(8) void updateTime(int checked)：修改项目预期完成时间。

(9) void updateMoney(int checked)：修改项目经费预算。

(10) void updateSchedule(int checked)：修改项目进度。

(11) void updateFinished(int checked)：修改项目完结状态。

(12) void delete(int checked)：删除项目。

(13) void exitSystem()：系统退出。

3. 系统源程序

主类：

```
public class Test {
    public static void main(String[ ] args) {
        Login lg = new Login();
        lg.doLogin();
    }
}
```

登录类：

```
import java.util.Scanner;
public class Login {
    String username = "admin";
    String password = "123";
    public boolean doLogin() {
        System.out.println(" *** 欢迎使用管理系统,请先登录系统! *** ");
        for (int i = 0; i < 3; i++) {
            System.out.print("请输入用户名: ");
            Scanner input1 = new Scanner(System.in);
            if ("admin".equals(input1.next())) {
                for (int j = 0; j < 3; j++) {
                    System.out.print("请输入密码: ");
                    Scanner input2 = new Scanner(System.in);
                    if ("123".equals(input2.next())) {
                        MyMenu mm = new MyMenu();
                        mm.check();
                    } else {
                        System.out.println("输入的密码有误!");
                    }
                }
                break;
            } else {
                System.out.println("输入的用户名有误!");
            }

        }
        return false;
    }
}
```

菜单类：

```
import java.util.Scanner;
public class MyMenu {
    public void check() {
        System.out.println(" ***** 欢迎来到管理系统!请选择 ****** ");
        System.out.println(" *********   1.项目查询      ********* ");
        System.out.println(" *********   2.项目添加      ********* ");
        System.out.println(" *********   3.项目管理      ********* ");
        System.out.println(" *********   4.退出管理系统    ********* ");
        System.out.println(" ************************************* ");
        Scanner input = new Scanner(System.in);
        int checked = input.nextInt();
        ItemManagement im = new ItemManagement(null);
        switch (checked) {
        case 1:
            im.selIm();
            break;
        case 2:
```

```
                im.addIm();
                break;
            case 3:
                im.manageIm();
                break;
            case 4:
                im.exitSystem();
                break;
            }
        }
    }
```

管理类：

```
import java.util.Scanner;
public class ItemManagement {
    ItemManagement  im[] = new ItemManagement[3];
    int id;
    String managementName;
    String applyPerson;
    String type;
    String finishedTimes;
    String budget;
    String schedule;
    String ifFinished;
    public ItemManagement(int id, String managementName, String applyPerson,
            String type, String finishedTimes, String budget, String schedule,
            String ifFinished) {
        super();
        this.id = id;
        this.managementName = managementName;
        this.applyPerson = applyPerson;
        this.type = type;
        this.finishedTimes = finishedTimes;
        this.budget = budget;
        this.schedule = schedule;
        this.ifFinished = ifFinished;
    }
    public ItemManagement(ItemManagement im[]) {
    }
    public void Item(){
        im[0] = new ItemManagement(1, "项目管理系统的研发设计", "张三",
            "计算机应用", "2015—12-25","9.3万元", "进入中期", "未完结");
        im[1] = new ItemManagement(2, "Java课程管理系统的研发设计", "李四",
            "计算机应用", "2015—12-25","3.3万元", "进入中期", "未完结");
        im[2] = new ItemManagement(3, "学生档案管理系统的研发设计", "王五",
            "计算机应用", "2015—12-25","5.5万元", "进入中期", "未完结");
    }
    void selIm() {
        Item();
        System.out.println("请输入你要查询的科项目号：");
```

```
        Scanner input = new Scanner(System.in);
        int checked = input.nextInt();
        for (int i = 0; i < im.length; i++) {
            if (checked == im[i].id) {
                System.out.println(" *********** 查询结果如下: *********** ");
                System.out.println("项目号: " + im[i].id + "  项目名称: "
                        + im[i].managementName + "  负责人: "
                        + im[i].applyPerson + "  项目类型: " + im[i].type
                        );
                System.out.println("完成时间: " + im[i].finishedTimes
                        + "  项目经费: " + im[i].budget + "  进度: " + im[i].schedule
                        + "  是否完结: " + im[i].ifFinished);
            }
            else {
                System.out.println("您所要查询的项目不存在!");
            }
        }
    }
    void addIm() {
        for (int i = 0; i < im.length; i++) {
            if (im[i] == null)
                im[i] = new ItemManagement(im);
            System.out.print("添加一个项目,请输入项目号: ");
            Scanner input = new Scanner(System.in);
            im[i].id = input.nextInt();
            System.out.print("请输入项目名称: ");
            Scanner input1 = new Scanner(System.in);
            im[i].managementName = input1.next();
            System.out.print("请输入负责人姓名: ");
            Scanner input2 = new Scanner(System.in);
            im[i].applyPerson = input2.next();
            System.out.print("请输入项目类型: ");
            Scanner input3 = new Scanner(System.in);
            im[i].type = input3.next();
            System.out.print("请输入预期完成时间: ");
            Scanner input4 = new Scanner(System.in);
            im[i].finishedTimes = input4.next();
            System.out.print("请输入项目预算: ");
            Scanner input5 = new Scanner(System.in);
            im[i].budget = input5.next();
            System.out.print("请输入初始进度: ");
            Scanner input6 = new Scanner(System.in);
            im[i].schedule = input6.next();
            System.out.print("请输入项目状态: ");
            Scanner input7 = new Scanner(System.in);
            im[i].ifFinished = input7.next();
            break;
        }
    }
    void manageIm() {
     Item();
```

```
System.out.println("请输入你要查询的科项目号:");
Scanner input = new Scanner(System.in);
int checked = input.nextInt();
for (int i = 0; i < im.length; i++) {
    if (checked == im[i].id) {
        System.out.println("项目号:" + im[i].id + "  项目名称:"
                + im[i].managementName + "  负责人:"
                + im[i].applyPerson + "  项目类型:" + im[i].type
                + "  完成时间:" + im[i].finishedTimes + "  项目经费:"
                + im[i].budget + "  进度:" + im[i].schedule
                + "  是否完结:" + im[i].ifFinished);
    } else {
        System.out.println("您所要查询的项目不存在!");
    }
}
System.out.println("请选择您需要修改的项目");
System.out.println("1.项目名称");
System.out.println("2.负责人");
System.out.println("3.项目类型");
System.out.println("4.完成时间");
System.out.println("5.经费管理");
System.out.println("6.项目进度");
System.out.println("7.项目是否完结");
System.out.println("8.删除项目");
Scanner input0 = new Scanner(System.in);
int checked1 = input0.nextInt();
switch (checked1) {
case 1:
    updateName(checked);
    break;
case 2:
    updatePerson(checked);
    break;
case 3:
    updateType(checked);
    break;
case 4:
    updateTime(checked);
    break;
case 5:
    updateMoney(checked);
    break;
case 6:
    updateSchedule(checked);
    break;
case 7:
    updateFinished(checked);
    break;
case 8:
    delete(checked);
    break;
```

```
            }
        }
        void exitSystem() {
            System.out.println("您确定要退出系统?是—Y: 否—N");
            Scanner input = new Scanner(System.in);
            String checked01 = input.next();
            if (checked01.equalsIgnoreCase("Y")) {
                System.out.print("欢迎下次使用!");
                System.exit(0);
            }
            if (checked01.equalsIgnoreCase("N")) {
                menu me = new menu();
                me.check();
            }
        }
        void updateName(int checked) {
            System.out.println("请输入新的项目名称: ");
            Scanner input1 = new Scanner(System.in);
            im[checked].managementName = input1.next();
            System.out.println("修改后项目信息如下: ");
            System.out.println("项目号: " + im[checked].id + "  项目名称: "
                        + im[checked].managementName + "  负责人: "
                            + im [ checked ]. applyPerson + "   项 目 类 型: " + im
[checked].type
                        + "  完成时间: " + im[checked].finishedTimes + "  项目经费: "
                        + im[checked].budget + "  进度: " + im[checked].schedule
                        + "  是否完结: " + im[checked].ifFinished);
        }
        void updatePerson(int checked) {
            System.out.println("请输入新的项目负责人: ");
            Scanner input2 = new Scanner(System.in);
            im[checked].applyPerson = input2.next();
            System.out.println("修改后项目信息如下: ");
            System.out.println("项目号: " + im[checked].id + "  项目名称: "
                        + im[checked].managementName + "  负责人: "
                            + im [ checked ]. applyPerson + "   项 目 类 型: " + im
[checked].type
                        + "  完成时间: " + im[checked].finishedTimes + "  项目经费: "
                        + im[checked].budget + "  进度: " + im[checked].schedule
                        + "  是否完结: " + im[checked].ifFinished);
        }
        void updateType(int checked) {
            System.out.println("请输入新的项目类型");
            Scanner input3 = new Scanner(System.in);
            im[checked].type = input3.next();
            System.out.println("修改后项目信息如下: ");
            System.out.println("项目号: " + im[checked].id + "  项目名称: "
                        + im[checked].managementName + "  负责人: "
                        + im[checked].applyPerson + "  项目类型: " + im[checked].type
                        + "  完成时间: " + im[checked].finishedTimes + "  项目经费: "
                        + im[checked].budget + "  进度: " + im[checked].schedule
```

```
                         + "  是否完结: " + im[checked].ifFinished);
}
void updateTime(int checked) {
    System.out.println("请输入新的预计完成时间: ");
    Scanner input4 = new Scanner(System.in);
    im[checked].finishedTimes = input4.next();
    System.out.println("修改后项目信息如下: ");
    System.out.println("项目号: " + im[checked].id + "  项目名称: "
                         + im[checked].managementName + "  负责人: "
                         + im[checked].applyPerson + "  项目类型: " + im[checked].type
                         + "  完成时间: " + im[checked].finishedTimes + "  项目经费: "
                         + im[checked].budget + "  进度: " + im[checked].schedule
                         + "  是否完结: " + im[checked].ifFinished);
}
void updateMoney(int checked) {
    System.out.println("请输入新的项目预算: ");
    Scanner input5 = new Scanner(System.in);
    im[checked].budget = input5.next();
    System.out.println("修改后项目信息如下: ");
    System.out.println("项目号: " + im[checked].id + "  项目名称: "
                         + im[checked].managementName + "  负责人: "
                         + im[checked].applyPerson + "  项目类型: " + im[checked].type
                         + "  完成时间: " + im[checked].finishedTimes + "  项目经费: "
                         + im[checked].budget + "  进度: " + im[checked].schedule
                         + "  是否完结: " + im[checked].ifFinished);
}
void updateSchedule(int checked) {
    System.out.println("请输入新的项目进度: ");
    Scanner input6 = new Scanner(System.in);
    im[checked].schedule = input6.next();
    System.out.println("修改后项目信息如下: ");
    System.out.println("项目号: " + im[checked].id + "  项目名称: "
                         + im[checked].managementName + "  负责人: "
                         + im[checked].applyPerson + "  项目类型: " + im[checked].type
                         + "  完成时间: " + im[checked].finishedTimes + "  项目经费: "
                         + im[checked].budget + "  进度: " + im[checked].schedule
                         + "  是否完结: " + im[checked].ifFinished);
}
void updateFinished(int checked) {
    System.out.println("请输入项目是否完结: ");
    Scanner input7 = new Scanner(System.in);
    im[checked].ifFinished = input7.next();
    System.out.println("修改后项目信息如下: ");
    System.out.println("项目号: " + im[checked].id + "  项目名称: "
                         + im[checked].managementName + "  负责人: "
                         + im[checked].applyPerson + "  项目类型: " + im[checked].type
                         + "  完成时间: " + im[checked].finishedTimes + "  项目经费: "
                         + im[checked].budget + "  进度: " + im[checked].schedule
                         + "  是否完结: " + im[checked].ifFinished);
}
void delete(int checked) {
```

```
            System.out.println("确定是否删除该项目?是—Y: 否—N");
            Scanner input = new Scanner(System.in);
            String checked01 = input.next();
            if (checked01.equalsIgnoreCase("Y")) {
                for (int i = 0; i < im.length; i++) {
                    if (checked == im[i].id) {
                        im[i] = null;
                        System.out.print("删除成功!");
                    }
                }
            }
            if (checked01.equalsIgnoreCase("N")) {
                    for (int i = 0; i < im.length; i++) {
                    if (checked == im[i].id) {
                        im[i] = null;
                        System.out.print("删除失败!");
                    }
                }
            }
        }
    }
```

参 考 文 献

[1] 孙一林,彭波,等.Java 编程技术.北京:机械工业出版社,2008.

[2] 肖磊,李钟尉.Java 实用教程.北京:人民邮电出版社,2010.

[3] 费雅洁.Java 程序设计基础与实践.北京:中国水利水电出版社,2010.

[4] 耿祥义,张跃平.Java 程序设计精编教程.北京:清华大学出版社,2012.

[5] 陈铁,姚晓昆.Java 程序设计实验指导.北京:清华大学出版社,2006.

[6] 林信良.Java JDK 7 学习笔记.北京:清华大学出版社,2012.

[7] http://en.wikipedia.org/wiki/Java_version_history#Java_SE_8_.28March_18.2C_2014.29, Wikipedia Java 版本历史.

[8] http://www.oracle.com/technetwork/java/javase/downloads/index.html,Java 官网.

[9] http://eclipse.org/,Eclipse 官网.

图书资源支持

感谢您一直以来对清华版图书的支持和爱护。为了配合本书的使用，本书提供配套的资源，有需求的读者请扫描下方的“书圈”微信公众号二维码，在图书专区下载，也可以拨打电话或发送电子邮件咨询。

如果您在使用本书的过程中遇到了什么问题，或者有相关图书出版计划，也请您发邮件告诉我们，以便我们更好地为您服务。

我们的联系方式：

地　　址：北京市海淀区双清路学研大厦 A 座 714

邮　　编：100084

电　　话：010-83470236　010-83470237

客服邮箱：2301891038@qq.com

QQ：2301891038（请写明您的单位和姓名）

资源下载：关注公众号“书圈”下载配套资源。

资源下载、样书申请

书圈

图书案例

清华计算机学堂

观看课程直播